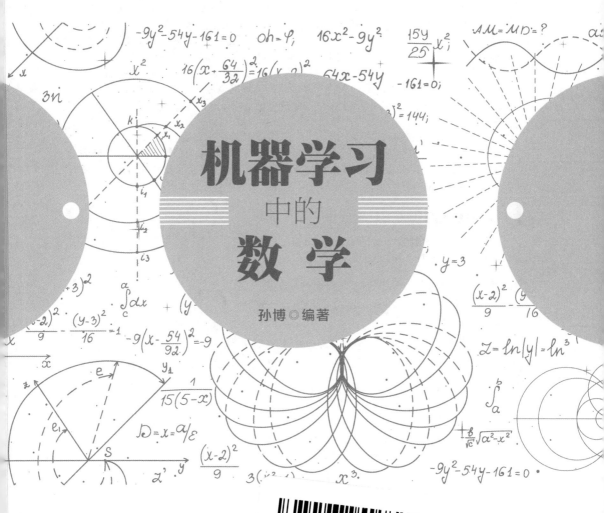

机器学习

中的

数 学

孙博◎编著

U0238054

www.waterpub.com.cn

·北京·

内 容 提 要

　　《机器学习中的数学》是一本系统介绍机器学习中涉及的数学知识的入门图书，本书从机器学习中的数学入门开始，以展示数学的友好性为原则，讲述了机器学习中的一些常见的数学知识。机器学习作为人工智能的核心技术，对于数学基础薄弱的人来说，其台阶是陡峭的，本书力争在陡峭的台阶前搭建一个斜坡，为读者铺平机器学习的数学之路。

　　《机器学习中的数学》共 19 章，分为线性代数、高等数学和概率 3 个组成部分。第 1 部分包括向量、向量的点积与叉积、行列式、代数余子式、矩阵、矩阵和方程组、矩阵的秩、逆矩阵、高斯—诺尔当消元法、消元矩阵与置换矩阵、矩阵的 *LU* 分解、欧几里得距离、曼哈顿距离、切比雪夫距离、夹角余弦等；第 2 部分包括导数、微分、不定积分、定积分、弧长、偏导、多重积分、参数方程、极坐标系、柱坐标系、球坐标系、梯度、梯度下降算法、方向导数、线性近似、二阶近似、泰勒公式、牛顿法、最小二乘法、求解极值、拉格朗日乘子法、KKT 条件、欧拉—拉格朗日方程等；第 3 部分包括概率、古典概型、几何概型、互斥事件、独立事件、分布函数、离散型分布、连续型分布等。

　　《机器学习中的数学》内容全面，语言简练，实例典型，实用性强，立足于"友好数学"，与机器学习完美对接，适合想要了解机器学习与深度学习但数学基础较为薄弱的程序员阅读，也适合作为各大高等院校机器学习相关专业的教材。机器学习及数学爱好者、海量数据挖掘与分析人员、金融智能化从业人员等也可选择本书参考学习。

图书在版编目（CIP）数据

机器学习中的数学 / 孙博编著. -- 北京 ： 中国水利
水电出版社, 2019.11（2020.11 重印）

　ISBN 978-7-5170-7719-0

　Ⅰ. ①机… Ⅱ. ①孙… Ⅲ. ①机器学习－教学参考
资料 Ⅳ. ①TP181

中国版本图书馆 CIP 数据核字（2019）第 103539 号

书　　　名	机器学习中的数学 JIQI XUEXI ZHONG DE SHUXUE
作　　　者	孙博　编著
出版发行	中国水利水电出版社 （北京市海淀区玉渊潭南路 1 号 D 座　　100038） 网址：www.waterpub.com.cn E-mail：zhiboshangshu@163.com 电话：（010）62572966-2205/2266/2201（营销中心）
经　　　售	北京科水图书销售中心（零售） 电话：（010）88383994、63202643、68545874 全国各地新华书店和相关出版物销售网点
排　　　版	北京智博尚书文化传媒有限公司
印　　　刷	河北华商印刷有限公司
规　　　格	170mm×230mm　16 开本　23.75 印张　374 千字
版　　　次	2019 年 11 月第 1 版　2020 年 11 月第 4 次印刷
印　　　数	15001—20000 册
定　　　价	89.80 元

凡购买我社图书，如有缺页、倒页、脱页的，本社营销中心负责调换

序 言
P·R·E·F·A·C·E

近几年，人工智能非常火热，作为人工智能的重要实现方式机器学习也越来越被提及，这使得很多从事传统软件开发的程序员蠢蠢欲动，想要踏足机器学习领域。我身边就有很多这样的程序员，他们很有天分，求知欲旺盛，对代码充满激情，信心满满地开始了机器学习之旅……然而不幸的是，其中的绝大多数人都半途而废，倒在了探索的路上，有些甚至连入门都称不上。

我曾在一家偏重于企业级应用的公司就职，公司的程序员都是做 Web 程序开发出身，他们也渴望了解机器学习，渴望学习新知识，结果，他们也无一例外地放弃了。在一次公司会议中，大家总结了以下三点对机器学习的感受。

（1）感到很困惑。

（2）感到自己很愚蠢。

（3）既感到困惑又感到自己很愚蠢。

在某次内部培训时，讲师写下了一个推导：

$$r^2 \leqslant z \leqslant 2r\sin\theta \Rightarrow r \leqslant 2\sin\theta$$

大多数听众一脸迷茫。虽然大家都学过数学，但是毕业多年，数学似乎从来没在编程中发挥过作用，于是被渐渐遗忘，以至于连最简单的推导都需要单独解释。

答案很明显了，因为机器学习的本质是对数学的研究，所以无论是机器学习的授课还是书籍的介绍，都侧重算法理论。程序员们之所以迷茫，正是他们薄弱的数学知识拖了后腿。

似乎学习数学的最好资料就是教科书，于是我为大家购买了同济大学的《高等数学》和《线性代数》。刚开始时，大家争相阅读。

一段时间后，教科书被静静地放在公司的书架上，前 20 页几乎被翻烂了，后面却几乎是全新的。大家反馈说教科书太难懂，几乎就是天书。

数学真的很难吗？是的，很难，难到牛顿和高斯这样的天才也有很多解决不了的问题。然而难不等于不友好，数学源于生活，它的大门应该是对大众敞开的，它应当以友好的一面展示给大家，而不是静静地待在教科书中。

为了让大家能够学习下去，我寻访了一些从事相关领域的朋友，其中有人向我推荐麻省理工学院的公开课，我听了几节课后觉得还不错，于是参考课程整理了一些笔记，同时结合自己的实战经验为公司的程序员们做了一些基础培训，效果非常好。后来，陈冠军女士联系到我，希望我能把这些年的培训经验和实战开发经验整理成书。于是几个月后，就有了本书。

本书中讲述的都是一些基础知识，没有高深的概念和证明，一切以理解为主，以聊天和故事的方式展开，希望能够把紧闭的机器学习大门撬开一道缝隙，让充满迷茫的探索者能够透过这道缝隙看到外面广阔的世界。

由于篇幅有限，一些问题没有展开讲解，读者可关注作者的微信公众号"我是 8 位的"，了解更多关于数学、机器学习和软件设计的相关知识。

书中的三维图像使用 MATLAB 绘制，二维图像用 calculator 绘制（在线工具，https://www.desmos.com/calculator）。学习过程中，如果对本书有何意见或建议，可以通过 zhiboshangshu@163.com 与我们联系，我们将及时为您回复。

编　者

前 言

F·O·R·E·W·O·R·D

在编写本书之前，笔者做过一些调查，发现身边的大多数技术人员（包括 Web 开发人员、App 开发人员等）都对了解机器学习的原理有着强烈的渴望并充满好奇，他们几乎都阅读过一些关于机器学习的书籍或文章，学习过一些在线课程。遗憾的是，其中大多数人选择了放弃。原因是，几乎所有的机器学习资料中都默认读者至少掌握了大学工科专业的数学基础，甚至包括一些研究生阶段的知识，而这些程序员大多数数学知识比较薄弱：有的是在大学阶段没有认真学习数学，有的是毕业后由于缺少使用场景而逐渐忘记，其中大多数人甚至不理解"超平面"的概念，更别提"最小二乘"了。

在笔者看来，机器学习算法本质上是对数学的应用。作为科技发展的基础学科，数学本身就源于实践，高等数学中的导数、微积分等更是贴近生活。数学应该充满趣味而不是枯燥无味，应该是友好的而不是拒人于千里之外。本书立足于为读者展示机器学习中常见的、友好的数学知识，希望起到抛砖引玉的作用，让程序员们不再惧怕机器学习，不再惧怕数学。

本书有何特色

1. 入门为主

学习本书时仅需要有初中阶段的数学知识即可，例如了解函数的概念，知道直线和圆的方程，会解多元一次方程组。书中的数学知识以入门为主，少了数学推导和证明过程，多了一些实际例子和故事。考虑到小白读者，涉及数学计算过程时会尽量列出详细步骤，使用到以往的知识时也会有所提示。

2. 注重数学的友好性

不强调概念的准确性，以理解为优先。本书采用讲故事和举例子的方式进行讲述，没有使用过多的数学语言，以理解为第一要务。为了避免让读者心生恐惧，所有案例都较为简单，对于重点将反复强调。

3．紧贴机器学习

本书的数学知识大体上由线性代数、高等数学、概率 3 部分组成，每一部分仅对机器学习中常见的数学知识进行介绍。对于烦琐的计算辅以代码，让程序员们有归属感。

4．图片丰富美观

一图胜千言，全书绘制了 300 余幅插图，用于对语言难以描述的过程有一个形象的解释，同时，增加插图也有助于增加阅读趣味性。

本书内容及知识体系

第 1 章　向量和它的朋友们

本章主要介绍与向量相关的基础概念。作为机器学习最基本的概念之一，向量处处都被提到。通过本章的学习，读者能够对向量有深刻的认识，能够掌握向量相关的基本运算，比如加减、数乘、点积、叉积等，了解每种运算的意义，并能够使用 Python 处理这些运算，最后将向量与行列式和代数余子式联系到一起，让读者能够进一步认识向量的作用。

第 2 章　矩阵的威力

在第 1 章的基础上进一步介绍向量的集合——矩阵。通过本章的学习，读者能够了解矩阵的用途，掌握矩阵的加减、数乘、乘法、转置、求逆等运算，并在此基础上能够更深刻地了解向量；后半章重点阐述了方程组与矩阵、逆矩阵、矩阵的秩的关系，并介绍了如何通过高斯—诺尔当消元法和置换矩阵法求逆矩阵；最后介绍了如何使用 LU 分解求解大型方程组。

第 3 章　距离

本章主要介绍了距离的多种度量。通过本章的学习，读者能够掌握欧几里得距离、曼哈顿距离、切比雪夫距离、夹角余弦等几种常见的距离度量方法。后半章通过一个相亲的故事介绍了如何使用这些度量法，最后将"人心是否可测"留给读者自己思考。

第 4 章　导数

本章主要介绍了导数的概念和求导方法。作为高等数学和机器学习中最常见的概念，求导时时刻刻都在使用。通过本章的学习，读者能够了解导数和高阶导数的意义，掌握一些基本的求导方法。本章的示例较多，介绍了基本求导法则、链式法则、隐函数微分法、反函数求导、对数微分法等多种求导方法，掌握这些方法后足以应付工作中的绝大部分问题。

第 5 章　微分与积分

本章主要介绍了微分、不定积分和积分。微积分为高等数学的重要组成部分，掌握微积分的思想至关重要。通过本章的学习，读者能够对微积分有一个较为清晰的认识。本章从多种视角强调了微分"散塔成沙"和积分"聚沙成塔"的思想；后半章重点介绍了定积分，包括定积分的意义，微积分第一、第二基本定理，积分的奇偶性，以及积分的求解技巧及实际应用。

第 6 章　弧长与曲面

本章主要介绍了弧长公式及其应用，讲述了如何使用积分解释初等数学的公式。通过本章的学习，读者将对积分有进一步的认识。

第 7 章　偏导

本章主要介绍了偏导的概念和求导方法，为"导数"一章的延续。对于多元和函数的变化率，偏导的概念必不可少。通过本章的学习，读者将了解偏导的意义及如何计算偏导，在此基础上可进一步了解高阶偏导和混合偏导，并能够将偏导的方法从二元函数推广到更多元的函数。

第 8 章　多重积分

本章主要介绍了二重积分和三重积分，同偏导一样，多重积分是对多元函数的积分。本章向读者介绍了二重积分和三重积分的意义、计算方法和实际应用，展示了积分更广阔的应用场景。

第 9 章　曲线救国

本章主要介绍了参数方程。很多时候，实际问题很难直接用 x 和 y 参数表示时，必须引入一个特别的参数 t，这正是曲线救国策略。读者将从本章中学习到参数方程的思想，并了解参数方程如何在实际应用中发挥威力。在这一章中，将抛开"y 是 x 的函数"的概念，站在更高的层面看待问题。

第 10 章　超越直角坐标系

本章主要介绍了极坐标系、柱坐标系和球坐标系。虽然直角坐标系平易近人，但对于一些特别的问题，在直角坐标系下处理就显得有点笨拙了，这个时候，不妨试试本章介绍的其他坐标系。本章向读者展示了更"高级"的极坐标系、柱坐标系和球坐标系，以及如何使用这些坐标系解决实际问题。

第 11 章　梯度下降

本章主要介绍了梯度、方向导数和梯度下降。对于渴望转行到机器学习领域的程序员来说，大多数是从梯度下降算法开始放弃的，梯度下降不同于纯软件算法，它涉及向量、导数、优化等多种数学概念。本章将从梯度的基本概念开始，向读者循序渐进地介绍方向导数和梯度的意义，最终详细地讲解梯度下降算法。通过本章的学习，读者能够自己实现一个梯度下降算法。

第 12 章　误差与近似

本章主要介绍了误差与近似的概念，以及如何用数学方法求解近似值。读者能够在本章了解到如何减小误差，如何使用线性近似、二阶近似和微分法求解近似值，如何使用泰勒展开式求解近似值。

第 13 章　牛顿法

本章是由一段神奇的开平方代码引出的，通过本章的学习，读者能够了解神奇的牛顿法，从而读懂这段代码。

第 14 章　无解之解

本章由一个初中生测量大楼高度的故事开始，介绍了约等方程组和解决约等方程组的最小二乘法。通过本章的学习，读者能够了解最小二乘法的意义和求解方法，以及最小二乘法在机器学习中的应用。

第 15 章　极大与极小

本章主要介绍了极值的基本概念以及如何寻找函数的极值。通过本章的学习，读者能够了解极值的含义，极值相关的临界点、鞍点的概念，能够指导如何寻找一元函数和多元函数的极值候选点，并判断候选点的极值类型。

第 16 章　寻找最好

本章主要介绍了拉格朗日乘子法。无约束条件下的极值较为简单，但实际应用中往往存在约束，这时候就需要使用拉格朗日乘子法寻找极值。通过本章的学习，读者能够了解拉格朗日乘子法的原理，使用拉格朗日乘子法求解等式约束条件下的极值，以及利用 KKT 条件求解不等式约束条件下的极值。

第 17 章　最佳形态

本章主要介绍了欧拉—拉格朗日方程。通过本章的学习，读者能够了解泛函的概念，掌握如何使用欧拉—拉格朗日方程寻找函数的最佳形态，了解欧拉—拉格朗日方程在最速降线、最小距离方程、最大面积方程等一些实际问题中的应用。

第 18 章　硬币与骰子

本章主要介绍了概率的基本概念和简单应用。概率看似简单，实则复杂，本章仅仅是初窥概率。通过本章的学习，读者能够了解一些有关概率的基本概念，如随机试验、事件、独立、样本空间等，还可以了解古典概型和几何概型，掌握包括独立事件公式和互斥事件公式在内的一些基本的概率公式，并使用这些公式求解实际问题。

第 19 章　概率分布

本章主要介绍了分布函数，以事件为入口，阐述了事件与分布函数的关系，通过离散分布和连续分布的对比，使读者能够对分布函数的概念有一个较为清晰的认识，最后介绍了常见的正态分布。

适合阅读本书的读者

- ❑ 渴望从事机器学习但数学知识相对薄弱的程序员。
- ❑ 各大高等院校人工智能相关专业的学生。
- ❑ 机器学习及数学爱好者。
- ❑ 海量数据挖掘与分析人员。
- ❑ 金融智能化从业人员。

本书源文件下载

本书提供代码源文件，有需要的读者可以关注下面的微信公众号（人人都是程序猿），然后输入"SX77190"，并发送到公众号后台，即可获取本书资源的下载链接，然后将此链接复制到计算机浏览器的地址栏中，根据提示下载即可。

作者简介

孙博，2005 年毕业于吉林大学计算机专业，苏州工业园区第六届高技能领军人才，机器学习爱好者，擅长软件算法和软件结构设计。曾就职于沈阳东软软件股份有限公司，期间参与了国家金财工程和金质工程的建设；后就职于苏州快维科技，担任产品部主管，主持并设计了移动化集成供应链开发平台，致力于打造业务驱动的开发模式，平台 2012 投入商用后获得江苏省创新团队奖；现任我要实习网 CTO，主持校企合作招聘平台的建设，平台中多项创新成果已申报专利。

致谢

本书能够顺利出版，是作者、编辑和所有审校人员共同努力的结果，在此表示深深的感谢。同时，祝福所有读者在职场一帆风顺。

编　者

目 录

C·O·N·T·E·N·T·S

第11章 梯度下降 /218

第12章 误差与近似 /238

第1章 向量和它的朋友们

向量是指具有大小和方向的量，在物理学中，通常将向量称作矢量。其实我们在初中就接触过向量，它们的展示方式类似于图 1.1 的力学图示。

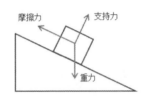

图 1.1　力学图示

表示每种力的带箭头的线段就是向量，箭头的方向表示向量的方向，线段的长度表示向量的大小。相应地，没有方向的量称作数量，物理中也称作标量。

向量的众多特性可以使很多概念得到简化，以至于人们对它如此痴迷。让我们走进向量，认识向量和它的朋友们。

1.1　向量家族的基本成员

关于向量的基本概念很多，在了解向量的用途之前首先要弄清楚这些基本概念，至少要知道它长什么样子，家住哪里，家里有几口人、几亩地、几头牛。

1.1.1　向量的表示和模长

在数学中，向量仍然可以用带箭头的线段来表示，如图 1.2 所示是一个在平面直角坐标系中的向量。

注：向量未必都是直的，也存在曲线向量。

一般地，向量符号在印刷体中用粗体字母表示：

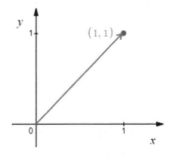

图 1.2　平面直角坐标系中的向量

$$a, b, V, PQ$$

手写体应在字母上加一个指向右侧的小箭头：

$$\vec{a}, \vec{b}, \vec{V}, \overrightarrow{PQ}$$

注：其实使用不加任何修饰的普通字母或你自己发明的符号也一样，只要能在上下文中清楚地表达即可。对于向量的箭头表示法来说，半箭头和全箭头一样，$\overrightarrow{PQ}$ 和 $\overrightarrow{PQ}$ 表示的向量没什么区别，本书统一使用半箭头。

向量是表示大小和方向的量，它并没有规定起点和终点，所以相同的向量可以画在任意位置，如图 1.3 所示。

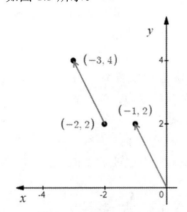

图 1.3　两个向量都可以表示 (−1,2)

图 1.3 中的两个向量都可以表示(−1,2)，它们的方向和长度相同，可以说(−1,2)是一族向量，有无限种几何表示法。实际上一族向量都是通过一个"标准向量"平移得到的。因为同族向量具有相同的性质，通常为了简单起见，将"标准向量"以原点作为起点。

向量也有很多种代数表示法，下面几种都可以表示同一个向量：

$$a = \langle x_1, x_2 \rangle = (x_1, x_2) = \binom{x_1}{x_2} = \begin{bmatrix} x_1 \\ x_2 \end{bmatrix}$$

向量的大小称为向量的模，它是一个标量，在平面直角坐标系中，a 的模长表示为：

$$|a| = \sqrt{x_1{}^2 + x_2{}^2}$$

有时候 a 的模长也称为 a 的二范数，这里 $|a|$ 可不是绝对值，算是数学中的符号重用。

1.1.2　维度和分量

在机器学习中，经常把一个有 n 个特征的训练样本称为一个 n 维向量，如何理解"n 维"的概念呢？

我们比较熟悉的空间概念是二维平面和三维空间，有人说四维包含了时间、五维包含了灵魂……别信他的！空间的每一个维度都可以代表任意事物，这完全取决于你对每一个维度的定义。多维空间只是个概念，不要试图在平面上通过几何的方式描述四维以及四维以上的空间。实际上多维空间很常见，关系型数据库的表就可以看作一个多维空间，表的每个字段代表了空间的一个维度，表 1.1 就是一个十维空间的例子。

表 1.1　学生表

学 生 属 性
1．姓名
2．性别
3．院系
4．学号
5．身份证号
6．出生日期
7．民族
8．籍贯
9．联系方式
10．家庭住址

可以看到，维度的内容不仅仅包含数量，同样可以包含文字，只是为了能够计算，需要制定一些规则将文字转换成数字。

n 维空间用 R^n 表示，上标 n 表示空间的维度，比如二维空间 R^2、三维空间 R^3。

向量在某一个维度上的值称为向量在该维度上的分量，比如 R^3 空间的向量 $a = \langle 1,2,9 \rangle$，$a$ 在三个维度的分量分别是 1、2、9。

1.1.3　单位向量和零向量

所有分量都为 0 的向量是零向量，由于零向量被压缩成一个点，所以零向量没有方向，原点就是典型的零向量。零向量用大写字母 O 表示，也可以直接用数字 0 表示：

$$O = \begin{bmatrix} 0 \\ 0 \end{bmatrix}, \ O \in R^2$$

$$O = \begin{bmatrix} 0 \\ 0 \\ 0 \end{bmatrix}, \ O \in R^3$$

注：有些资料中零向量用大写字母 Z 表示，意思是 zero。不必过于纠结表达方式，只要知道 Z 也表示零向量就好。

数学中喜欢用"单位"这个词，比如单位长度、单位重量、单位体积等，同样也有单位向量。单位向量是指模长等于 1 的向量。由于单位向量可以指向任何方向，所以单位向量有无数个，但是指向某一特定方向的单位向量只有一个。

一个非零向量除以它的模，可以得到单位向量：

$$N = \frac{a}{|a|}$$

示例 1-1　求某一方向的单位向量

平面上有两点，$O\langle 0,0 \rangle$ 和 $P\langle 1,2 \rangle$，求 OP 方向的单位向量。

$$OP = \begin{bmatrix} 1 \\ 2 \end{bmatrix} - \begin{bmatrix} 0 \\ 0 \end{bmatrix} = \begin{bmatrix} 1 \\ 2 \end{bmatrix}$$

$$N = \frac{OP}{|OP|} = \frac{\begin{bmatrix} 1 \\ 2 \end{bmatrix}}{\sqrt{1^2 + 2^2}} = \begin{bmatrix} \dfrac{1}{\sqrt{5}} \\ \dfrac{2}{\sqrt{5}} \end{bmatrix}$$

N 就是 OP 方向的单位向量，它的模长为 1。

$$|N| = \sqrt{\left(\frac{1}{\sqrt{5}}\right)^2 + \left(\frac{2}{\sqrt{5}}\right)^2} = 1$$

图 1.4 是 N 和 OP 在平面直角坐标系中的表示。

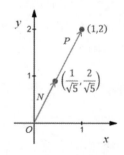

图 1.4　OP 方向的单位向量

1.2　向量的加减和数乘

向量是一个数学量，在接触向量时少不了要进行一些运算。向量的运算规则很简单，但简单背后又有其特殊的意义，了解向量运算的意义有助于我们更好地理解向量的性质。

1.2.1　加法

就像有相同背景的人容易有共同语言一样，只有相同维度的向量才能相加。两个向量相加时，只需要把这两个向量的分量依次相加，从而得到一个新的向量。

$$\boldsymbol{a} = \begin{bmatrix} a_1 \\ a_2 \\ \vdots \\ a_n \end{bmatrix}, \quad \boldsymbol{b} = \begin{bmatrix} b_1 \\ b_2 \\ \vdots \\ b_n \end{bmatrix}, \quad \boldsymbol{a} + \boldsymbol{b} = \begin{bmatrix} a_1 + b_1 \\ a_2 + b_2 \\ \vdots \\ a_n + b_n \end{bmatrix}$$

想要弄清楚向量加法的含义，需要借助向量的几何解释。以最简单的二维空间为例，来看一个具体的例子。

示例 1-2　向量相加

$$\boldsymbol{a} = \begin{bmatrix} -1 \\ 2 \end{bmatrix}, \quad \boldsymbol{b} = \begin{bmatrix} 3 \\ 1 \end{bmatrix}, \quad \boldsymbol{a} + \boldsymbol{b} = \begin{bmatrix} -1 + 3 \\ 2 + 1 \end{bmatrix} = \begin{bmatrix} 2 \\ 3 \end{bmatrix}$$

上式可以在二维空间内画出，如图 1.5 所示。

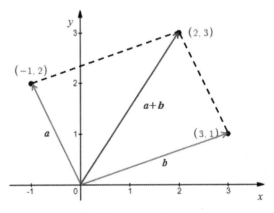

图 1.5　向量相加的几何解释（1）

$\boldsymbol{a}$ 和 $\boldsymbol{b}$ 组成了平行四边形的两条邻边，相加的结果正是平行四边形的对角线——这就是所谓的"平行四边形法则"。由于向量并未明确指明起点，所以 $a+b$ 还可以有如图 1.6 和图 1.7 所示的表示方法。

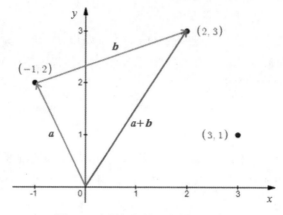

图 1.6　向量相加的几何解释（2）

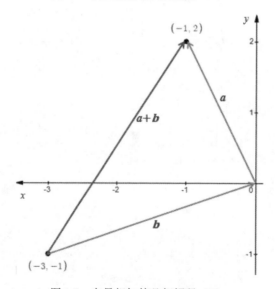

图 1.7　向量相加的几何解释（3）

　　实际上只要记住图 1.5 所示的平行四边形法则就可以了，图 1.6 和图 1.7 中的 a 和 b 可以通过平移的方法变成图 1.5 所示那样以原点为起点的标准向量。

1.2.2　数乘

　　一个向量可以和一个标量相乘，只需要把向量中的每个分量都与该标量相乘即可：

$$v = \begin{bmatrix} 1 \\ 2 \end{bmatrix}, \ v \times 2 = \begin{bmatrix} 2 \\ 4 \end{bmatrix}, \ v \times (-2) = \begin{bmatrix} -2 \\ -4 \end{bmatrix}$$

　　向量的数乘其实是对原向量的伸缩，如果乘以正数，方向与原向量相同；如果乘以负数，方向与原向量相反，如图 1.8 所示。

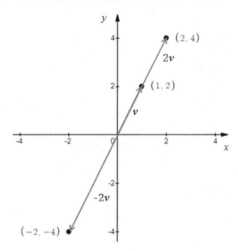

图 1.8　向量数乘的几何解释

1.2.3　减法

　　向量的减法实际上是由加法和数乘推导而来的：

$$a = \begin{bmatrix} 2 \\ 3 \end{bmatrix}, \ b = \begin{bmatrix} -1 \\ 2 \end{bmatrix}, \ a - b = a + (-1) \times b = \begin{bmatrix} 3 \\ 1 \end{bmatrix}$$

$a - b$ 的几何解释如图 1.9 所示。

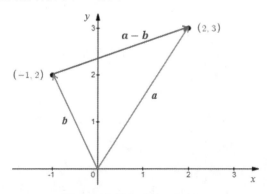

图 1.9　向量相减的几何解释

在教科书中，图 1.9 称为三角形法则，它并不如平行四边形法则那么容易记住，三角形第 3 边的起点和终点到底是谁呢？还是忘了教科书吧，$a - b$ 相当于先将 b 调头，再与 a 相加，即 $a + (-b)$，如图 1.10 所示。

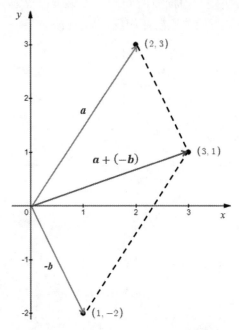

图 1.10　$a - b = a + (-b)$ 的几何解释

这就又变成了平行四边形法则，将斜边向上平移就会得到三角形法则中的第 3 边，如图 1.11 所示。

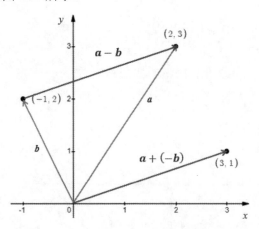

图 1.11　三角形法则与平行四边形法则的关系

1.2.4　向量与方程组

一个方程组可以看作是向量加减和数乘的综合应用。来看一个二元一次方程组的向量表示：

$$\begin{cases} 3x + 2y = 7 \\ -6x + 6y = 6 \end{cases} \Rightarrow \underbrace{\begin{bmatrix} 3 \\ -6 \end{bmatrix}}_{a} x + \underbrace{\begin{bmatrix} 2 \\ 6 \end{bmatrix}}_{b} y = \underbrace{\begin{bmatrix} 7 \\ 6 \end{bmatrix}}_{c} \Rightarrow ax + by = c$$

$$\begin{cases} x = 1 \\ y = 2 \end{cases} \Rightarrow a + 2b = c$$

在平面直角坐标系中可以直观地展示该方程组的解，如图 1.12 所示。

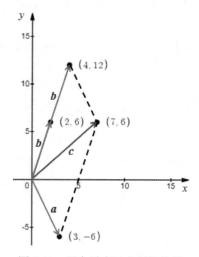

图 1.12　用向量表示方程组的解

1.2.5　相关代码

用下面的代码可以计算向量的加减和数乘。

```
01    import numpy as np
02
03    # 构建向量
04    a = np.array([-1,2])
05    b = np.array([3,1])
06
07    # 加法
08    a_b = a + b
09    # 数乘
```

```
10    a2 = a * 2
11    b3 = b * (-3)
12
13    # 打印结果 [2  3] [-2  4] [-9  -3]
14    print(a_b, a2, b3)
```

1.3 向量的点积

点积是两个向量间的重要运算之一，它的别名是数量积或内积。教科书上是这样定义点积的：点积是接收在实数 R 上的两个向量并返回一个实数值标量的二元运算，它是欧几里得空间的标准内积。如果你之前不了解点积，你对这段话反应大概是："嗯？"其实点积很简单，通过这一节，你将会从"嗯？"变为"噢，原来如此！"

1.3.1 什么是点积

首先要明确的是——向量的点积是标量，是一个数。点积的代数意义很清晰，如果 A 和 B 都是 n 维向量，它们的点积就是二者分量的乘积之和。

$$\text{if}\quad A = \langle a_1, a_2, \cdots, a_n \rangle,\quad B = \langle b_1, b_2, \cdots, b_n \rangle,\quad \text{then}\quad A \cdot B = \sum_{i=1}^{n} a_i b_i$$

点积的几何意义是 A 和 B 的模乘以二者的夹角余弦，如图 1.13 所示。

$$A = \langle a_1, a_2 \rangle,\quad B = \langle b_1, b_2 \rangle$$

$$A \cdot B = a_1 b_1 + a_2 b_2 = |A||B| \cos\theta$$

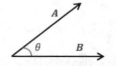

图 1.13 点积的几何意义

1.3.2 余弦定理

点积为什么能和夹角扯上关系？先看一个由 3 个向量组成的三角形，如图 1.14 所示。

余弦定理是这样说的，已知三角形的两边和夹角，可以知道第 3 边的长度：

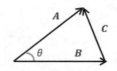

图 1.14 3 个向量组成的三角形

$$|C|^2 = |A|^2 + |B|^2 - 2|A||B| \cos\theta$$

如果用向量和点积表达余弦定理：

$$\text{let}\quad \boldsymbol{A} = \langle a_1, a_2 \rangle,\quad \boldsymbol{B} = \langle b_1, b_2 \rangle$$

$$\text{then}\quad \boldsymbol{A} \cdot \boldsymbol{B} = a_1 b_1 + a_2 b_2$$

根据向量减法的几何意义：

$$\boldsymbol{C} = \boldsymbol{A} - \boldsymbol{B}$$

$$|\boldsymbol{C}|^2 = |\boldsymbol{A} - \boldsymbol{B}|^2 = (a_1 - b_1)^2 + (a_2 - b_2)^2$$

$$= \underbrace{(a_1^2 + a_2^2)}_{|\boldsymbol{A}|^2} + \underbrace{(b_1^2 + b_2^2)}_{|\boldsymbol{B}|^2} - 2\underbrace{(a_1 b_1 + a_2 b_2)}_{\boldsymbol{A} \cdot \boldsymbol{B}}$$

$$= |\boldsymbol{A}|^2 + |\boldsymbol{B}|^2 - 2\boldsymbol{A} \cdot \boldsymbol{B}$$

结合余弦定理：

$$|\boldsymbol{C}|^2 = |\boldsymbol{A}|^2 + |\boldsymbol{B}|^2 - 2\boldsymbol{A} \cdot \boldsymbol{B} = \underbrace{|\boldsymbol{A}|^2 + |\boldsymbol{B}|^2 - 2|\boldsymbol{A}||\boldsymbol{B}|\cos\theta}_{\text{余弦定理}}$$

$$\Rightarrow \boldsymbol{A} \cdot \boldsymbol{B} = |\boldsymbol{A}||\boldsymbol{B}|\cos\theta$$

最终得到结论：两个向量点积的几何意义是它们的模乘以它们的夹角余弦。

1.3.3　相关代码

两个向量 $\langle -2,2 \rangle$ 和 $\langle -2,2 \rangle$ 间的夹角是π/2，可以用下面的代码计算二者的点积。

```
01    import numpy as np
02
03    # 构建向量
04    a = np.array([-2,2])
05    b = np.array([2,2])
06
07    # 计算点积（内积）
08    ab_1 = np.inner(a, b)
09    # 根据夹角余弦计算点积
10    ab_2 = np.linalg.norm(a) * np.linalg.norm(b) * np.cos(np.pi/2)
11
12    # 打印结果：0    6.12323399574e-17
13    print(ab_1, ab_2)
```

两种方法计算的结果不同，这是由于 np.pi/2 使用了π/2 的近似值，所以 ab_2 最终得到了一个近似 0 的结果。

1.4 点积的作用

我们已经知道了什么是点积，点积又有什么用呢？根据 1.3.2 小节的结论，点积的用处之一就是计算两个向量间的夹角。除此之外，点积还可以判断两个向量的方向是否大致相同和向量间的正交性，以及求得向量的分量。

1.4.1 计算向量间的夹角

可以利用点积计算向量之间的夹角。

示例 1-3 **计算夹角**

$P(1,0,0)$、$Q(0,1,0)$、$R(0,0,2)$ 是三维空间内坐标轴上的 3 个点，现在需要计算 PR 与 PQ 间的夹角 θ，如图 1.15 所示。

利用纯几何知识很难计算，利用向量就容易多了，向量的点积可以方便地求得夹角余弦，再根据夹角余弦就可以得到夹角。

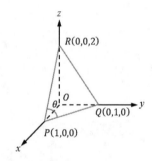

图 1.15 计算 PR 与 PQ 间的夹角 θ

$$PQ = \begin{bmatrix} 0 \\ 1 \\ 0 \end{bmatrix} - \begin{bmatrix} 1 \\ 0 \\ 0 \end{bmatrix} = \begin{bmatrix} -1 \\ 1 \\ 0 \end{bmatrix}, \quad PR = \begin{bmatrix} 0 \\ 0 \\ 2 \end{bmatrix} - \begin{bmatrix} 1 \\ 0 \\ 0 \end{bmatrix} = \begin{bmatrix} -1 \\ 0 \\ 2 \end{bmatrix}$$

$$PQ \cdot PR = |PQ||PR| \cos\theta$$

$$\Rightarrow \cos\theta = \frac{PQ \cdot PR}{|PQ||PR|} = \frac{-1 \times (-1) + 1 \times 0 + 0 \times 2}{\sqrt{(-1)^2 + 1^2 + 0^2} \times \sqrt{(-1)^2 + 0^2 + 2^2}} = \frac{1}{\sqrt{10}}$$

$$\theta = \cos^{-1}\left(\frac{1}{\sqrt{10}}\right) \approx 71.5°$$

1.4.2 判断向量的方向

点积是一个数量，它可能小于 0，实际上，只有当夹角小于 90° 时，点积才是正的。设 θ 是向量 A 和向量 B 之间的夹角，则：

$$\text{if} \quad \theta < 90°, \text{ then} \quad \boldsymbol{A} \cdot \boldsymbol{B} > 0$$

$$\text{if} \quad \theta > 90°, \text{ then} \quad \boldsymbol{A} \cdot \boldsymbol{B} < 0$$

$$\text{if} \quad \theta = 90°, \text{ then} \quad \boldsymbol{A} \cdot \boldsymbol{B} = 0$$

所以说，当两个向量的点积大于 0，即夹角小于 90° 时，我们认为这两个向量的方向大致相同；如果点积小于 0，即夹角大于 90° 时，这两个向量的方向相反；如果点积等于 0，二者垂直。这也是另一种理解点积意义的方法——点积是度量两个向量相对方向的数字。

可以把这种解释想象成鳄鱼的嘴巴，鳄鱼的上下颚是两个向外的向量，通常嘴巴的张角小于 90°，上下颚的方向大致相同；如果努努力，估计鳄鱼能把嘴巴张到 90°；再使点劲儿，上下颚方向不再一致，张角超过了 90°，估计它以后再也不能吃晚饭了。

1.4.3　判断正交性

所谓正交性，就是看两样东西是否互相垂直。现在我们尝试用平面解释正交性，假设有一个平面：

$$3x + 2y + z = 0$$

$\boldsymbol{A} = \langle x, y, z \rangle, \boldsymbol{B} = \langle 3, 2, 1 \rangle$，根据点积的定义：

$$\boldsymbol{A} \cdot \boldsymbol{B} = 3x + 2y + z = 0$$

上一小节提到，如果 $\boldsymbol{A} \cdot \boldsymbol{B} = 0$，则 $\boldsymbol{A} \perp \boldsymbol{B}$。和 $\boldsymbol{A}$ 有相同起点且垂直于 $\boldsymbol{B}$ 的向量有无数个（可以看作 $\boldsymbol{A}$ 绕 $\boldsymbol{B}$ 旋转一周），它们共同组成了平面方程式的解，或者说这些解共同构成了一个与 $\boldsymbol{B}$ 正交的平面。

结论是，当两个向量的点积为 0 时，两个向量正交。

1.4.4　求向量的分量

已知向量 $\boldsymbol{A}$，可以求得 $\boldsymbol{A}$ 沿某单位向量 $\boldsymbol{u}$ 方向的分量。向量在某一方向的分量等同于向量在该方向的投影。设 $\boldsymbol{A}$ 的分量为 $\boldsymbol{P}$，如图 1.16 所示。

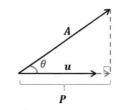

图 1.16　计算 $\boldsymbol{A}$ 的分量

$$|\boldsymbol{P}| = |\boldsymbol{A}| \cos\theta = |\boldsymbol{A}||\boldsymbol{u}| \cos\theta = \boldsymbol{A} \cdot \boldsymbol{u}$$

上式表明，向量在某一方向上的分量等于该

向量与这一方向上的单位向量的点积。

1.5　向量的叉积

两个向量间没有定义乘法运算，虽然我们经常能看到类似乘法的 $A \times B$，但实际上 $A \times B$ 并不是乘法，它叫作向量的叉积，也叫外积、向量积、叉乘或矢量积。叉积是向量间除点积外的另一种重要运算。

1.5.1　什么是叉积

在二维空间内，两个向量的叉积是这样定义的：

$$A = \begin{bmatrix} a_1 \\ a_2 \end{bmatrix}, \quad B = \begin{bmatrix} b_1 \\ b_2 \end{bmatrix}$$

$$A \times B = \begin{vmatrix} a_1 & a_2 \\ b_1 & b_2 \end{vmatrix} = a_1 b_2 - a_2 b_1$$

$\begin{vmatrix} a_1 & a_2 \\ b_1 & b_2 \end{vmatrix}$ 称为行列式，具体来说，是二阶行列式，它的运算规则是"一捺减一撇"。为了避免与字母 X 混淆，$A \times B$ 有时也被写成 $A \wedge B$。

叉积也适用于两个三维空间的向量。

$$A = \begin{bmatrix} a_1 \\ a_2 \\ a_3 \end{bmatrix}, \quad B = \begin{bmatrix} b_1 \\ b_2 \\ b_3 \end{bmatrix}$$

$$A \times B = \begin{vmatrix} \hat{i} & \hat{j} & \widehat{k} \\ a_1 & a_2 & a_3 \\ b_1 & b_2 & b_3 \end{vmatrix} = \left\langle \hat{i} \begin{vmatrix} a_2 & a_3 \\ b_2 & b_3 \end{vmatrix}, -\hat{j} \begin{vmatrix} a_1 & a_3 \\ b_1 & b_3 \end{vmatrix}, \widehat{k} \begin{vmatrix} a_1 & a_2 \\ b_1 & b_2 \end{vmatrix} \right\rangle$$

戴帽子的 $\hat{i}, \hat{j}, \widehat{k}$ 是每个维度的单位向量。

行列式是一个函数，它的结果是一个标量，而叉积的结果是一个向量，之所以借用行列式描述叉积，仅仅是为了便于表达和记忆。因为叉积的结果是向量，所以 $A \times B$ 和 $B \times A$ 并不等同，实际上：

$$A \times B = -(B \times A)$$

注：三维以上的叉积很少碰到，有些教材甚至直接说三维以上的叉积没有定义或没有意义，我们在此也不讨论更高维度的叉积。

这里似乎有点问题，不是说叉积的结果是一个向量吗？二维空间中的叉积为什么是一个实数？说好的向量哪去了？想弄清楚还要理解叉积的几何意义。

1.5.2 叉积的几何意义

向量的两个要素是模长和方向,我们从这两个要素考虑叉积的几何意义。

在模长上,叉积的几何意义是以两个向量为邻边的平行四边形的面积。推导出这个结论并不算复杂,给出两个向量 $\boldsymbol{A}$、$\boldsymbol{B}$ 和它们之间的夹角 θ,以 $\boldsymbol{A}$、$\boldsymbol{B}$ 为邻边可以构成一个平行四边形,如图 1.17 所示。

以 $\boldsymbol{A}$ 为底边,平行四边形的高是 $\boldsymbol{B}$ 的模长乘以夹角正弦,面积是:

$$Area = |\boldsymbol{A}||\boldsymbol{B}|\sin\theta$$

这和点积的公式十分相似,可以根据 $\sin^2\theta + \cos^2\theta = 1$ 求得 $\cos\theta$,这将是个漫长的过程,如果能够使用 $\sin\theta$ 计算面积就简单多了。将 $\boldsymbol{A}$ 逆时针旋转 $90°$ 得到向量 $\boldsymbol{A}'$ 和夹角 θ',如图 1.18 所示。

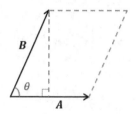

图 1.17 以两个向量为邻边的平行四边形

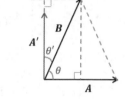

图 1.18 将 $\boldsymbol{A}$ 逆时针旋转 $90°$

设 $\boldsymbol{A} = \langle a_1, a_2\rangle, \boldsymbol{B} = \langle b_1, b_2\rangle$,由于 $\boldsymbol{A} \perp \boldsymbol{A}'$,所以 $\boldsymbol{A}' = \langle -a_2, a_1\rangle$。现在:

$$\theta' = \frac{\pi}{2} - \theta, \quad \sin\theta = \cos\theta' \Rightarrow |\boldsymbol{B}|\sin\theta = |\boldsymbol{B}|\cos\theta'$$

$$Area = |\boldsymbol{A}||\boldsymbol{B}|\sin\theta = |\boldsymbol{A}'||\boldsymbol{B}|\cos\theta' = |\boldsymbol{A}' \cdot \boldsymbol{B}| = |a_1 b_2 - a_2 b_1| = |\boldsymbol{A} \times \boldsymbol{B}|$$

上式也得到这样一个附带结论——两个向量的叉积的模长等于这两个向量模长的积乘以二者的夹角正弦:

$$|\boldsymbol{A} \times \boldsymbol{B}| = |\boldsymbol{A}||\boldsymbol{B}|\sin\theta$$

叉积不是面积,叉积的模才是。严格地说,叉积是"有向面积",正负号就代表了面积的方向,具体来说,叉积的方向垂直于平行四边形所在的平面,如图 1.19 所示。

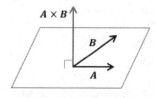

图 1.19 叉积的方向

由于 $|A \times B|$ 是一个向量，所以它垂直于平面的方向可能向上或向下，具体方向可以根据右手法则判断。右手法则很有意思，首先要保持拇指朝上，然后其他四指指向叉积的第一个向量，向内弯曲四指指向另一个向量。如果两个向量的方向能符合这个手势，此时伸出拇指，拇指的方向就是叉积的方向，当然，拇指可能朝上，也可能朝下。总之，最终能够以一个舒服的方向竖起拇指就对了。

再看一个三维空间的例子。

示例 1-4　三点围成的三角形面积

$P_1(-1,0,1)$、$P_2(0,2,2)$、$P_3(0,-1,2)$ 3 个点正好可以围成一个三角形，这个三角形的面积是多少？

三角形的面积等于平行四边形面积的一半，正好可以使用叉积计算：

$$A = P_2 - P_1 = \begin{bmatrix} 0 \\ 2 \\ 2 \end{bmatrix} - \begin{bmatrix} -1 \\ 0 \\ 1 \end{bmatrix} = \begin{bmatrix} 1 \\ 2 \\ 1 \end{bmatrix}, \quad B = P_3 - P_1 = \begin{bmatrix} 0 \\ -1 \\ 2 \end{bmatrix} - \begin{bmatrix} -1 \\ 0 \\ 1 \end{bmatrix} = \begin{bmatrix} 1 \\ -1 \\ 1 \end{bmatrix}$$

$$A \times B = \begin{vmatrix} \hat{i} & \hat{j} & \hat{k} \\ 1 & 2 & 1 \\ 1 & -1 & 1 \end{vmatrix} = \left\langle \hat{i} \begin{vmatrix} 2 & 1 \\ -1 & 1 \end{vmatrix}, -\hat{j} \begin{vmatrix} 1 & 1 \\ 1 & 1 \end{vmatrix}, \hat{k} \begin{vmatrix} 1 & 2 \\ 1 & -1 \end{vmatrix} \right\rangle = \langle 3,0,-3 \rangle$$

现在可以看出叉积的结果是一个向量了。

$$Area = \frac{1}{2}|A \times B| = \frac{1}{2}\sqrt{3^2 + 0^2 + (-3)^2} = \frac{3\sqrt{2}}{2}$$

如果两个向量平行，意味着二者的方向相同，它们并不能构成平行四边形（或者说构成了一个面积为 0 的平行四边形），所以，相同或相反方向向量的叉积为 0 向量。

1.5.3　相关代码

叉积的计算太容易出错了，这种无聊的事情还是交给计算机处理吧！

```
01    import numpy as np
02
03    # 构建向量
04    a = np.array([1,2,1])
05    b = np.array([1,-1,1])
06
07    # 计算叉积
08    a_b = np.cross(a, b)
09
```

```
10   # 打印结果：[3  0  -3]
11   print(a_b)
```

1.6　叉积的作用

叉积可以方便地处理很多实际问题，最典型的应用就是计算面积。除此之外，叉积还可以计算平行六面体的体积、判断点是否共面，以及计算平面的法向量。

1.6.1　计算平行六面体的体积

空间向量 $A = \langle a_1, a_2, a_3 \rangle$、$B = \langle b_1, b_2, b_3 \rangle$、$C = \langle c_1, c_2, c_3 \rangle$ 可以组成平行六面体的 3 条邻边，向量 H 是垂直于底面的向量，$|H|$ 是六面体的高，如图 1.20 所示。

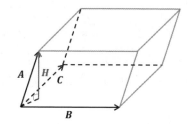

图 1.20　以 3 个向量为邻边的平行六面体

H 可以看作是向量 A 在 H 方向上的分量，令 u 为 H 方向的单位向量，则 H 可以用 A 和 u 的点积表示：

$$H = A \cdot u$$

根据右手法则，$B \times C$ 将得到一个与 H 相同方向的向量，因此可以得到下面的结论。

$$H = A \cdot u = A \cdot \frac{B \times C}{|B \times C|}$$

知道了平行六面体的高，又知道了底面积是 $|B \times C|$，现在可以计算体积：

$$\pm V = |B \times C|H = |B \times C|\left(A \cdot \frac{B \times C}{|B \times C|}\right) = A \cdot (B \times C) = \begin{bmatrix} a_1 \\ a_2 \\ a_3 \end{bmatrix} \cdot \begin{vmatrix} \hat{i} & \hat{j} & \hat{k} \\ b_1 & b_2 & b_3 \\ c_1 & c_2 & c_3 \end{vmatrix}$$

1.6.2　判断点是否共面

空间中的 3 点可以确定一个平面。P_1、P_2、P_3 是空间中共面的 3 个点，另有一点 P，P 是否也在同一平面内？

可以借助向量，通过 1.6.1 小节中计算平行六面体体积的知识判断 P 是否在同一平面，如图 1.21 所示。

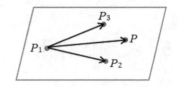

$|P_1P_3 \times P_1P_2|$ 是这两个向量围成的平行四边形的面积，$PP_1 \cdot (P_1P_3 \times P_1P_2)$ 表示平行六面体的体积，如果体

图 1.21　判断点 P 是否在该平面内

积是 0，则相当于 P 到平面的垂线坍塌为 0，此时 P 在该平面内。

1.6.3　计算法向量

与平面垂直的向量称为该平面的法向量。

对于平面 $ax + by + cz = d$ 来说，$\langle a,b,c \rangle$ 就是该平面的法向量，但它不是唯一的法向量。一个平面有无数个法向量，法向量与一个常数的乘积还是法向量。如果两个向量能构成一个平面，那么该平面的法向量就是这两个向量的叉积。

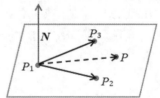

该结论是根据 1.6.1 小节和 1.6.2 小节的结论推导出来的。空间中的 3 个点 P_1、P_2、P_3 组成一个平面，N 是该平面的法向量，如何计算 N 呢？为了解决这个问题，需要在平面内另设一点 P，如图 1.22 所示。

图 1.22　平面内另设一点 P

利用 1.6.2 小节的结论，由于 P 在平面上，所以 P_1P_3、P_1P_2、P_1P 3 个向量构成的平行六面体的体积为 0：

$$P_1P \cdot (P_1P_3 \times P_1P_2) = 0$$

由于 N 垂直于平面，所以 N 也垂直于平面上的任意向量，根据点积的知识：

$$P_1P \cdot N = 0$$

结合二者：

$$P_1P \cdot N = P_1P \cdot (P_1P_3 \times P_1P_2)$$

$$\Rightarrow N = P_1P_3 \times P_1P_2$$

1.7　再看行列式

我们已经在叉积中初窥过行列式，它就像把书本整齐地排列在书架上。如果有两个向量 $\langle a_1, a_2 \rangle$、$\langle b_1, b_2 \rangle$，那么这两个向量组成的行列式是：

$$\begin{vmatrix} a_1 & a_2 \\ b_1 & b_2 \end{vmatrix} = a_1 b_2 - a_2 b_1$$

看起来只是表示一个简单的计算，仅仅是根据"一捺减一撇"的规则计算了一个数值，但是别忘了，行列式是由向量组成的，它一定会表示向量间的某种关系。

在叉积中，二阶行列式表示了二维平面内以两个向量为邻边的平行四边形的面积；三阶行列式表示在三维空间内以 3 个向量为邻边的平行六面体的体积；推广到 n 维空间，n 阶行列式表示在 n 维空间内以 n 个向量为邻边的图形的 n 维体积。

实际上，我们无法有效画出三维以上的空间，对于物理世界中更多维的空间，绝大多数人都无法想象，但是数学却可以给出明确的定义。对于 n 维空间的行列式，可以表示为：

$$D_n = |A_{n \times n}|$$

为了和求模加以区分，也可以写作：

$$D_n = \det(A_{n \times n})$$

其中 A 是一个 n 阶方阵。

注：行列式是由向量引出的，解释的也是向量的性质，在看到行列式时，一定要在头脑中映射出向量。

1.7.1　行列式的性质

我们以二维空间为例，看看行列式中的一些有趣的性质，这些性质在高阶行列式中同样适用。

性质 0：单位矩阵的行列式为 1

性质 1：如果 $D_n = \det(A)$ 中某行的元素全为 0，那么 $D_n = 0$

这个性质较为明显，行列式表示的是以 n 个向量为邻边的图形的体积，如果其中一个向量为 0，那么体积也是 0。

性质 2：如果 $D_n = \det(A)$ 中某两行元素对应成比例，那么 $D_n = 0$

很多时候，我们都喜欢用实例推导性质，例如：

$$\begin{vmatrix} 1 & 2 \\ 2 & 4 \end{vmatrix} = 1 \times 4 - 2 \times 2 = 0$$

或者用代数形式：

$$\begin{vmatrix} a_1 & a_2 \\ ka_1 & ka_2 \end{vmatrix} = a_2 ka_1 - a_1 ka_2 = 0$$

这似乎没错，但是我们更希望由定义推导性质，然后用计算去验证。现在我们尝试用行列式的定义去推导。行列式表示的是向量间的关系，如果某两行元素对应成比例，那么说明其中一个向量是另一个向量的延伸，它们的夹角是 0° 或 180°，即二者平行，两个平行的向量围成的面积是 0，如图 1.23 所示。

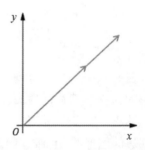

图 1.23　行列式的性质 2

性质 3：如果 $D_n = \det(A)$ 中某两行互换，那么互换后的行列式变号，即 $\det(A) = -\det(A)$

两个向量是 $\boldsymbol{a}$ 和 $\boldsymbol{b}$，与 x 轴的夹角分别是 α 和 β，如图 1.24 所示。平行四边形的面积：

$$Area = |\boldsymbol{a}||\boldsymbol{b}|\sin(\alpha - \beta)$$

如果两个向量互换，如图 1.25 所示。

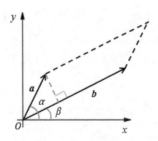

图 1.24　两个向量围成的平行四边形

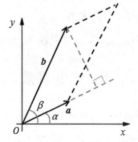

图 1.25　两个向量互换

$$Area' = |\boldsymbol{a}||\boldsymbol{b}|\sin(\beta - \alpha) = -|\boldsymbol{a}||\boldsymbol{b}|\sin(\alpha - \beta) = -Area$$

注：β 表示 $\boldsymbol{b}$ 和 x 轴的夹角，$\boldsymbol{a}$ 和 $\boldsymbol{b}$ 互换后，夹角并没有互换，β 仍然表示 $\boldsymbol{b}$ 与 x 轴的夹角，只是夹角的值发生的变化。

用计算去验证：

$$\begin{vmatrix} a_1 & a_2 \\ b_1 & b_2 \end{vmatrix} = a_1 b_2 - a_2 b_1 = -(a_2 b_1 - a_1 b_2) = -\begin{vmatrix} b_1 & b_2 \\ a_1 & a_2 \end{vmatrix}$$

性质 4：倍乘性质

$$\text{if} \quad D_n = |\boldsymbol{A}_{n \times n}| = \begin{vmatrix} \cdots & & & \\ a_{i_1} & a_{i_2} & \cdots & a_{i_n} \\ \cdots & & & \end{vmatrix}$$

$$\text{then} \quad k \begin{vmatrix} \cdots & & & \\ a_{i_1} & a_{i_2} & \cdots & a_{i_n} \\ \cdots & & & \end{vmatrix} = \begin{vmatrix} \cdots & & & \\ ka_{i_1} & ka_{i_2} & \cdots & ka_{i_n} \\ \cdots & & & \end{vmatrix}$$

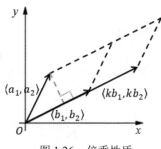

图 1.26　倍乘性质

实际上是将外部的实数 k 乘到其中的一行，把平行四边形的一条边扩大 k 倍，此时面积也扩大了 k 倍，如图 1.26 所示。

需要注意行列式与矩阵的区别，矩阵扩大 k 倍是将矩阵中的全部元素都乘以 k，这相当于图形的每条边都扩大了 k 倍，面积扩大了 k^n 倍：

$$\det(k\boldsymbol{A}_{n \times n}) = k^n \det(\boldsymbol{A}_{n \times n})$$

性质 5：倍加性质

$$\begin{vmatrix} a_1 & a_2 \\ b_1 & b_2 \end{vmatrix} = \begin{vmatrix} a_1 & a_2 \\ b_1 + ka_1 & b_2 + ka_2 \end{vmatrix}$$

平行四边形的对角线是一个向量加上另一个向量的 k 倍，如图 1.27 所示。

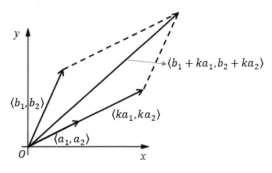

图 1.27　$\langle b_1 + ka_1, b_2 + ka_2 \rangle = \langle b_1, b_2 \rangle + \langle ka_1, ka_2 \rangle$

$\langle a_1, a_2 \rangle$ 和 $\langle b_1 + ka_1, b_2 + ka_2 \rangle$ 围成的平行四边形面积与 $\langle a_1, a_2 \rangle$ 和 $\langle b_1, b_2 \rangle$ 围成的平行四边形面积相同，所以倍加公式成立，如图 1.28 所示。

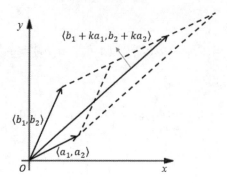

图 1.28　两个平行四边形的面积相同

用计算验证：

$$\begin{vmatrix} a_1 & a_2 \\ b_1 + ka_1 & b_2 + ka_2 \end{vmatrix} = a_1b_2 + ka_1a_2 - a_2b_1 - ka_1a_2$$

$$= a_1b_2 - a_2b_1 = \begin{vmatrix} a_1 & a_2 \\ b_1 & b_2 \end{vmatrix}$$

性质 6：单行可拆（加）性

$$\begin{vmatrix} * \\ a_{i_1} & a_{i_2} & \cdots & a_{i_n} \\ * \end{vmatrix} + \begin{vmatrix} * \\ b_{i_1} & b_{i_2} & \cdots & b_{i_n} \\ * \end{vmatrix}$$

$$= \begin{vmatrix} * \\ a_{i_1} + b_{i_1} & a_{i_2} + b_{i_2} & \cdots & a_{i_n} + b_{i_n} \\ * \end{vmatrix}$$

其中*号表元素完全相同，从左到右叫加，从右到左叫拆：

$$\begin{vmatrix} a_1 & a_2 \\ b_1 & b_2 \end{vmatrix} + \begin{vmatrix} a_1 & a_2 \\ c_1 & c_2 \end{vmatrix} = \begin{vmatrix} a_1 & a_2 \\ c_1 + b_1 & c_2 + b_2 \end{vmatrix}$$

为了简单起见，将 $\langle a_1, a_2 \rangle$ 和 $\langle b_1, b_2 \rangle$ 分别设置在两个坐标轴上，如图 1.29 所示。

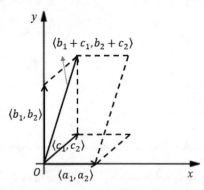

图 1.29　行列式的单行可加性

$\langle a_1, a_2 \rangle$ 和 $\langle b_1, b_2 \rangle$ 围成的平行四边形的面积是：

$$Area_1 = \begin{vmatrix} a_1 & a_2 \\ b_1 & b_2 \end{vmatrix} = \begin{vmatrix} a_1 & 0 \\ 0 & b_2 \end{vmatrix} = a_1 b_2$$

$\langle a_1, a_2 \rangle$ 和 $\langle c_1, c_2 \rangle$ 围成的平行四边形的面积是：

$$Area_2 = \begin{vmatrix} a_1 & a_2 \\ c_1 & c_2 \end{vmatrix} = \begin{vmatrix} a_1 & 0 \\ c_1 & c_2 \end{vmatrix} = a_1 c_2$$

$\langle a_1, a_2 \rangle$ 和 $\langle b_1 + c_1, b_2 + c_2 \rangle$ 围成的平行四边形的面积是：

$$\begin{vmatrix} a_1 & a_2 \\ b_1 + c_1 & b_2 + c_2 \end{vmatrix} = \begin{vmatrix} a_1 & 0 \\ c_1 & b_2 + c_2 \end{vmatrix} = a_1 b_2 + a_1 c_2 = Area_1 + Area_2$$

由此可见性质 6 成立。

性质 7：以上所有作用于行的性质也可以作用于列上

只要把性质 6 的两个坐标轴互换就能得到性质 7。

性质 8：两个矩阵相乘的行列式，等于这两个矩阵的行列式相乘，$\det(AB) = \det(A)\det(B)$

当两个矩阵相等时，矩阵平方的行列式等于矩阵行列式的平方：

$$\det(A^2) = (\det(A))^2$$

可以借助性质 8 计算 A^{-1} 的行列式：

$$\det(I) = \det(A^{-1})\det(A) = \det(A^{-1}A) = 1 \Rightarrow \det(A^{-1}) = \frac{1}{\det(A)}$$

另一种写法更为常见：

$$|I| = |A^{-1}A| = |A^{-1}||A| = 1 \Rightarrow |A^{-1}| = \frac{1}{|A|}$$

如果 $1/\det(A)$ 有意义，则 $\det(A) \neq 0$，A 有逆矩阵；反之，如果 $\det(A) = 0$，A 是奇异矩阵。

注：第 2 章将会详细介绍逆矩阵和奇异矩阵。

1.7.2 行列式的意义

行列式是由向量组成的，当 $\det(A) \neq 0$ 时，意味着组成 $\det(A)$ 的向量全部独立。所谓独立，就是向量围成的 n 维图形的 n 维体积不为 0。这似乎没有太大价值，但是，如果把行列式转换为方程组就意义重大了：

$$\begin{vmatrix} 1 & 2 \\ 3 & 4 \end{vmatrix} \neq 0 \rightarrow \begin{cases} x_1 + 2x_2 = 0 \\ 3x_1 + 4x_2 = 0 \end{cases}$$

$$\begin{vmatrix} 1 & 2 & 3 \\ 2 & 4 & 6 \\ 5 & 6 & 7 \end{vmatrix} = 0 \rightarrow \begin{cases} x_1 + 2x_2 + 3x_3 = 0 \\ 2x_1 + 4x_2 + 6x_3 = 0 \\ 5x_1 + 6x_2 + 7x_3 = 0 \end{cases}$$

可以看到，只有对于全部独立的向量，即 $\det(A) \neq 0$ 时，方程组有唯一解；反之，当 $\det(A) = 0$ 时，说明至少有一个向量是"多余"的，正是这个多余的向量使得 n 维体积为 0。以三阶行列式为例，当体积为 0 时，说明 3 个向量在同一平面内，这意味着一定可以通过倍乘和倍加性质用另外两个向量表示第 3 个向量，因为第 3 个向量能够被代替，所以它不是独一无二的，是多余的。由三阶行列式构成的有唯一解的三元一次方程组需要 3 个完全不同的方程，现在少了一个方程，所以无法得到唯一解。在上面的第 2 个行列式中，⟨2,4,6⟩ 就是一个多余向量，它可以用 2 倍的 ⟨1,2,3⟩ 来代替。

线性代数研究的是向量之间的关系，向量间最重要的关系就是独立或不独立，行列式是否等于 0 正是这种关系的有效描述。

注：关于"多余向量"的问题将在第 2 章中详细探讨。

1.7.3 行列式的计算

对于三阶行列式的计算，经常会看到如图 1.30 所示的计算方法。

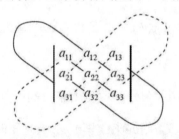

图 1.30　三阶行列式的计算方法

反正我每次看到都觉得一头雾水，而且这种方法也不能计算更高阶的行列式。最好忘了它，我们来看看正统的计算方法。

首先需要了解一个事实——上三角矩阵的行列式等于主对角元素的乘积：

$$U = \begin{bmatrix} d_1 & \blacksquare & \blacksquare & \blacksquare & \blacksquare \\ 0 & d_2 & \blacksquare & \blacksquare & \blacksquare \\ 0 & 0 & d_3 & \blacksquare & \blacksquare \\ \vdots & \vdots & \vdots & \ddots & \vdots \\ 0 & 0 & 0 & 0 & d_n \end{bmatrix}$$

$$\det(\boldsymbol{U}) = d_1 d_2 d_3 \cdots d_n = \prod_{i=1}^{n} d_i$$

对于更高阶的行列式，一种有效的计算方法是先将矩阵消元，转换为上三角矩阵，然后再计算这个上三角行列式的值。以二阶行列式为例，我们已经知道它的结果：

$$\boldsymbol{A} = \begin{bmatrix} a & b \\ c & d \end{bmatrix}, \quad \det(\boldsymbol{A}) = \begin{vmatrix} a & b \\ c & d \end{vmatrix} = ad - cb$$

首先利用消元法将 $\boldsymbol{A}$ 转换为上三角矩阵，具体做法是第 2 行加上第 1 行的 $-c/a$ 倍。

$$\begin{bmatrix} a & b \\ c & d \end{bmatrix} \xrightarrow{-\frac{c}{a}r_1 + r_2} \begin{bmatrix} a & b \\ 0 & d - \dfrac{c}{a}b \end{bmatrix}$$

之后可以直接利用主对角线的元素相乘计算行列式的值：

$$\det(\boldsymbol{A}) = a\left(d - \frac{c}{a}b\right) - b \times 0 = ad - cb$$

1.7.4　行列式的公式

利用消元法计算行列式是"正统"方法，大多数时候应该这么做，但是"条条大路通罗马"，总有其他方法可循，行列式的公式就是其中之一。

行列式的性质也可以用于计算行列式的值，以二阶行列式为例：

$$\det(\boldsymbol{A}) = \begin{vmatrix} a & b \\ c & d \end{vmatrix} = \underbrace{\begin{vmatrix} a & 0 \\ c & d \end{vmatrix} + \begin{vmatrix} 0 & b \\ c & d \end{vmatrix}}_{\text{单行可拆性}} = \underbrace{\begin{vmatrix} a & 0 \\ c & 0 \end{vmatrix}}_{\alpha} + \underbrace{\begin{vmatrix} a & 0 \\ 0 & d \end{vmatrix}}_{\beta} + \underbrace{\begin{vmatrix} 0 & b \\ c & 0 \end{vmatrix}}_{\gamma} + \underbrace{\begin{vmatrix} 0 & b \\ 0 & d \end{vmatrix}}_{\delta}$$

在反复利用行列式的单行可拆性后，$\boldsymbol{A}$ 最终分解成 4 个行列式，每个行列式的每一行都只有一个非零元素。二阶行列式的意义是平行四边形的面积，对于 α 来说，由于构成行列式的两个向量 $\langle a, 0 \rangle$ 和 $\langle c, 0 \rangle$ 是在同一个维度上的直线，所以二者围成的面积是 0；δ 也和 α 一样。β 是上三角行列式，它的值是主对角线元素的乘积。γ 可以使用行列式的行互换性质形成一个新的上三角行列式：

$$\gamma = \begin{vmatrix} 0 & b \\ c & 0 \end{vmatrix} = -\begin{vmatrix} c & 0 \\ 0 & b \end{vmatrix} = -bc$$

最终可以得到 $\det(\boldsymbol{A})$ 的值：

$$\det(\boldsymbol{A}) = \alpha + \beta + \gamma + \delta = 0 + ad - bc + 0 = ad - bc$$

　　这种方法对于更高阶的行列式也同样适用。三阶行列式按照每行只有一个非零元素的原则全部展开后长达 3^3 项，写出来将占用长长的篇幅，可以考虑一个能够缩减展开式的办法。根据行列式的几何意义，三阶行列式计算的是三维空间的平行六面体的体积，如此一来，只有当 3 个向量分别指向 3 个不同的维度时，且模长大于 0 时，才能保证体积不等于 0，因此三阶行列式可以展开成：

$$\det(\boldsymbol{A}) = \begin{vmatrix} a_{11} & a_{12} & a_{13} \\ a_{21} & a_{22} & a_{23} \\ a_{31} & a_{32} & a_{33} \end{vmatrix} = \begin{vmatrix} a_{11} & 0 & 0 \\ 0 & a_{22} & 0 \\ 0 & 0 & a_{33} \end{vmatrix} + \begin{vmatrix} a_{11} & 0 & 0 \\ 0 & 0 & a_{23} \\ 0 & a_{32} & 0 \end{vmatrix}$$

$$+ \begin{vmatrix} 0 & a_{12} & 0 \\ a_{21} & 0 & 0 \\ 0 & 0 & a_{33} \end{vmatrix} + \begin{vmatrix} 0 & a_{12} & 0 \\ 0 & 0 & a_{23} \\ a_{31} & 0 & 0 \end{vmatrix} + \begin{vmatrix} 0 & 0 & a_{13} \\ a_{21} & 0 & 0 \\ 0 & a_{32} & 0 \end{vmatrix}$$

$$+ \begin{vmatrix} 0 & 0 & a_{13} \\ 0 & a_{22} & 0 \\ a_{31} & 0 & 0 \end{vmatrix}$$

　　现在只剩下 3! = 6 项，每一项都可以通过行列式的行交换性质变成上三角行列式，或者本身就是上三角行列式，这样就可以得到行列式的最终值。

$$\det(\boldsymbol{A}) = \begin{vmatrix} a_{11} & 0 & 0 \\ 0 & a_{22} & 0 \\ 0 & 0 & a_{33} \end{vmatrix} - \begin{vmatrix} a_{11} & 0 & 0 \\ 0 & a_{32} & 0 \\ 0 & 0 & a_{23} \end{vmatrix} - \begin{vmatrix} a_{21} & 0 & 0 \\ 0 & a_{12} & 0 \\ 0 & 0 & a_{33} \end{vmatrix}$$

$$+ \begin{vmatrix} a_{31} & 0 & 0 \\ 0 & a_{12} & 0 \\ 0 & 0 & a_{23} \end{vmatrix} + \begin{vmatrix} a_{21} & 0 & 0 \\ 0 & a_{32} & 0 \\ 0 & 0 & a_{13} \end{vmatrix} - \begin{vmatrix} a_{31} & 0 & 0 \\ 0 & a_{22} & 0 \\ 0 & 0 & a_{13} \end{vmatrix}$$

$$= a_{11}a_{22}a_{33} - a_{11}a_{23}a_{32} - a_{12}a_{21}a_{33} + a_{12}a_{23}a_{31}$$

$$+ a_{13}a_{21}a_{32} - a_{13}a_{22}a_{31}$$

　　现在可以归纳出 n 阶行列式的公式：

$$\det(\boldsymbol{A}) = \sum_{n!} \pm a_{1\alpha}a_{2\beta}a_{3\gamma}\cdots a_{n\omega}$$

　　下标中的数字项表示行号，希腊字母表示列号（实际数量可能远超过希腊字母的数量，暂且用希腊字母代替）。这相当于列号的排列，在每一项中，n 个列号都各用一次。使用负号的目的是应对行交换的情况。

　　根据公式，对于 n 阶单位矩阵来说，只有主对角线的一项不是 0，所以单位矩阵的行列式的值是 1。

示例 1-5　用行列式公式计算高阶行列式

$$\det(A) = \begin{vmatrix} 0 & 0 & 1 & 1 \\ 0 & 1 & 1 & 0 \\ 1 & 1 & 0 & 0 \\ 1 & 0 & 0 & 1 \end{vmatrix} = ?$$

在 A 中，$r_4 = r_1 + r_3 - r_2$，第 4 行是多余的，所以 A 是一个奇异矩阵，它的行列式等于 0。现在用行列式的公式来验证这个结论。根据公式，$\det(A)$ 的大多数展开项都等于 0，没有被淘汰的只有两项（其他的要么有 2 个向量指向同一维度，要么有 1 个维度的模长是 0）。

$$\det(A) = \begin{vmatrix} 0 & 0 & 1 & 0 \\ 0 & 1 & 0 & 0 \\ 1 & 0 & 0 & 0 \\ 0 & 0 & 0 & 1 \end{vmatrix} + \begin{vmatrix} 0 & 0 & 0 & 1 \\ 0 & 0 & 1 & 0 \\ 0 & 1 & 0 & 0 \\ 1 & 0 & 0 & 0 \end{vmatrix}$$

这两个行列式都可以用行交换变成上三角行列式。

$$\alpha = \begin{vmatrix} 0 & 0 & 1 & 0 \\ 0 & 1 & 0 & 0 \\ 1 & 0 & 0 & 0 \\ 0 & 0 & 0 & 1 \end{vmatrix} = -\begin{vmatrix} 1 & 0 & 0 & 0 \\ 0 & 1 & 0 & 0 \\ 0 & 0 & 1 & 0 \\ 0 & 0 & 0 & 1 \end{vmatrix} = -1$$

$$\beta = \begin{vmatrix} 0 & 0 & 0 & 1 \\ 0 & 0 & 1 & 0 \\ 0 & 1 & 0 & 0 \\ 1 & 0 & 0 & 0 \end{vmatrix} = \begin{vmatrix} 1 & 0 & 0 & 0 \\ 0 & 1 & 0 & 0 \\ 0 & 0 & 1 & 0 \\ 0 & 0 & 0 & 1 \end{vmatrix} = 1$$

$$\alpha + \beta = 0$$

α 经过一次行交换变成单位行列式，所以值为负数；β 经过 2 次行交换变成单位行列式，所以值为正数。

1.7.5　相关代码

二阶以上的行列式的计算比较麻烦，幸亏有 NumPy。

```
01    import numpy as np
02
03    # 定义两个矩阵
04    a = np.mat('1 2;3 4')
05    b = np.mat('2 2 0;1 0 1;0 1 1')
06    # 计算行两个列式
07    det_a = np.linalg.det(a)
```

```
08    det_b = np.linalg.det(b)
09
10    print('a = {0}\n D(a) = {1}'.format(a, np.round(det_a)))
11    print('b = {0}\n D(b) = {1}'.format(b, np.round(det_b)))
```

运行结果如图 1.31 所示。

```
a = [[1 2]
 [3 4]]
D(a) = -2.0
b = [[2 2 0]
 [1 0 1]
 [0 1 1]]
D(b) = -4.0
```

图 1.31　行列式计算的运行结果

1.8　代数余子式

假设有一个漂亮礼盒，要拆开盒子才能看到最终的神秘礼物。当你满怀希望地打开盒子后，发现里面还有一个盒子，再打开仍然是盒子……直到盒子小得不能再小时才发现所谓的神秘礼物仅仅是一颗糖果。如果把行列式看成礼盒，每一层的小盒子就是代数余子式，最后的糖果则是行列式中的一个因子。

1.8.1　行列式的代数余子式展开

代数余子式是从行列式的公式中提取出来的，它的作用是把 n 阶行列式化简为 $n-1$ 阶行列式。我们根据行列式的公式将三阶行列式展开，看看代数余子式是什么。

$$\det(\boldsymbol{A}) = a_{11}(a_{22}a_{33} - a_{23}a_{32}) - a_{12}(a_{21}a_{33} - a_{23}a_{31})$$
$$+ a_{13}(a_{21}a_{32} - a_{22}a_{31})$$

这实际上是选定第一行的每一个元素，然后考虑各种可能的排列，为了突出重点，写成下面这样：

$$\det(\boldsymbol{A}) = a_{11}(\cdots) + a_{12}(\cdots) + a_{13}(\cdots)$$

括号中由剩余因子组成的表达式就是代数余子式（第 2 项把负号移到

了括号中，1.8.2 小节会说明原因），比如 $a_{22}a_{33} - a_{23}a_{32}$ 是 a_{11}的代数余子式。可以用更直观的方式表达 a_{11} 的代数余子式：

$$a_{11}(a_{22}a_{33} - a_{23}a_{32}) = a_{11}\begin{vmatrix} a_{22} & a_{23} \\ a_{32} & a_{33} \end{vmatrix} = \begin{vmatrix} a_{11} & & \\ & a_{22} & a_{23} \\ & a_{32} & a_{33} \end{vmatrix}$$

$-a_{12}(a_{21}a_{33} - a_{23}a_{31})$表示成：

$$-a_{12}(a_{21}a_{33} - a_{23}a_{31}) = -a_{12}\begin{vmatrix} a_{21} & a_{23} \\ a_{31} & a_{33} \end{vmatrix} = \begin{vmatrix} & a_{12} & \\ a_{21} & & a_{23} \\ a_{31} & & a_{33} \end{vmatrix}$$

注意，上式有一个负号，我们一般不需要$-a_{12}$的代数余子式，所以 a_{12} 的代数余子式需要把负号移到括号中：

$$-a_{12}(a_{21}a_{33} - a_{23}a_{31}) = a_{12}(-a_{21}a_{33} + a_{23}a_{31})$$

代数余子式本身就是行列式，只是它的正负号需要单独判断，判断依据是选定元素行号和列号之和的奇偶性。如果用 C_{ij} 表示 a_{ij} 的代数余子式，当 $i+j$ 是偶数时，行列式取正号；当 $i+j$ 是奇数时，行列式取负号。比如三阶行列式中，C_{12} 的行列号之和是 3，它对应的代数余子式取负号。

将某个行列式用代数余子式展开是求行列式的另一种方法，可以表示成：

$$\det(\boldsymbol{A}) = a_{11}C_{11} + a_{12}C_{12} + \cdots + a_{1n}C_{1n} = \sum_{i=1}^{n} a_{1i}C_{1i}$$

代数余子式本身是 $n-1$ 阶行列式，它可以继续展开成 $n-2$ 阶行列式……如此展开下去，直到得到最终的糖果——一阶行列式为止，其核心思想是把一个复杂的高阶行列式转换成多个简单的低阶行列式。

1.8.2 二阶行列式的代数余子式

用代数余子式可以解释二阶行列式的计算公式。二阶行列式可以用一阶代数余子式展开：

$$\begin{vmatrix} a & b \\ c & d \end{vmatrix} = aC_{11} + bC_{12} = a\begin{vmatrix} \blacksquare & \blacksquare \\ \blacksquare & d \end{vmatrix} - b\begin{vmatrix} \blacksquare & \blacksquare \\ c & \blacksquare \end{vmatrix} = ad - bc$$

由于 b 是第 1 行第 2 列，行列号之和是奇数，所以 b 对应的代数余子式 C_{12} 是以负号开头的。

1.9 还有其他朋友吗

向量的维度、单位向量、向量的基本运算、内外两积以及行列式，都时刻伴随在向量左右，它们都是向量的朋友。其实向量还有很多朋友，可以说整个线性代数就是在研究向量；同时，向量也出现在机器学习的各个角落，很多训练集和模型都使用向量表示。在后面的章节中，向量将始终伴随着我们，它的其他朋友们也将陆续登场，帮助我们解决一个又一个难题。

1.10 总结

1. 向量是表示大小和方向的量。
2. 向量的运算定义了加减法、数乘、点积、叉积。
3. 点积的作用。
   ➥ 计算向量间的夹角。
   ➥ 测量向量的方向。
   ➥ 判断向量的正交性。
   ➥ 求向量的分量。
4. 叉积的作用。
   ➥ 计算平行六面体的体积。
   ➥ 判断点是否共面。
   ➥ 计算平面的法向量。
5. 行列式由向量组成，它的性质可以由向量解释。
6. 行列式可以用消元法转换成上三角矩阵后进行计算，也可以使用行列式公式计算：

$$\det(\boldsymbol{A}) = \sum_{n!} \pm a_{1\alpha} a_{2\beta} a_{3\gamma} \cdots a_{n\omega}$$

7. 高阶行列式可以用代数余子式展开成多个低阶行列式：

$$\det(\boldsymbol{A}) = a_{11} C_{11} + a_{12} C_{12} + \cdots + a_{1n} C_{1n} = \sum_{i=1}^{n} a_{1i} C_{1i}$$

第2章 矩阵的威力

2015 年 9 月 3 日，为了纪念世界反法西斯战争胜利 70 周年，天安门前举行了盛大的阅兵式。在阅兵式上，人民解放军的梯队给人以极大的视觉震撼，向世界宣告这支强壮之师维护正义秩序的决心。

每个阅兵方阵都是由多个独立军人组成的，如果把一个 40×50 方阵中所有人的名字都列出来，会像图 2.1 一样排列如下。

孙铭武	腾久寿	⋯	孟杰民
张中华	庞汉祯	⋯	姚子青
⋮	⋮		⋮
王铭章	叶成焕	⋯	刘曙华

图 2.1 方阵中的军人姓名

如果把这些姓名用符号表示，再把这些符号用栅栏围起来，就形成了矩阵。

$$\begin{bmatrix} a_1^{(1)} & a_2^{(1)} & \cdots & a_{50}^{(1)} \\ a_1^{(2)} & a_2^{(2)} & \cdots & a_{50}^{(2)} \\ \vdots & \vdots & & \vdots \\ a_1^{(40)} & a_2^{(40)} & \cdots & a_{50}^{(40)} \end{bmatrix}$$

所以说，矩阵就是把数字排成长方形。当然，把其他具有相似性的东西排成长方形也是矩阵，如蔬菜矩阵、水果矩阵、机器人矩阵……看起来矩阵无处不在，连《黑客帝国》的第 3 部都叫"矩阵革命"。这些排成长方形的密密麻麻的数字有众多特性，在不同领域书写了一个又一个传奇，以至于我们想近距离触摸它，见识一下它的威力。

2.1 什么是矩阵

简单地说，矩阵就是把数字排成长方形，或者充满数字的表格：

$$A = \begin{bmatrix} 1 & 2 \\ 3 & 4 \end{bmatrix}, \ B = \begin{bmatrix} 5 & 1 & 2 \\ 3 & 0 & -5 \end{bmatrix}$$

A 和 B 是两个典型的矩阵，A 有 2 行 2 列，是 2×2 矩阵；B 有 2 行 3 列，是 2×3 矩阵。A 中的元素可用小写字母加行列下标表示，也可以使用上标表示行号：

$$a_{11} = a_1^{(1)} = 1, \ a_{21} = a_1^{(2)} = 3$$

注：有人说表示矩阵的字母应该使用粗体的大写字母，别信他的，能表达清楚就好。

2.2 矩阵的存储和解析功能

在计算机中，图片看起来就是矩阵。图片上的一小块区域在计算机眼中是一大堆排成长方形的数字，如图 2.2 所示。

图 2.2 用矩阵存储图像

此外，图也可以用矩阵来描述。

注：这里的"图"不是 picture，而是 graph，是一种常用数据结构，离散数学中还专门有"图论"的研究。

图由节点和边组成，如果边有方向，就是有向图，如图 2.3 所示。

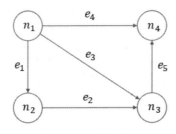

图 2.3　有向图

图 2.3 可以表示电网、网络或建筑物通道的数学模型。现在通过一个 5×4 矩阵来解析这个由 4 个节点和 5 条边组成的有向图——用正负表示边的方向，矩阵的一行相当于图的一条边，矩阵的一列对应图的一个节点。

$$A = \begin{matrix} n_1 & n_2 & n_3 & n_4 \\ \begin{bmatrix} -1 & 1 & 0 & 0 \\ 0 & -1 & 1 & 0 \\ -1 & 0 & 1 & 0 \\ -1 & 0 & 0 & 1 \\ 0 & 0 & -1 & 1 \end{bmatrix} & & & \end{matrix} \begin{matrix} e_1 \\ e_2 \\ e_3 \\ e_4 \\ e_5 \end{matrix}$$

以 A 的第 1 行为例，它对应图的第 1 条边 e_1，e_1 的方向是从节点 n_1 指向 n_2（负号代表起点），与 n_3 和 n_4 无关。如果将 A 中的 -1 全部改为 1，就变成了无向图。

2.3　矩阵的运算

两个单独的数字之间可以进行运算，把一堆数字排成长方形后同样可以进行运算。正如阅兵方阵行进不如个体行进那么灵活一样，矩阵的运算也存在很多约束。

2.3.1　加法

两个矩阵相加，需要满足两个矩阵的列数和行数必须一致，这好比古装片中的兵对兵、将对将。

$$A = \begin{bmatrix} 3 & -1 \\ 2 & 0 \end{bmatrix}, \quad B = \begin{bmatrix} -7 & 2 \\ 3 & 5 \end{bmatrix}$$

$$A + B = \begin{bmatrix} 3 + (-7) & -1 + 2 \\ 2 + 3 & 0 + 5 \end{bmatrix} = \begin{bmatrix} -4 & 1 \\ 5 & 5 \end{bmatrix}$$

和实数加法一样，矩阵的加法也可以进行交换。

$$A + B = B + A$$

当然，减法可以看成穿了马甲的加法。

$$A - B = A + (-B) = \begin{bmatrix} 3 - (-7) & -1 - 2 \\ 2 - 3 & 0 - 5 \end{bmatrix} = \begin{bmatrix} 10 & -3 \\ -1 & -5 \end{bmatrix}$$

2.3.2 数乘

一个矩阵可以和一个实数相乘，规则是将这个实数与矩阵中的每个元素都相乘。

$$A = \begin{bmatrix} 3 & -1 \\ 2 & 0 \end{bmatrix}, \ \lambda \in R$$

$$A\lambda = \begin{bmatrix} 3\lambda & -1\lambda \\ 2\lambda & 0\lambda \end{bmatrix}$$

数乘满足乘法交换律：

$$A\lambda = \lambda A$$

2.3.3 乘法

乘法有点麻烦了，矩阵 A 和 B 相乘，需要满足"攘外必先安内"原则，具体来说，就是需要满足 A 的列数等于 B 的行数。

$$A = \begin{bmatrix} 3 & 1 & 2 \\ -2 & 0 & 5 \end{bmatrix}, \ B = \begin{bmatrix} -1 & 3 \\ 0 & 5 \\ 2 & 5 \end{bmatrix}$$

A 是 2×3 矩阵，B 是 3×2 矩阵，A 的列数等于 B 的行数。A 和 B 可以相乘，B 和 A 也可以相乘，但两个 A 或两个 B 可不能相乘。可以将这个限制看作是"攘外必先安内"。

$$A_{m \times n} B_{p \times q} = C_{m \times q}$$

看起来 m 和 q 在外围，n 和 p 正好夹在 m 和 q 中间。如果 A 和 B 能够相乘，必须满足"安内"，即 $n = p$，如图 2.4 所示。

相乘后得到的新矩阵是 $m \times q$ 矩阵，这个结果当然是"共同御敌，一致对外"。

乘法计算起来没那么愉快。

$$A = \begin{bmatrix} 3 & 1 & 2 \\ -2 & 0 & 5 \end{bmatrix}, \ B = \begin{bmatrix} -1 & 3 \\ 0 & 5 \\ 2 & 5 \end{bmatrix}$$

$$A \times B = \begin{bmatrix} 3 \times (-1) + 1 \times 0 + 2 \times 2 & 3 \times 3 + 1 \times 5 + 2 \times 5 \\ -2 \times (-1) + 0 \times 0 + 5 \times 2 & -2 \times 3 + 0 \times 5 + 5 \times 5 \end{bmatrix} = \begin{bmatrix} 1 & 24 \\ 12 & 19 \end{bmatrix}$$

$A \times B$ 的运算规则如图 2.5 所示。

图 2.4　攘外必先安内

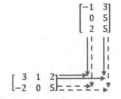

图 2.5　矩阵乘法运算规则

B 和 A 也能相乘，这将得到另一个矩阵：

$$B \times A = \begin{bmatrix} -1 \times 3 + 3 \times (-2) & -1 \times 1 + 3 \times 0 & -1 \times 2 + 3 \times 5 \\ 0 \times 3 + 5 \times (-2) & 0 \times 1 + 5 \times 0 & 0 \times 2 + 5 \times 5 \\ 2 \times 3 + 5 \times (-2) & 2 \times 1 + 5 \times 0 & 2 \times 2 + 5 \times 5 \end{bmatrix}$$

$$= \begin{bmatrix} -9 & -1 & 13 \\ -10 & 0 & 25 \\ -4 & 2 & 29 \end{bmatrix}$$

根据"攘外必先安内"原则，矩阵乘法不满足交换律，但仍然满足结合律和分配律。

$$(AB)C = A(BC)$$

$$(A + B)C = AC + BC，\ A(B + C) = AB + AC$$

$$\lambda(AB) = (\lambda A)B = A(\lambda B)，\ \lambda \in R$$

2.3.4　转置

简单地说，矩阵的转置就是行列互换，这好比让处于立正姿势的矩阵卧倒。用 A^{T} 表示 A 的转置矩阵：

$$A = \begin{bmatrix} 1 & 2 & 3 \\ 4 & 5 & 6 \end{bmatrix},\ A^{\mathrm{T}} = \begin{bmatrix} 1 & 4 \\ 2 & 5 \\ 3 & 6 \end{bmatrix}$$

转置运算规则：

$$(A^{\mathrm{T}})^{\mathrm{T}} = A$$

$$(AB)^{\mathrm{T}} = B^{\mathrm{T}} A^{\mathrm{T}}$$

$$(A + B)^{\mathrm{T}} = A^{\mathrm{T}} + B^{\mathrm{T}}$$

2.3.5　相关代码

NumPy 库中内置了大量的矩阵操作，可以很方便地进行矩阵访问和运算。下面的代码展示了如何声明一个矩阵。

```
01  import numpy as np
02
03  # 生成一个 4x3 矩阵,取值范围：[0, 1)随机浮点数
04  a1 = np.random.random((4, 3))
05  # 生成一个 4x3 矩阵,取值范围：[1, 11)随机整数
06  a2 = np.random.randint(1, 11, (4, 3))
07  # 生成一个 4x3 矩阵,每个元素都是 1
08  a3 = np.ones((4, 3))
09  # 生成一个 4x3 的矩阵,每个元素都是 0
10  a4 = np.zeros((4, 3))
11  # 生成一个 4x3 的矩阵,取值范围：[2, 25),步长为 2
12  a5 = np.mat(np.arange(2, 25, 2)).reshape(4, 3)
13  # 自定义一个 4x3 矩阵
14  a6 = np.mat('1 2 3;4 5 6;7 8 9;10 11 12')
15
16  # 矩阵输出
17  print('a1 = \n{}'.format(a1))
18  print('a2 = \n{}'.format(a2))
19  print('a3 = \n{}'.format(a3))
20  print('a4 = \n{}'.format(a4))
21  print('a5 = \n{}'.format(a5))
22  print('a6 = \n{}'.format(a6))
```

运行结果如图 2.6 所示。

可以访问矩阵中的单个元素，也可以访问某一行或某一列。

```
01  import numpy as np
02
03  # 定义一个 4x3 矩阵
04  a = np.mat('1 2 3;4 5 6;7 8 9;10 11 12')
05  # 矩阵输出
06  print('a = \n{}'.format(a))
07
08  # 获取矩阵的行数和列数
09  m, n = np.shape(a)
10  print('a is a %d × %d matrix' % (m, n))
11
```

```
12    # 访问第 1 行第 1 列和第 3 行第 2 列
13    a_11, a_32 = a[0, 0], a[2, 1]
14    print('a11 = %d, a32 = %d' % (a_11, a_32))
15
16    # 访问第 2 行
17    a_r2 = a[1]
18    print('the 2nd row in a is {}'.format(a_r2))
19
20    # 访问第 2 列
21    a_c2 = a[:,2]
22    print('the 2nd column in a is \n{}'.format(a_c2))
```

运行结果如图 2.7 所示。

```
a1 =
[[ 0.56787982  0.30185724  0.67151941]
 [ 0.95915423  0.15147071  0.74225596]
 [ 0.12807463  0.12813592  0.30357812]
 [ 0.35569791  0.09905481  0.42775782]]
a2 =
[[ 8  8  7]
 [ 3  3 10]
 [ 4 10 10]
 [ 1  1  2]]
a3 =
[[ 1.  1.  1.]
 [ 1.  1.  1.]
 [ 1.  1.  1.]
 [ 1.  1.  1.]]
a4 =
[[ 0.  0.  0.]
 [ 0.  0.  0.]
 [ 0.  0.  0.]
 [ 0.  0.  0.]]
a5 =
[[ 2  4  6]
 [ 8 10 12]
 [14 16 18]
 [20 22 24]]
a6 =
[[ 1  2  3]
 [ 4  5  6]
 [ 7  8  9]
 [10 11 12]]
```

图 2.6　矩阵代码运行结果

```
a =
[[ 1  2  3]
 [ 4  5  6]
 [ 7  8  9]
 [10 11 12]]
a is a 4 × 3 matrix
a11 = 1, a32 = 8
the 2nd row in a is [[4 5 6]]
the 2nd column in a is
[[ 3]
 [ 6]
 [ 9]
 [12]]
```

图 2.7　访问矩阵的运行结果

高阶矩阵的运算都很麻烦，尤其是乘法运算，稍不留神就会出错，所以我强烈建议把运算交给计算机处理。

```
01    import numpy as np
```

```
02
03   # 定义两个 4x3 矩阵
04   a = np.mat('1 2 3;4 5 6;7 8 9;10 11 12')
05   b = np.ones((4, 3))
06   # 矩阵输出
07   print('a = \n{}\nb = \n{}'.format(a, b))
08
09   # 矩阵加减
10   d1 = np.add(a, b)
11   d2 = np.subtract(a, b)
12   # 等同于：
13   # d1 = a + b
14   # d2 = a - b
15   print('a + b = \n{}'.format(d1))
16   print('a - b = \n{}'.format(d2))
17
18   # 矩阵数乘
19   d3 = np.multiply(a, 2)
20   # 等同于：
21   # d1 = a * 2
22   print('2a = \n{}'.format(d3))
23
24   # 定义一个 3x4 矩阵
25   c = np.ones((3, 4))
26   # 矩阵乘法
27   d4 = np.dot(b, c)
28   print('b * c = \n{}'.format(d4))
29
30   # 矩阵装置
31   d5 = np.transpose(a)
32   # 等同于：d5 = a.T
33   print('a^T = \n{}'.format(d5))
```

2.4 特殊的矩阵

　　生活中总是离不开一些特殊的岗位，如道路清洁和城市绿化，工作在这些岗位上的人虽然一点都不起眼，但少了他们，生活就不那么美好了。矩阵家族中也同样存在一些特殊的矩阵，它们时刻准备着为其他矩阵提供服务。

2.4.1　对称矩阵

如果一个矩阵转置后等于原矩阵，那么这个矩阵就称为对称矩阵。由定义可知，对称矩阵一定是方阵。

对称矩阵很常见，实际上一个矩阵转置和这个矩阵的乘积就是一个对称矩阵。

$$A = \begin{bmatrix} 1 & 2 & 3 \\ 4 & 5 & 6 \end{bmatrix}, \ A^T = \begin{bmatrix} 1 & 4 \\ 2 & 5 \\ 3 & 6 \end{bmatrix}$$

$$A^T A = \begin{bmatrix} 1 & 4 \\ 2 & 5 \\ 3 & 6 \end{bmatrix} \begin{bmatrix} 1 & 2 & 3 \\ 4 & 5 & 6 \end{bmatrix} = \begin{bmatrix} 17 & 22 & 27 \\ 22 & 29 & 36 \\ 27 & 36 & 45 \end{bmatrix}$$

$$\begin{bmatrix} 17 & 22 & 27 \\ 22 & 29 & 36 \\ 27 & 36 & 45 \end{bmatrix}^T = \begin{bmatrix} 17 & 22 & 27 \\ 22 & 29 & 36 \\ 27 & 36 & 45 \end{bmatrix}$$

证明很简单：

$$\underbrace{(A^T A)^T}_{R^T} = A^T (A^T)^T = \underbrace{A^T A}_{R}$$

两个对称矩阵相加，仍然得到对称矩阵。

$$\underbrace{(A^T A + B^T B)^T}_{R^T} = (A^T A)^T + (B^T B)^T = \underbrace{A^T A + B^T B}_{R}$$

2.4.2　单位矩阵

我们见识过单位长度、单位体积、单位向量，它们的特点是都有 1 存在，类似地，也存在单位矩阵。单位矩阵是一个 $n \times n$ 矩阵，主对角线上的元素是 1，其余元素都为 0。下面是 3 个单位矩阵。

$$\begin{bmatrix} 1 & 0 \\ 0 & 1 \end{bmatrix}, \ \begin{bmatrix} 1 & 0 & 0 \\ 0 & 1 & 0 \\ 0 & 0 & 1 \end{bmatrix}, \ \begin{bmatrix} 1 & 0 & 0 & 0 \\ 0 & 1 & 0 & 0 \\ 0 & 0 & 1 & 0 \\ 0 & 0 & 0 & 1 \end{bmatrix}$$

单位矩阵用 I 表示，一个矩阵与其对应的单位矩阵的乘积仍然是这个矩阵。如果 A 是 $m \times n$ 矩阵，I 是 A 对应的 $n \times n$ 单位矩阵，则：

$$A_{m \times n} I_{n \times n} = A_{m \times n}$$

注：有些资料中单位矩阵也用 E 表示，无所谓了，表示清楚即可。

$A_{m \times n}$ 对应的单位矩阵还有 $I_{m \times m}$：

$$I_{m \times m} A_{m \times n} = A_{m \times n}$$

2.4.3 逆矩阵

可以把一个矩阵 A 的逆矩阵看作这个矩阵的倒数，记作 A^{-1}。只有方阵才有逆矩阵，A 与 A^{-1} 的乘积是单位矩阵。

$$AA^{-1} = A^{-1}A = I$$

如果一个矩阵是 2×2 矩阵，可以用下列方法求它的逆矩阵。

$$A = \begin{bmatrix} a & b \\ c & d \end{bmatrix}, \ A^{-1} = \frac{1}{|A|} \begin{bmatrix} d & -b \\ -c & a \end{bmatrix}$$

其中 $|A|$ 是 A 的行列式。AA^{-1} 与 $A^{-1}A$ 都是单位矩阵。

$$AA^{-1} = \frac{1}{|A|} \begin{bmatrix} a & b \\ c & d \end{bmatrix} \begin{bmatrix} d & -b \\ -c & a \end{bmatrix} = \frac{1}{ad-bc} \begin{bmatrix} ad-bc & -ab+ab \\ cd-dc & -cb+ad \end{bmatrix} = \begin{bmatrix} 1 & 0 \\ 0 & 1 \end{bmatrix}$$

$$A^{-1}A = \frac{1}{|A|} \begin{bmatrix} d & -b \\ -c & a \end{bmatrix} \begin{bmatrix} a & b \\ c & d \end{bmatrix} = \frac{1}{ad-bc} \begin{bmatrix} da-bc & db-bd \\ -ca+ac & -cb+ad \end{bmatrix} = \begin{bmatrix} 1 & 0 \\ 0 & 1 \end{bmatrix}$$

示例 2-1 求矩阵的逆

$$B = \begin{bmatrix} 3 & -4 \\ 2 & -5 \end{bmatrix}, \ B^{-1} = ?$$

$$|B| = 3 \times (-5) - (-4) \times 2 = -7$$

$$B^{-1} = \frac{1}{|B|} \begin{bmatrix} -5 & 4 \\ -2 & 3 \end{bmatrix} = -\frac{1}{7} \begin{bmatrix} -5 & 4 \\ -2 & 3 \end{bmatrix} = \begin{bmatrix} \frac{5}{7} & -\frac{4}{7} \\ \frac{2}{7} & -\frac{3}{7} \end{bmatrix}$$

注：对高于二阶的矩阵求逆将在 2.7 节和 2.8 节介绍。

逆矩阵有一些基本的计算公式，假设 A 和 B 都可逆，则：

$$(AB)^{-1} = B^{-1}A^{-1}$$

如果 A 是可逆矩阵，则 A 转置的逆等于逆的转置。

$$I^{T} = (AA^{-1})^{T} = (A^{-1})^{T}A^{T}, \ I = (A^{T})^{-1}A^{T}$$

$$I^{T} = I \Rightarrow (A^{-1})^{T}A^{T} = (A^{T})^{-1}A^{T} \Rightarrow (A^{T})^{-1} = (A^{-1})^{T}$$

2.4.4 奇异矩阵

正如不是所有的实数都有倒数一样，也不是所有的方阵都有逆矩阵，奇异矩阵就是这类没有逆矩阵的矩阵。

对于二阶矩阵来说，当矩阵的行列式为 0 时，$1/|A|$ 不存在，A^{-1} 也不存在。$A = \begin{bmatrix} 1 & 1 \\ 2 & 2 \end{bmatrix}$ 就是一个奇异矩阵。

注：2.4～2.6 节将有更多关于奇异矩阵的介绍。

2.4.5　相关代码

下面代码展示了如何求矩阵的转置和逆。

```
01    import numpy as np
02
03    # 定义一个 4×4 单位矩阵
04    E = np.eye(4, 4)
05    print('E = \n{}'.format(E))
06
07    # 定义一个 2 x 2 矩阵
08    a = np.mat('1 2;3 4')
09    # a 的逆矩阵
10    b = np.linalg.inv(a)
11    # 等同于: a**-1
12    print('a = \n{}'.format(a), '\n the inverse of a is \n{}'.format(b))
13
14    # 一个矩阵和它的逆矩阵相乘，结果四舍五入保留整数
15    c = np.around(np.dot(a, b), decimals=1)
16    print('a * a^-1 = \n{}'.format(c))
```

运行结果如图 2.8 所示。

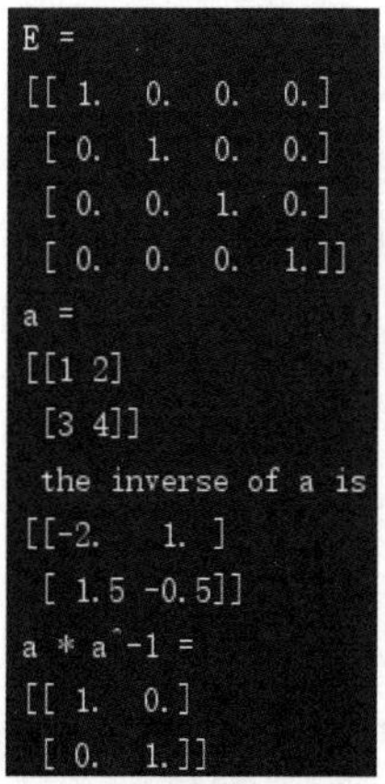

```
E =
[[ 1.  0.  0.  0.]
 [ 0.  1.  0.  0.]
 [ 0.  0.  1.  0.]
 [ 0.  0.  0.  1.]]
a =
[[1 2]
 [3 4]]
 the inverse of a is
[[-2.   1. ]
 [ 1.5 -0.5]]
a * a^-1 =
[[ 1.  0.]
 [ 0.  1.]]
```

图 2.8　运行结果

2.5   矩阵与线性方程组

小学时代我们就知道带有一个 x 的等式叫方程，后来多了几个 x，再后来 y 和 z 也参与进来，多个等式构成了方程组。现在，方程组也可以用矩阵表示，并且更加简洁。

2.5.1   产品与原料的问题

假设生产一只机器袋鼠需要 1 千克铁、3 千克铜、2 千克锡；一头机器恐龙需要 2 千克铁、7 千克铜、2 千克锡；一只机器狗需要 1 千克铁、2 千克铜、1 千克锡。现在有 8 千克铁、23 千克铜、9 千克锡，可以恰好生产多少个机器产品？

根据问题可以建立下面的方程组。

$$\begin{cases} x + 2y + z = 8 \\ 3x + 7y + 2z = 23 \\ 2x + 2y + z = 9 \end{cases}$$

这个方程组可以用矩阵乘法表达，而且更加直观。

$$\underset{\boldsymbol{A}}{\begin{bmatrix} 1 & 2 & 1 \\ 3 & 7 & 2 \\ 2 & 2 & 1 \end{bmatrix}} \underset{\boldsymbol{x}}{\begin{bmatrix} x \\ y \\ z \end{bmatrix}} = \underset{\boldsymbol{b}}{\begin{bmatrix} 8 \\ 23 \\ 9 \end{bmatrix}}$$

这就又变成了我们喜欢的 $\boldsymbol{Ax} = \boldsymbol{b}$ 的形式。

2.5.2   消元法

消元法是一种利用矩阵求解方程组的方法，先将上一节的矩阵改写一下。

$$\begin{bmatrix} x & 2y & z & | & 8 \\ 3x & 7y & 2z & | & 23 \\ 2x & 2y & z & | & 9 \end{bmatrix}$$

带隔断的矩阵称为增广矩阵。线性方程组还可以省略未知数。

$$\begin{bmatrix} 1 & 2 & 1 & | & 8 \\ 3 & 7 & 2 & | & 23 \\ 2 & 2 & 1 & | & 9 \end{bmatrix}$$

现在可以对其进行消元，首先消去第 2、3 行的 x，方法与普通代数法类似，先将第 2 行加上第 1 行乘以 -3，消去第 2 行的 x；再将第 3 行加上第 1 行乘以 -2 消去第 3 行的 x。

$$\begin{bmatrix} 1 & 2 & 1 & 8 \\ 3 & 7 & 2 & 23 \\ 2 & 2 & 1 & 9 \end{bmatrix} \overset{\overline{-3r_1+r_2}}{\underset{-2r_1+r_3}{}} \begin{bmatrix} 1 & 2 & 1 & 8 \\ 0 & 1 & -1 & -1 \\ 0 & -2 & -1 & -7 \end{bmatrix}$$

用同样的方法对第 3 行的 y 消元。

$$\begin{bmatrix} 1 & 2 & 1 & 8 \\ 0 & 1 & -1 & -1 \\ 0 & -2 & -1 & -7 \end{bmatrix} \overset{\overline{2r_2+r_3}}{} \begin{bmatrix} 1 & 2 & 1 & 8 \\ 0 & 1 & -1 & -1 \\ 0 & 0 & -3 & -9 \end{bmatrix}$$

新矩阵第 3 行对应 $-3z = -9$，最终可解得：

$$\begin{bmatrix} x \\ y \\ z \end{bmatrix} = \begin{bmatrix} 1 \\ 2 \\ 3 \end{bmatrix}$$

可以看出，消元法本质上与初中的代数法没有区别，只是换成了矩阵的表现形式。

2.5.3　矩阵向量法

消元法虽然简单，但操作上比较烦琐，而矩阵向量法看上去远比消元法更直观。将上一小节的方程组用矩阵和向量表示：

$$\underset{\boldsymbol{A}}{\begin{bmatrix} 1 & 2 & 1 \\ 3 & 7 & 2 \\ 2 & 2 & 1 \end{bmatrix}} \underset{\boldsymbol{x}}{\begin{bmatrix} x \\ y \\ z \end{bmatrix}} = \underset{\boldsymbol{b}}{\begin{bmatrix} 8 \\ 23 \\ 9 \end{bmatrix}}$$

$$\boldsymbol{Ax} = \boldsymbol{b}$$

$$\boldsymbol{A}^{-1}\boldsymbol{Ax} = \boldsymbol{A}^{-1}\boldsymbol{b}$$

$$\boldsymbol{x} = \boldsymbol{A}^{-1}\boldsymbol{b}$$

实际上可以看作 $\boldsymbol{x} = \boldsymbol{b}/\boldsymbol{A}$。这回有点意思了——可以通过除法运算直接求得方程的解：

$$\boldsymbol{x} = \frac{\boldsymbol{b}}{\boldsymbol{A}} = \boldsymbol{A}^{-1}\boldsymbol{b} = \begin{bmatrix} 1 \\ 2 \\ 3 \end{bmatrix}$$

这比消元法直观多了，虽然我们可能还不知道如何求逆矩阵，但是这并不妨碍我们编写求解方程组的代码。

```
01   import numpy as np
02
03   A = np.mat('1 2 1;3 7 2;2 2 1')
```

```
04    b = np.mat('8;23;9')
05    x = np.dot(A ** -1, b)
```

注：实际上逆矩阵法的计算量要远远大于消元法，看上去优美的方法未必是最好。

2.5.4 无解的方程组

如果 A 是奇异矩阵，则 A^{-1} 没有定义，此时该方程组无解。对于二元线性方程组来说，其几何意义是两条平行的直线。比如 $\begin{cases} x + y = 1 \\ x + y = 0 \end{cases}$，$A = \begin{bmatrix} 1 & 1 \\ 1 & 1 \end{bmatrix}$ 是奇异矩阵，方程组无解，方程组在坐标系上的图像如图 2.9 所示。

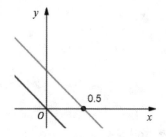

图 2.9　无解方程组的图像

可以这样认为，如果线性方程组有唯一解，那么方程组中的每一个方程必须做出贡献，并且这些贡献不能是互相矛盾的。在上面的例子中，虽然每个方程都为方程组做出了贡献，但彼此矛盾——同样的方程分别得出了 0 和 1。此外，尽管方程组中的方程都做出了贡献，但如果其中一个方程的贡献是多余的，即这个方程可以用方程组中的其他方程表示，那么这个方程组有无数解，就像下面的例子一样。

$$\begin{cases} x + y = 1 \\ 2x + 2y = 2 \end{cases}$$

只要把 $x + y = 1$ 乘以 2 就可以得到 $2x + 2y = 2$，所以 $2x + 2y = 2$ 是多余的，它对求解毫无帮助。

2.6　再看矩阵与方程组

首先要明确的是，线性代数研究的是向量的问题，矩阵作为线性代数中的重要概念，也离不开向量，矩阵是由向量组成的。

$$A_{m \times n} = \begin{bmatrix} a_{11} & a_{12} & \cdots & a_{1n} \\ a_{21} & a_{22} & \cdots & a_{2n} \\ \vdots & \vdots & & \vdots \\ a_{m1} & a_{m2} & \cdots & a_{mn} \end{bmatrix}$$

从列上看，A 由 n 个 m 维列向量组成。

$$\boldsymbol{v}_1 = \begin{bmatrix} a_{11} \\ a_{21} \\ \vdots \\ a_{m1} \end{bmatrix}, \ \boldsymbol{v}_2 = \begin{bmatrix} a_{12} \\ a_{22} \\ \vdots \\ a_{m2} \end{bmatrix}, \ \cdots, \ \boldsymbol{v}_n = \begin{bmatrix} a_{1n} \\ a_{2n} \\ \vdots \\ a_{mn} \end{bmatrix}$$

从行上看，$\boldsymbol{A}$ 由 m 个 n 维行向量组成。

$$\boldsymbol{u}_1 = \begin{bmatrix} a_{11} & a_{12} & \cdots & a_{1n} \end{bmatrix}$$
$$\boldsymbol{u}_2 = \begin{bmatrix} a_{21} & a_{22} & \cdots & a_{2n} \end{bmatrix}$$
$$\vdots$$
$$\boldsymbol{u}_m = \begin{bmatrix} a_{m1} & a_{m2} & \cdots & a_{mn} \end{bmatrix}$$

现在，让我们用全新的视角重新审视矩阵与方程组。

2.6.1 矩阵的初等变换

下面 3 种变换称为矩阵的初等变换。

（1）以非零实数 k 乘以某一行的所有元素，第 i 行乘以 k，记作 $r_i \times k$ 或 kr_i。

$$\begin{bmatrix} 1 & 2 & 3 \\ 2 & 1 & 6 \end{bmatrix} \overset{2r_1}{\sim} \begin{bmatrix} 2 & 4 & 6 \\ 2 & 1 & 6 \end{bmatrix}$$

（2）把某一行的所有元素的 k 倍加到另一行的对应元素上，将第 j 行的 k 倍加到第 i 行上，记作 $kr_j + r_i$。

$$\begin{bmatrix} 1 & 2 & 3 \\ 2 & 1 & 6 \end{bmatrix} \overset{-2r_1+r_2}{\sim} \begin{bmatrix} 1 & 2 & 3 \\ 0 & -3 & 0 \end{bmatrix}$$

（3）互换第 i 行和第 j 行，记作 $r_i \leftrightarrow r_j$。

$$\begin{bmatrix} 1 & 2 & 3 \\ 2 & 1 & 6 \end{bmatrix} \overset{r_1 \leftrightarrow r_2}{\sim} \begin{bmatrix} 2 & 1 & 6 \\ 1 & 2 & 3 \end{bmatrix}$$

在经过变换后，矩阵表示的"数表"改变了，但是如果将矩阵看成是方程组，那么方程组的本质没有变，因此可以将初等变换看成方程组的消元方法。

2.6.2 行阶梯矩阵

顾名思义，行阶梯矩阵就像楼梯一样，它是非零矩阵，满足下面的性质。

（1）如果有全 0 行，则全 0 行在最下方。

（2）从行上看，从左边起，出现连续 0 的个数自上而下严格递增，如

图 2.10 所示。

若行阶梯矩阵还满足下面两个条件，则称该行阶梯矩阵为行最简阶梯矩阵或最简行阶梯矩阵。

（1）台角位置元素为 1。

（2）台角正上方元素全为 0。

最简行阶梯矩阵如图 2.11 所示。

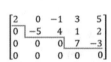

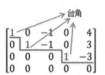

图 2.10　行阶梯矩阵　　　　图 2.11　最简行阶梯矩阵

2.6.3　矩阵的秩

台角的个数（或者阶梯数）就是矩阵的秩。图 2.11 中矩阵 A 的秩是 3，记作 $r(A) = 3$。对于 $A_{m \times n}$ 矩阵，把它转换成行阶梯矩阵后，阶梯数不会超过 m 和 n，即 $r(A) \leq m$ 且 $r(A) \leq n$。

这有什么用呢？还是联系向量来看问题，在行阶梯矩阵中，阶梯数就是矩阵中独立向量的个数，也就是矩阵的秩；如果矩阵的秩是 k，该矩阵一定能通过"初等变换"转换为有 k 个阶梯的行阶梯矩阵，进而转换为行最简阶梯矩阵。

所谓独立向量，是指矩阵中的一个向量不能通过其他向量的线性组合表示，图 2.11 中的第 3 个和第 5 个列向量可以用其他列表示，它们是"多余"的。

$$c_3 = \begin{bmatrix} -1 \\ -1 \\ 0 \\ 0 \end{bmatrix} = -c_1 - c_2 = -\begin{bmatrix} 1 \\ 0 \\ 0 \\ 0 \end{bmatrix} - \begin{bmatrix} 0 \\ 1 \\ 0 \\ 0 \end{bmatrix}$$

$$c_5 = \begin{bmatrix} 4 \\ 3 \\ -3 \\ 0 \end{bmatrix} = 4c_1 + 3c_2 - 3c_4 = 4\begin{bmatrix} 1 \\ 0 \\ 0 \\ 0 \end{bmatrix} + 3\begin{bmatrix} 0 \\ 1 \\ 0 \\ 0 \end{bmatrix} - 3\begin{bmatrix} 0 \\ 0 \\ 1 \\ 0 \end{bmatrix}$$

示例 2-2　行最简阶梯矩阵与矩阵的秩

将矩阵 A 转换为行最简阶梯矩阵，并计算矩阵的秩。

$$A = \begin{bmatrix} 1 & 2 & 3 \\ -2 & 5 & 4 \\ 0 & -1 & 1 \\ 3 & 0 & 2 \end{bmatrix}$$

$$\begin{bmatrix} 1 & 2 & 3 \\ -2 & 5 & 4 \\ 0 & -1 & 1 \\ 3 & 0 & 2 \end{bmatrix} \xrightarrow[-3r_1+r_4]{2r_1+r_2} \begin{bmatrix} 1 & 2 & 3 \\ 0 & 9 & 10 \\ 0 & -1 & 1 \\ 0 & -6 & -7 \end{bmatrix} \xrightarrow[-6r_3+r_4]{9r_3+r_2} \begin{bmatrix} 1 & 2 & 3 \\ 0 & 0 & 19 \\ 0 & -1 & 1 \\ 0 & 0 & -13 \end{bmatrix}$$

$$\xrightarrow[r_4 \div (-13)]{r_2 \div 19} \begin{bmatrix} 1 & 2 & 3 \\ 0 & 0 & 1 \\ 0 & -1 & 1 \\ 0 & 0 & 1 \end{bmatrix} \xrightarrow[r_2 \leftrightarrow r_3]{-r_2+r_3} \begin{bmatrix} 1 & 2 & 3 \\ 0 & -1 & 0 \\ 0 & 0 & 1 \\ 0 & 0 & 1 \end{bmatrix}$$

$$\xrightarrow[-r_3+r_4]{r_2 \times (-1)} \begin{bmatrix} 1 & 2 & 3 \\ 0 & 1 & 0 \\ 0 & 0 & 1 \\ 0 & 0 & 0 \end{bmatrix} \xrightarrow[-3r_3+r_1]{-2r_2+r_1} \begin{bmatrix} 1 & 0 & 0 \\ 0 & 1 & 0 \\ 0 & 0 & 1 \\ 0 & 0 & 0 \end{bmatrix}$$

行最简阶梯矩阵的台角数是 3，所以 $r(A) = 3$。

可以通过下面的代码直接求得矩阵的秩。

```
01   import numpy as np
02
03   A = np.mat('1 2 3;-2 5 4;0 -1 1;3 0 2')
04   # 矩阵的秩
05   r = np.linalg.matrix_rank(A)
```

2.6.4 满秩矩阵

对于 $A_{n \times n}$，若 $r(A) = n$，称 A 为满秩矩阵，这也意味着 A 是可逆矩阵，是非奇异矩阵；若 $r(A) < n$，称 A 为降秩矩阵，这也意味着 A 是不可逆矩阵，是奇异矩阵。满秩矩阵是判断一个矩阵是否可逆的充分必要条件。

对于非方阵来说，若秩等于行数，称为行满秩；若秩等于列数，称为列满秩。

对于有唯一解的线性方程组，方程组中的每个方程都必须发挥作用，它们彼此独立。如果用矩阵表示方程，那么意味着这个矩阵一定是满秩矩阵，也就是说，满秩矩阵或矩阵可逆是方程组有唯一解的判断依据。

2.6.5 线性组合

我们已经多次提到了"多余向量",这并不是个专业的词语,"多余向量"的常见说法是"其他向量的线性组合"。

简单地说,线性组合就像七巧板一样,七种形状各异的图形可以拼装成各种图案,尽管这些图案彼此间的差异很大,如一只机器袋鼠和一个蛋黄派,但它们始终离不开最基础的七块图形,是这七块基础图形的线性组合。

如果 $v_1, v_2, \cdots, v_n$ 是 n 维向量,即 $v_i \in R^n$,那么 $t_1 v_1 + t_2 v_2 + \cdots + t_n v_n$ 就是 $v_1, v_2, \cdots, v_n$ 的线性组合,$t_i \in R$。从定义可以看出,线性组合仅包括数乘和加法,只有同阶向量才涉及线性组合。

如果有两个二维向量:

$$a = \begin{bmatrix} 1 \\ 2 \end{bmatrix}, \; b = \begin{bmatrix} 3 \\ 4 \end{bmatrix}$$

下面都是这两个向量的线性组合:

$$a + b = \begin{bmatrix} 4 \\ 6 \end{bmatrix}, \; 2a + 3b = \begin{bmatrix} 11 \\ 16 \end{bmatrix}, \; \frac{1}{2}a - b = \begin{bmatrix} -5/2 \\ -3 \end{bmatrix}, \; 0a - 0b = \begin{bmatrix} 0 \\ 0 \end{bmatrix}$$

最后一个组合最终得到零向量,零向量也是一个线性组合。单个向量同样存在线性组合,下面是 a 可能存在的线性组合。

$$2a = \begin{bmatrix} 2 \\ 4 \end{bmatrix}, \; a + 2a = \begin{bmatrix} 3 \\ 6 \end{bmatrix}, \; a + 0a = \begin{bmatrix} 1 \\ 2 \end{bmatrix}, \; 0a - 0a = \begin{bmatrix} 0 \\ 0 \end{bmatrix}$$

2.6.6 线性相关

知道了线性组合后就不难理解线性相关的概念了。如果两个向量是线性相关的,意味着它们中的一个可以用另一个的线性组合表示,这等于说,其中一个向量是多余的,或者说它们不是独立向量(对同一种现象,线性代数从不同的角度会有多种叫法,这多少令人迷惑)。下面的两个向量是线性相关的。

$$\begin{bmatrix} 2 \\ 3 \end{bmatrix}, \; \begin{bmatrix} 4 \\ 6 \end{bmatrix}$$

这两个向量的线性组合是:

$$t_1 \begin{bmatrix} 2 \\ 3 \end{bmatrix} + t_2 \begin{bmatrix} 4 \\ 6 \end{bmatrix} = t_1 \begin{bmatrix} 2 \\ 3 \end{bmatrix} + 2t_2 \begin{bmatrix} 2 \\ 3 \end{bmatrix} = (t_1 + 2t_2) \begin{bmatrix} 2 \\ 3 \end{bmatrix} = t \begin{bmatrix} 2 \\ 3 \end{bmatrix}$$

与之相反,如果二者水火不容(就像三角无论如何不能代替圆形一样),就是线性无关。

再来一组向量，看看它们是线性相关还是线性无关？

$$v_1 = \begin{bmatrix} 2 \\ 3 \end{bmatrix}, \quad v_2 = \begin{bmatrix} 4 \\ 5 \end{bmatrix}, \quad v_3 = \begin{bmatrix} 3 \\ 4 \end{bmatrix}$$

以上向量看起来是线性无关的，其中一个向量无论再怎么增大，都无法表示另一个，但是别忘了，线性组合不仅仅包括数乘，还包括加法：

$$\frac{v_1}{2} + \frac{v_2}{2} = \begin{bmatrix} 2/2 + 4/2 \\ 3/2 + 5/2 \end{bmatrix} = \begin{bmatrix} 3 \\ 4 \end{bmatrix} = v_3$$

v_3 是 v_1 和 v_2 的线性组合，所以这 3 个向量是线性相关的。换个角度看，v_1 和 v_2 是线性无关的，它们能够张成 R^2 空间，R^2 中的每个向量都可以由 v_1 和 v_2 的线性组合表示，而 $v_3 \in R^2$，所以v_3 也可以由 v_1 和 v_2 的线性组合表示，它是一个多余向量，对张成空间没有任何贡献，因此 v_1, v_2, v_3 是线性相关的。

注：*也可以说 v_1 或 v_2 是多余的，因为三者中的任意一个都可以由另外两个表示。*

有了上面的铺垫，可以用数学语言描述线性相关的定义：如果存在一个集合 $S = \{v_1, v_2, \cdots, v_n\}$，当这个集合满足 $t_1 v_1 + t_2 v_2 + \cdots + t_n v_n = O$ 时，S 中的向量是线性相关的，其中 O 是零向量，$t_i \in R$，t_i 不全为 0。

这似乎有些让人困惑，如果换一种写法就很清晰了。

$$\text{let} \quad t_1 \neq 0$$

$$t_2 v_2 + t_3 v_3 + \cdots + t_n v_n = \begin{bmatrix} 0 \\ \vdots \\ 0 \end{bmatrix} - t_1 v_1 = -t_1 v_1$$

$$v_1 = \left(-\frac{t_2}{t_1}\right) v_2 + \left(-\frac{t_3}{t_1}\right) v_3 + \cdots + \left(-\frac{t_n}{t_1}\right) v_n = C_2 v_2 + C_3 v_3 + \cdots + C_n v_n$$

现在可以看出，定理描述的是 v_1 可以用其他向量的线性组合表示。S 中的任意向量都可以用 v_1 表示，这也意味着 S 中的任意向量都可以用其他向量的线性组合表示。

在判断线性相关的时候，定义提供了一种有效的方案。现在有两个向量组成的集合：

$$S = \left\{ \begin{bmatrix} 2 \\ 1 \end{bmatrix}, \begin{bmatrix} 3 \\ 2 \end{bmatrix} \right\}$$

或许很容易看出它们是线性无关的，现在根据数学定义看一种判断线性无关的新方法。

$$t_1 \begin{bmatrix} 2 \\ 1 \end{bmatrix} + t_2 \begin{bmatrix} 3 \\ 2 \end{bmatrix} = \begin{bmatrix} 0 \\ 0 \end{bmatrix} \Rightarrow \begin{bmatrix} 2 & 3 \\ 1 & 2 \end{bmatrix} \begin{bmatrix} t_1 \\ t_2 \end{bmatrix} = \begin{bmatrix} 0 \\ 0 \end{bmatrix}$$

现在，判断线性相关变成了解方程组，因为这个方程组解得 $t_1 = 0$，$t_2 = 0$，所以两个向量是线性无关的，t_1 和 t_2 至少有一个不为 0 才是线性相关。

2.7 求解逆矩阵

我们已经知道了逆矩阵与奇异矩阵，并且可以使用计算机计算更高阶矩阵的逆矩阵，但是计算机究竟是使用什么神奇的方法计算的？

2.7.1 方程组法

或许用行列式求逆矩阵的做法有些公式化，实际上可以将求逆矩阵看成解方程组。

$$\underbrace{\begin{bmatrix} 1 & 3 \\ 2 & 7 \end{bmatrix}}_{A} \underbrace{\begin{bmatrix} a & c \\ b & d \end{bmatrix}}_{A^{-1}} = \underbrace{\begin{bmatrix} 1 & 0 \\ 0 & 1 \end{bmatrix}}_{I} \Rightarrow \begin{cases} \begin{bmatrix} 1 & 3 \\ 2 & 7 \end{bmatrix} \begin{bmatrix} a \\ b \end{bmatrix} = \begin{bmatrix} 1 \\ 0 \end{bmatrix} \\ \begin{bmatrix} 1 & 3 \\ 2 & 7 \end{bmatrix} \begin{bmatrix} c \\ d \end{bmatrix} = \begin{bmatrix} 0 \\ 1 \end{bmatrix} \end{cases}$$

由此可以通过解方程组的方式求出逆矩阵，这个方法对于更高阶的矩阵同样有效。

$$\underbrace{\begin{bmatrix} a_{11} & a_{12} & \cdots & a_{1n} \\ a_{21} & a_{22} & \cdots & a_{2n} \\ \vdots & \vdots & & \vdots \\ a_{n1} & a_{n2} & \cdots & a_{nn} \end{bmatrix}}_{A} \underbrace{\begin{bmatrix} x_{11} & x_{12} & \cdots & x_{1n} \\ x_{21} & x_{22} & \cdots & x_{2n} \\ \vdots & \vdots & & \vdots \\ x_{n1} & x_{n2} & \cdots & x_{nn} \end{bmatrix}}_{A^{-1}}$$

$$= \underbrace{\begin{bmatrix} 1 & & \\ & \ddots & \\ & & 1 \end{bmatrix}}_{I} \Rightarrow \begin{cases} A \begin{bmatrix} x_{11} \\ x_{21} \\ \vdots \\ x_{n1} \end{bmatrix} = \begin{bmatrix} 1 \\ 0 \\ \vdots \\ 0 \end{bmatrix} \\ \vdots \\ A \begin{bmatrix} x_{1n} \\ x_{2n} \\ \vdots \\ x_{nn} \end{bmatrix} = \begin{bmatrix} 0 \\ 0 \\ \vdots \\ 1 \end{bmatrix} \end{cases}$$

当一个方阵与一个非零向量的乘积是零向量时，意味着矩阵没有逆，例如：

$$\underbrace{\begin{bmatrix} 1 & 3 \\ 2 & 6 \end{bmatrix}}_{A} \underbrace{\begin{bmatrix} 3 \\ -1 \end{bmatrix}}_{x} = \begin{bmatrix} 0 \\ 0 \end{bmatrix}$$

A 是奇异矩阵，如果 A 可逆，则有：

$$A^{-1}Ax = A^{-1}O$$

$$\Rightarrow x = O$$

这就与原方程产生了矛盾，在原方程中 $x \neq 0$。所以说，如果一个方阵与一个非零向量的乘积是零向量，那么该方阵是奇异矩阵。

2.7.2　高斯—诺尔当消元法

解方程组的方式虽然直观，但面对大型矩阵时就显得笨拙了，此时可以用高斯—诺尔当（Gauss-Jordan）方法通过消元去求逆矩阵。高斯—诺尔当消元法的思路是，可逆矩阵一定能够通过若干次初等变换转换成同阶单位矩阵。

具体的操作过程如下。

$$A = \begin{bmatrix} 1 & 3 \\ 2 & 7 \end{bmatrix}, \ A^{-1} = ?$$

先将 A 和与其同阶的单位矩阵一道扩充为增广矩阵。

$$\underset{A}{\begin{bmatrix} 1 & 3 \\ 2 & 7 \end{bmatrix}} \left| \underset{I}{\begin{matrix} 1 & 0 \\ 0 & 1 \end{matrix}} \right.$$

再使 $[A \quad I]$ 通过初等变换，得到 $[I \quad A^{-1}]$：

$$\underset{A}{\begin{bmatrix} 1 & 3 \\ 2 & 7 \end{bmatrix}} \underset{I}{\left|\begin{matrix} 1 & 0 \\ 0 & 1 \end{matrix}\right.} \xrightarrow{-2r_1+r_2} \begin{bmatrix} 1 & 3 \\ 0 & 1 \end{bmatrix} \left|\begin{matrix} 1 & 0 \\ -2 & 1 \end{matrix}\right. \xrightarrow{-3r_2+r_1} \underset{I}{\begin{bmatrix} 1 & 0 \\ 0 & 1 \end{bmatrix}} \underset{A^{-1}}{\left|\begin{matrix} 7 & -3 \\ -2 & 1 \end{matrix}\right.}$$

最终得到 A^{-1}：

$$A^{-1} = \begin{bmatrix} 7 & -3 \\ -2 & 1 \end{bmatrix}$$

示例 2-3　高斯—诺尔当消元法

$$A = \begin{bmatrix} 1 & 0 & 1 \\ 0 & 2 & 1 \\ 1 & 1 & 1 \end{bmatrix}, \ A^{-1} = ?$$

$$\begin{bmatrix} 1 & 0 & 1 \\ 0 & 2 & 1 \\ 1 & 1 & 1 \end{bmatrix} \left|\begin{matrix} 1 & 0 & 0 \\ 0 & 1 & 0 \\ 0 & 0 & 1 \end{matrix}\right. \xrightarrow{-r_1+r_3} \begin{bmatrix} 1 & 0 & 1 \\ 0 & 2 & 1 \\ 0 & 1 & 0 \end{bmatrix} \left|\begin{matrix} 1 & 0 & 0 \\ 0 & 1 & 0 \\ -1 & 0 & 1 \end{matrix}\right.$$

$$\overbrace{-2r_3+r_2} \begin{bmatrix} 1 & 0 & 1 & 1 & 0 & 0 \\ 0 & 0 & 1 & 2 & 1 & -2 \\ 0 & 1 & 0 & -1 & 0 & 1 \end{bmatrix} \overbrace{-r_2+r_1} \begin{bmatrix} 1 & 0 & 0 & -1 & -1 & 2 \\ 0 & 0 & 1 & 2 & 1 & -2 \\ 0 & 1 & 0 & -1 & 0 & 1 \end{bmatrix}$$

$$\overbrace{r_2\leftrightarrow r_3} \begin{bmatrix} 1 & 0 & 0 & -1 & -1 & 2 \\ 0 & 1 & 0 & -1 & 0 & 1 \\ 0 & 0 & 1 & 2 & 1 & -2 \end{bmatrix}$$

$$A^{-1} = \begin{bmatrix} -1 & -1 & 2 \\ -1 & 0 & 1 \\ 2 & 1 & -2 \end{bmatrix}$$

2.8 消元矩阵与置换矩阵

就像记录日志一样，矩阵的消元和置换过程也可以记录，这就是消元矩阵和置换矩阵。它们不仅能够更方便地求解逆矩阵，而且还是矩阵分解的重要前置知识。

2.8.1 消元矩阵

如果用矩阵表示一个有唯一解的方程组，那么矩阵经过消元后，最终能变成一个上三角矩阵 U。以三元一次方程组为例：

$$\begin{cases} x + y + 2z = 1 \\ x - 2y - z = 0 \\ y - 2z = -2 \end{cases}$$

将其写成增广矩阵：

$$[A \quad b] = \begin{bmatrix} 1 & 1 & 2 & 1 \\ 1 & -2 & -1 & 0 \\ 0 & 1 & -2 & -2 \end{bmatrix}$$

A 经过一系列变换，最终能够得到一个上三角矩阵 U：

$$\begin{bmatrix} 1 & 1 & 2 & 1 \\ 1 & -2 & -1 & 0 \\ 0 & 1 & -2 & -2 \end{bmatrix} \overset{E_{21}}{\underset{-r_1+r_2}{\longrightarrow}} \begin{bmatrix} 1 & 1 & 2 & 1 \\ 0 & -3 & -3 & -1 \\ 0 & 1 & -2 & -2 \end{bmatrix} \overset{E_{32}}{\underset{\frac{r_2}{3}+r_3}{\longrightarrow}} \begin{bmatrix} 1 & 1 & 2 & 1 \\ 0 & -3 & -3 & -1 \\ 0 & 0 & -3 & -7/3 \end{bmatrix}$$

$$U = \begin{bmatrix} 1 & 1 & 2 \\ 0 & -3 & -3 \\ 0 & 0 & -3 \end{bmatrix}$$

E_{21} 表示在经过初等变换后，矩阵的第 2 行第 1 列变为 0；E_{32} 表示在经过初等变换后，矩阵的第 3 行第 2 列变为 0。

相对于 Ax 来说，Ux 要简单得多。

$$Ux = \begin{bmatrix} 1 & 1 & 2 \\ 0 & -3 & -3 \\ 0 & 0 & -3 \end{bmatrix} \begin{bmatrix} x \\ y \\ z \end{bmatrix} = \begin{bmatrix} 1 \\ -1 \\ -7/3 \end{bmatrix}$$

如果上面的变换去掉"增广"，可以简写为：

$$\underbrace{\begin{bmatrix} 1 & 1 & 2 \\ 1 & -2 & -1 \\ 0 & 1 & -2 \end{bmatrix}}_{A} \overset{E_{21}}{\underset{-r_1+r_2}{\longrightarrow}} \underbrace{\begin{bmatrix} 1 & 1 & 2 \\ 0 & -3 & -3 \\ 0 & 1 & -2 \end{bmatrix}}_{A_2} \overset{E_{32}}{\underset{\frac{r_2}{3}+r_3}{\longrightarrow}} \underbrace{\begin{bmatrix} 1 & 1 & 2 \\ 0 & -3 & -3 \\ 0 & 0 & -3 \end{bmatrix}}_{U}$$

矩阵的初等变换可以用矩阵乘法实现，现在的问题是，我们能否得到一个可以表示整个消元过程的矩阵 E，使得 E 与 A 相乘能够直接得到 U？

在原矩阵中，第 1 次初等变换是用第 2 行加上第 1 行的 -1 倍，所以只需将 A 左乘 E_{21} 就可以。

$$E_{21} = \begin{bmatrix} 1 & 0 & 0 \\ -1 & 1 & 0 \\ 0 & 0 & 1 \end{bmatrix}$$

$$E_{21}A = \begin{bmatrix} 1 & 0 & 0 \\ -1 & 1 & 0 \\ 0 & 0 & 1 \end{bmatrix} \begin{bmatrix} 1 & 1 & 2 \\ 1 & -2 & -1 \\ 0 & 1 & -2 \end{bmatrix} = \begin{bmatrix} 1 & 1 & 2 \\ 0 & -3 & -3 \\ 0 & 1 & -2 \end{bmatrix}$$

这里的 E_{21} 又是怎么来的呢？这需要回顾一下 E_{21} 消元的过程。

首先，A 的第 1 行不变，因此我们需要拿出 A 的 1 个第 1 行，0 个第 2 行，0 个第 3 行，于是 (1,0,0) 组成了 E_{21} 的第 1 行。

然后，我们需要 -1 个 A 的第 1 行，1 个第 2 行，0 个第 3 行进行组合，所以 $(-1,1,0)$ 组成了 E_{21} 的第 2 行。

最后，因为 A 的第 3 行不变，因此需要 0 个第 1 行，0 个第 2 行，1 个第 3 行，所以 E_{21} 的第 3 行是 (0,0,1)。

E_{21} 的形成过程如下：

$$\underbrace{\begin{bmatrix} 1 & 1 & 2 \\ 1 & -2 & -1 \\ 0 & 1 & -2 \end{bmatrix}}_{A} \overset{E_{21}}{\underset{\substack{r_1=r_1+0r_2+0r_3 \\ r_2=-r_1+r_2+0r_3 \\ r_3=0r_1+0r_2+r_3}}{\longrightarrow}} \underbrace{\begin{bmatrix} 1 & 1 & 2 \\ 0 & -3 & -3 \\ 0 & 1 & -2 \end{bmatrix}}_{A_2}$$

$$E_{21} = \begin{bmatrix} 1 & 0 & 0 \\ -1 & 1 & 0 \\ 0 & 0 & 1 \end{bmatrix}$$

对于 A_2 来说，可以用 $A_2 = E_{21}A$ 表示。A_2 继续变换，用第 2 行对第 3 行消元。

$$\underbrace{\begin{bmatrix} 1 & 1 & 2 \\ 0 & -3 & -3 \\ 0 & 1 & -2 \end{bmatrix}}_{A_2} \overset{\overset{E_{32}}{\underset{\begin{array}{l} r_1=r_1+0r_2+0r_3 \\ r_2=0r_1+r_2+0r_3 \\ r_3=0r_1+\frac{1}{3}r_2+r_3 \end{array}}{}}}{}} \underbrace{\begin{bmatrix} 1 & 1 & 2 \\ 0 & -3 & -3 \\ 0 & 0 & -3 \end{bmatrix}}_{U}$$

$$E_{32} = \begin{bmatrix} 1 & 0 & 0 \\ 0 & 1 & 0 \\ 0 & 1/3 & 1 \end{bmatrix}$$

最终:

$$U = E_{32}(E_{21}A) = (E_{32}E_{21})A = EA, \quad E = E_{32}E_{21}$$

上式中的矩阵 E 称为消元矩阵。

可以验证一下:

$$E = E_{32}E_{21} = \begin{bmatrix} 1 & 0 & 0 \\ 0 & 1 & 0 \\ 0 & 1/3 & 1 \end{bmatrix}\begin{bmatrix} 1 & 0 & 0 \\ -1 & 1 & 0 \\ 0 & 0 & 1 \end{bmatrix} = \begin{bmatrix} 1 & 0 & 0 \\ -1 & 1 & 0 \\ -1/3 & 1/3 & 1 \end{bmatrix}$$

$$EA = \begin{bmatrix} 1 & 0 & 0 \\ -1 & 1 & 0 \\ -1/3 & 1/3 & 1 \end{bmatrix}\begin{bmatrix} 1 & 1 & 2 \\ 1 & -2 & -1 \\ 0 & 1 & -2 \end{bmatrix} = \begin{bmatrix} 1 & 1 & 2 \\ 0 & -3 & -3 \\ 0 & 0 & -3 \end{bmatrix} = U$$

2.8.2 置换矩阵

与消元矩阵类似,同样可以使用矩阵相乘来完成行交换和列交换。

首先是行交换,对矩阵进行如下变换。

$$\underbrace{\begin{bmatrix} 1 & 1 & 1 \\ 2 & 2 & 2 \\ 3 & 3 & 3 \end{bmatrix}}_{A} \overset{P_{12}}{\underset{r_1 \leftrightarrow r_2}{}} \underbrace{\begin{bmatrix} 2 & 2 & 2 \\ 1 & 1 & 1 \\ 3 & 3 & 3 \end{bmatrix}}_{A_2}$$

P_{12} 表示第 1 行和第 2 行交互。

对于 A_2 的第 1 行,相当于从 A 中拿出了 0 个第 1 行,1 个第 2 行,0 个第 3 行。

对于 A_2 的第 2 行,相当于从 A 中拿出了 1 个第 1 行,0 个第 2 行,0 个第 3 行。

对于 A_2 的第 3 行,相当于从 A 中拿出了 0 个第 1 行,0 个第 2 行,1 个第 3 行。

$$\underbrace{\begin{bmatrix} 1 & 1 & 1 \\ 2 & 2 & 2 \\ 3 & 3 & 3 \end{bmatrix}}_{A} \overset{\overset{P_{12}}{\underset{\begin{array}{l} r_1=0r_1+r_2+0r_3 \\ r_2=r_1+0r_2+0r_3 \\ r_3=0r_1+0r_2+r_3 \end{array}}{}}}{} \underbrace{\begin{bmatrix} 2 & 2 & 2 \\ 1 & 1 & 1 \\ 3 & 3 & 3 \end{bmatrix}}_{A_2}$$

$$P_{12} = \begin{bmatrix} 0 & 1 & 0 \\ 1 & 0 & 0 \\ 0 & 0 & 1 \end{bmatrix}, \quad A_2 = P_{12}A$$

上面的 P_{12} 称为行置换矩阵。可以看出，行置换矩阵是一个重新排列了行的单位矩阵，它的一个特性是 $P^{-1} = P^T$。

列交换与行交换类似：

$$\underbrace{\begin{bmatrix} 1 & 2 & 3 \\ 1 & 2 & 3 \\ 1 & 2 & 3 \end{bmatrix}}_{A} \xrightarrow[c_1 \leftrightarrow c_2]{C_{12}} \underbrace{\begin{bmatrix} 2 & 1 & 3 \\ 2 & 1 & 3 \\ 2 & 1 & 3 \end{bmatrix}}_{A_2}$$

对于 A_2 的第 1 列，相当于从 A 中拿出了 0 个第 1 列，1 个第 2 列，0 个第 3 列。

对于 A_2 的第 2 列，相当于从 A 中拿出了 1 个第 1 列，0 个第 2 列，0 个第 3 列。

对于 A_2 的第 3 列，相当于从 A 中拿出了 0 个第 1 列，0 个第 2 列，1 个第 3 列。

$$\underbrace{\begin{bmatrix} 1 & 2 & 3 \\ 1 & 2 & 3 \\ 1 & 2 & 3 \end{bmatrix}}_{A} \xrightarrow[\substack{c_1 = \overbrace{0c_1 + c_2}^{C_{12}} + 0c_3 \\ c_2 = c_1 + 0c_2 + 0c_3 \\ c_3 = 0c_1 + 0c_2 + c_3}]{} \underbrace{\begin{bmatrix} 2 & 1 & 3 \\ 2 & 1 & 3 \\ 2 & 1 & 3 \end{bmatrix}}_{A_2}$$

$$C_{12} = \begin{bmatrix} 0 & 1 & 0 \\ 1 & 0 & 0 \\ 0 & 0 & 1 \end{bmatrix}, \quad A_2 = AC_{12}$$

C_{12} 称为列置换矩阵，列置换矩阵的结果是按照列构成的，最终需要将左乘变为右乘。

2.8.3 求逆矩阵的新方法

可以用消元矩阵和行置换矩阵代替高斯—诺尔当消元法求解逆矩阵。

示例 2-4 用消元和置换矩阵求矩阵的逆

$$A = \begin{bmatrix} 1 & 0 & 1 \\ 0 & 2 & 1 \\ 1 & 1 & 1 \end{bmatrix}, \quad A^{-1} = ?$$

在 2.7.2 小节中，我们用高斯—诺尔当消元法求 A^{-1}，A 经历了 4 次初等变换，现在尝试使用消元矩阵和置换矩阵。

$$\begin{bmatrix} 1 & 0 & 1 \\ 0 & 2 & 1 \\ 1 & 1 & 1 \end{bmatrix} \xrightarrow[-r_1+r_3]{E_{31}} \begin{bmatrix} 1 & 0 & 1 \\ 0 & 2 & 1 \\ \mathbf{0} & 1 & 0 \end{bmatrix} \Rightarrow \begin{matrix} r_1 = r_1 + 0r_2 + 0r_3 \\ r_2 = 0r_1 + r_2 + 0r_3 \\ r_3 = -r_1 + 0r_2 + r_3 \end{matrix} , \ E_{31} = \begin{bmatrix} 1 & 0 & 0 \\ 0 & 1 & 0 \\ -1 & 0 & 1 \end{bmatrix}$$

$$\begin{bmatrix} 1 & 0 & 1 \\ 0 & 2 & 1 \\ 0 & 1 & 0 \end{bmatrix} \xrightarrow[-2r_3+r_2]{E_{22}} \begin{bmatrix} 1 & 0 & 1 \\ 0 & \mathbf{0} & 1 \\ 0 & 1 & 0 \end{bmatrix} \Rightarrow \begin{matrix} r_1 = r_1 + 0r_2 + 0r_3 \\ r_2 = 0r_1 + r_2 - 2r_3 \\ r_3 = 0r_1 + 0r_2 + r_3 \end{matrix} , \ E_{22} = \begin{bmatrix} 1 & 0 & 0 \\ 0 & 1 & -2 \\ 0 & 0 & 1 \end{bmatrix}$$

$$\begin{bmatrix} 1 & 0 & 1 \\ 0 & 0 & 1 \\ 0 & 1 & 0 \end{bmatrix} \xrightarrow[-r_2+r_1]{E_{13}} \begin{bmatrix} 1 & 0 & \mathbf{0} \\ 0 & 0 & 1 \\ 0 & 1 & 0 \end{bmatrix} \Rightarrow \begin{matrix} r_1 = r_1 - r_2 + 0r_3 \\ r_2 = 0r_1 + r_2 + 0r_3 \\ r_3 = 0r_1 + 0r_2 + r_3 \end{matrix} , \ E_{13} = \begin{bmatrix} 1 & -1 & 0 \\ 0 & 1 & 0 \\ 0 & 0 & 1 \end{bmatrix}$$

$$\begin{bmatrix} 1 & 0 & 0 \\ 0 & 0 & 1 \\ 0 & 1 & 0 \end{bmatrix} \xrightarrow[r_2 \leftrightarrow r_3]{P_{23}} \begin{bmatrix} 1 & 0 & 0 \\ 0 & 1 & 0 \\ 0 & 0 & 1 \end{bmatrix} \Rightarrow \begin{matrix} r_1 = r_1 + 0r_2 + 0r_3 \\ r_2 = 0r_1 + 0r_2 + r_3 \\ r_3 = 0r_1 + r_2 + 0r_3 \end{matrix} , \ P_{23} = \begin{bmatrix} 1 & 0 & 0 \\ 0 & 0 & 1 \\ 0 & 1 & 0 \end{bmatrix}$$

逆矩阵由置换矩阵和消元矩阵的乘积构成。

$$A^{-1} = P_{23}E_{13}E_{22}E_{31}$$

矩阵相乘太麻烦，可以丢给计算机处理。

```
01   import numpy as np
02
03   P23 = np.mat('1 0 0; 0 0 1; 0 1 0')
04   E13 = np.mat('1 -1 0;0 1 0;0 0 1')
05   E22 = np.mat('1 0 0;0 1 -2;0 0 1')
06   E31 = np.mat('1 0 0;0 1 0;-1 0 1')
07   a1, a2, a3 = np.dot(P23, E13), np.dot(a1, E22), np.dot(a2, E31)
08   print(a3)
```

运行结果如图 2.12 所示。

图 2.12 A^{-1} 的计算结果

$$AA^{-1} = \begin{bmatrix} 1 & 0 & 1 \\ 0 & 2 & 1 \\ 1 & 1 & 1 \end{bmatrix} \begin{bmatrix} -1 & -1 & 2 \\ -1 & 0 & 1 \\ 2 & 1 & -2 \end{bmatrix} = \begin{bmatrix} 1 & 0 & 0 \\ 0 & 1 & 0 \\ 0 & 0 & 1 \end{bmatrix}$$

2.9 矩阵的 *LU* 分解

简单地说，矩阵的 *LU* 分解（LU Decomposition）就是将满秩矩阵分解为两个倒扣的三角形——下三角矩阵和上三角矩阵的乘积。

$$A = LU = \begin{bmatrix} \blacksquare & 0 & 0 & 0 & 0 \\ \blacksquare & \blacksquare & 0 & 0 & 0 \\ \blacksquare & \blacksquare & \blacksquare & 0 & 0 \\ \blacksquare & \blacksquare & \blacksquare & \blacksquare & 0 \\ \blacksquare & \blacksquare & \blacksquare & \blacksquare & \blacksquare \end{bmatrix} \begin{bmatrix} \blacksquare & \blacksquare & \blacksquare & \blacksquare & \blacksquare \\ 0 & \blacksquare & \blacksquare & \blacksquare & \blacksquare \\ 0 & 0 & \blacksquare & \blacksquare & \blacksquare \\ 0 & 0 & 0 & \blacksquare & \blacksquare \\ 0 & 0 & 0 & 0 & \blacksquare \end{bmatrix}$$

也可以更进一步，让下三角矩阵的对角元素都为 1。

$$A = LU = \begin{bmatrix} 1 & 0 & 0 & 0 & 0 \\ \blacksquare & 1 & 0 & 0 & 0 \\ \blacksquare & \blacksquare & 1 & 0 & 0 \\ \blacksquare & \blacksquare & \blacksquare & 1 & 0 \\ \blacksquare & \blacksquare & \blacksquare & \blacksquare & 1 \end{bmatrix} \begin{bmatrix} \blacksquare & \blacksquare & \blacksquare & \blacksquare & \blacksquare \\ 0 & \blacksquare & \blacksquare & \blacksquare & \blacksquare \\ 0 & 0 & \blacksquare & \blacksquare & \blacksquare \\ 0 & 0 & 0 & \blacksquare & \blacksquare \\ 0 & 0 & 0 & 0 & \blacksquare \end{bmatrix}$$

一旦完成了 LU 分解，解方程组就会容易得多。

2.9.1 LU 分解的步骤

对于满秩矩阵 A 来说，通过消元法可以得到一个上三角矩阵 U。
现在有一个矩阵 $A = \begin{bmatrix} 2 & 1 \\ 8 & 7 \end{bmatrix}$，看看 LU 分解是如何操作的。

$$A = \begin{bmatrix} 2 & 1 \\ 8 & 7 \end{bmatrix} \xrightarrow[-4r_1 + r_2]{E_{21}} \begin{bmatrix} 2 & 1 \\ 0 & 3 \end{bmatrix} = U$$

$$E_{21} = \begin{bmatrix} 1 & 0 \\ -4 & 1 \end{bmatrix}$$

由于矩阵比较简单，仅经过一次消元就得到了 U，同时得到了附带的消元矩阵 E_{21}。其实 U 等于消元矩阵左乘 A。

$$U = E_{21}A = \begin{bmatrix} 1 & 0 \\ -4 & 1 \end{bmatrix} \begin{bmatrix} 2 & 1 \\ 8 & 7 \end{bmatrix} = \begin{bmatrix} 2 & 1 \\ 0 & 3 \end{bmatrix}$$

将等式两侧同时乘以 E_{21}^{-1}。

$$E_{21}^{-1}U = A = LU$$

可以看到，L 实际上就是消元矩阵的逆。

$$L = E_{21}^{-1} = \begin{bmatrix} 1 & 0 \\ 4 & 1 \end{bmatrix}$$

所以说，矩阵的 LU 分解是通过消元矩阵得到的，假设 A 是一个 3×3 矩阵，它通过消元得到上三角矩阵的过程是先将第 2 行第 1 列消元，再将第 3 行第 1 列消元，最后将第 3 行第 2 列消元。

$$(E_{32}E_{31}E_{21})A = U$$

它的 **LU** 分解：

$$A = (E_{32}E_{31}E_{21})^{-1}U = E_{21}^{-1}E_{31}^{-1}E_{32}^{-1}U = LU$$

示例 2-5　矩阵的 *LU* 分解

$A = \begin{bmatrix} 1 & 0 & 1 \\ a & a & a \\ b & b & a \end{bmatrix}$，如果 **A** 存在 **LU** 分解，$a$ 和 b 应当满足什么条件？

L 和 **U** 分别是什么？

这需要重现 **LU** 分解的过程，使用消元法逐一消去主元。

$$\begin{bmatrix} 1 & 0 & 1 \\ a & a & a \\ b & b & a \end{bmatrix} \xrightarrow[-ar_1+r_2]{E_{21}} \begin{bmatrix} 1 & 0 & 1 \\ 0 & a & 0 \\ b & b & a \end{bmatrix} \Rightarrow E_{21} = \begin{bmatrix} 1 & 0 & 0 \\ -a & 1 & 0 \\ 0 & 0 & 1 \end{bmatrix}$$

$$\begin{bmatrix} 1 & 0 & 1 \\ 0 & a & 0 \\ b & b & a \end{bmatrix} \xrightarrow[-br_1+r_3]{E_{31}} \begin{bmatrix} 1 & 0 & 1 \\ 0 & a & 0 \\ 0 & b & a-b \end{bmatrix} \Rightarrow E_{31} = \begin{bmatrix} 1 & 0 & 0 \\ 0 & 1 & 0 \\ -b & 0 & 1 \end{bmatrix}$$

$$\begin{bmatrix} 1 & 0 & 1 \\ 0 & a & 0 \\ 0 & b & a-b \end{bmatrix} \xrightarrow[\frac{b}{a}r_2+r_3]{E_{32}} \begin{bmatrix} 1 & 0 & 1 \\ 0 & a & 0 \\ 0 & 0 & a-b \end{bmatrix} \Rightarrow E_{32} = \begin{bmatrix} 1 & 0 & 0 \\ 0 & 1 & 0 \\ 0 & -b/a & 1 \end{bmatrix}$$

$$U = \begin{bmatrix} 1 & 0 & 1 \\ 0 & a & 0 \\ 0 & 0 & a-b \end{bmatrix}$$

已知 **A** 存在 **LU** 分解，当 $a-b \neq 0$ 时，**U** 是上三角矩阵，所以首先需要满足 $a-b \neq 0$。此外，上三角矩阵还是消元矩阵与 **A** 的左乘，这意味着所有消元矩阵都要有意义才行，E_{32} 中出现了 $-b/a$，因此还要满足 $a \neq 0$。

知道了消元矩阵后，就能很容易地求得 **L**。

$$L = E_{21}^{-1}E_{31}^{-1}E_{32}^{-1} = \begin{bmatrix} 1 & 0 & 0 \\ a & 1 & 0 \\ 0 & 0 & 1 \end{bmatrix}\begin{bmatrix} 1 & 0 & 0 \\ 0 & 1 & 0 \\ b & 0 & 1 \end{bmatrix}\begin{bmatrix} 1 & 0 & 0 \\ 0 & 1 & 0 \\ 0 & b/a & 1 \end{bmatrix} = \begin{bmatrix} 1 & 0 & 0 \\ a & 1 & 0 \\ b & b/a & 1 \end{bmatrix}$$

$$\underset{L}{\begin{bmatrix} 1 & 0 & 0 \\ a & 1 & 0 \\ b & b/a & 1 \end{bmatrix}}\underset{U}{\begin{bmatrix} 1 & 0 & 1 \\ 0 & a & 0 \\ 0 & 0 & a-b \end{bmatrix}} = \underset{A}{\begin{bmatrix} 1 & 0 & 1 \\ a & a & a \\ b & b & a \end{bmatrix}}$$

2.9.2　*LU* 分解的前提

并非所有矩阵都能进行 **LU** 分解，能够进行 **LU** 分解的矩阵需要满足以下 3 个条件。

（1）矩阵是方阵（**LU** 分解主要是针对方阵）。

（2）矩阵是可逆的，也就是该矩阵是满秩矩阵，每一行都是独立向量。

（3）消元过程中没有 0 主元出现，也就是消元过程中不能出现行交换的初等变换。

2.9.3　**LU** 分解的意义

把一个矩阵分解成两个矩阵的乘积，这是不是自找麻烦？这样做的目的是什么呢？这要通过方程组来解释。通常一个线性方程组能够用矩阵向量法表示成 $Ax = b$ 的形式，例如：

$$\begin{cases} x + y + 2z = 1 \\ x - 2y - z = 0 \\ y - 2z = -2 \end{cases} \Rightarrow \underset{A}{\begin{bmatrix} 1 & 1 & 2 \\ 1 & -2 & -1 \\ 0 & 1 & -2 \end{bmatrix}} \underset{x}{\begin{bmatrix} x \\ y \\ z \end{bmatrix}} = \underset{b}{\begin{bmatrix} 1 \\ 0 \\ -2 \end{bmatrix}}$$

以往求解的方式有两种，一种是高斯消元法；另一种是对 **A** 求逆，使得 $x = A^{-1}b$。第二种方式虽然直观，但实际过程远比消元法复杂，我们只考虑相对简单的消元法的计算量。假设 **A** 是 n 阶满秩方阵，那么对 **A** 第 1 次消元达到的效果是：

$$\underset{A}{\begin{bmatrix} \blacksquare & \blacksquare & \cdots & \blacksquare & \blacksquare \\ \blacksquare & \blacksquare & \cdots & \blacksquare & \blacksquare \\ \blacksquare & \blacksquare & \cdots & \blacksquare & \blacksquare \\ \vdots & \vdots & & \vdots & \vdots \\ \blacksquare & \blacksquare & \cdots & \blacksquare & \blacksquare \end{bmatrix}} \rightarrow \underset{A_2}{\begin{bmatrix} \blacksquare & \blacksquare & \cdots & \blacksquare & \blacksquare \\ 0 & \triangle & \cdots & \triangle & \triangle \\ 0 & \triangle & \cdots & \triangle & \triangle \\ \vdots & \vdots & & \vdots & \vdots \\ 0 & \triangle & \cdots & \triangle & \triangle \end{bmatrix}}$$

其中方块是 **A** 原来的元素，0 是达到的效果，三角是经过消元运算后改变的元素。以第 2 行为例，为了使第 1 个元素为 0，需要用第 1 行乘以某个数（第 1 行 n 个元素，共进行了 n 次乘法运算），再将第 1 行和第 2 行相加或相减（第 2 行 n 个数与第 1 行 n 个数相加/减，共进行了 n 次加/减运算）。如果把一次乘法和一次加减法共同看成一次运算，那么第 2 行的消元共进行了 n 次运算。从 **A** 到 **A₂** 共有 $n-1$ 行需要进行类似的运算，所以第一次消元共进行了 $n(n-1) \approx n^2$ 次运算。以此类推，第二次消元共进行了 $(n-1)(n-2) \approx (n-1)^2$ 次运算……直到最后变成了上三角矩阵 **U**，总运算次数是：

$$N \approx n^2 + (n-1)^2 + (n-2)^2 + \cdots + 2^2 + 1^2$$

需要提前使用一点定积分的知识来计算具体的数值。

$$\text{let} \quad \Delta n = 1$$

$$\text{then} \quad N \approx \int_{1}^{n} n^2 \mathrm{d}n \approx \frac{1}{3}n^3$$

经过约 $n^3/3$ 次运算后可以得到上三角矩阵 U，进而逐步求解 x。

LU 分解的消元过程和高斯消元类似，需要经过 $n^3/3$ 次运算求得 U。此后经过若干次运算求得 L，使 $Ax = b$ 变成 $(LU)x = L(Ux) = b$，再对 L 求逆，使得 $Ux = L^{-1}b$，最后可以通过上三角矩阵快速求解。

看起来比高斯消元经历了更多的步骤，那为什么又说 LU 分解更快呢？在实践中，b 是输出，而输出又经常变动，从 $Ax = b$ 频繁地变成 $Ax = b'$，此时高斯消元法需要全部重新计算（高斯消元用增广矩阵消元，变化过程是 $[A \quad b] \to [U \quad b']$），这对大型矩阵来说极其耗时。反观 LU 分解，因为它不依赖于 b，所以计算一次后就可以将千辛万苦得到的 U 和 L^{-1} 存储起来，在 b 变成 b' 后只要简单的相乘即可。

注：实际上，由于 L 已经是整理过的斜对角全是 1 的下三角矩阵，所以用高斯—诺尔当消元法对 L 求逆非常简单。

由此看来，LU 分解的意义在于求解输出经常变动的大型方程组。

2.9.4　允许行交换

对于 $A = LU$，我们之前特意避免了行的互换，但如果不可避免地必须进行行互换，只需要把 $A = LU$ 变成 $PA = LU$ 就可以了，其中 P 是行置换矩阵。对于置换矩阵，$P^{-1} = P^{\mathrm{T}}$，所以：

$$A = P^{-1}LU = P^{\mathrm{T}}LU$$

实际上所有的 $A = LU$ 都可以写成 $PA = LU$ 的形式，当 A 没有行互换时，P 就是单位矩阵。

2.10　总结

1. 矩阵是将数字排列成矩形。
2. 矩阵的运算定义了加法、数乘、乘法，此外，矩阵还有转置运算。
3. 逆矩阵用 A^{-1} 表示，$AA^{-1} = A^{-1}A = I$；没有逆矩阵的方阵是奇

异矩阵。

4．逆矩阵可以用高斯—诺尔当消元法或通过置换矩阵得到。

5．矩阵可以用来表示方程组。

6．可以通过将矩阵化简为行最简阶梯矩阵的方式求得矩阵的秩；如果一个方阵是满秩矩阵，该方阵对应的方程组有唯一解。

7．一个可逆矩阵可以进行 *LU* 分解。

8．矩阵的 *LU* 分解的意义在于求解输出经常变动的大型方程组。

第3章　距离

"距离"这个词经常用到，在初中几何中，它指两点间直线的长度。想要测量距离很容易，事实果真如此吗？乘坐出租车从家到公司，下车后计价表显示 30 公里，这可不是两点间的直线距离。《三国》里，探马回报："袁军距我军三十里处的官渡下寨，绵延百里。"到底是三十里还是百里，怎样才算三十里？2018 年法国队赢得世界杯冠军，距离他们上次夺冠已经过去了 20 年，这里的距离又是时间。一对单身男女相亲，在一顿无聊的晚餐后得出彼此"距离太远"的结论，人心的距离又该如何测量？

3.1　距离的多种度量

先来看一个简单的例子，路面上有一个边长为 1 的正方形凹陷，A、B 两点位于凹陷的边缘，如图 3.1 所示。问 A、B 两点间的距离是多少？

暂且不考虑长度单位，假设一个成年人正好可以一步跨越，那么这个人从 A 到 B 所经过的距离是 1，如图 3.2 所示。

图 3.1　A、B 两点间的距离　　　　图 3.2　成年人的行进路线

一个身材矮小的少年来了，他把凹陷当作楼梯，先下后上，于是有了这样的行进路线，如图 3.3 所示。

少年经过的实际距离是两个三角形的斜边：

$$S = 2 \times \sqrt{1^2 + \left(\frac{1}{2}\right)^2} = \sqrt{5} \approx 2.24$$

又来了一个幼儿园的小朋友，他需要手脚并用，爬下爬上，行进距离是 3，如图 3.4 所示。

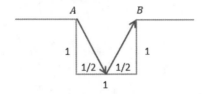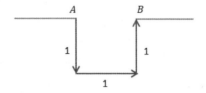

图 3.3　少年的行进路线　　　　图 3.4　小朋友的行进路线

现在有意思了，只因为有了一个小小的凹陷，一条原本简单的路段就产生了 3 种不同的行进距离。实际上也许有更多距离，比如一个文艺青年用大跳跨越了一个优美的弧线，如图 3.5 所示。

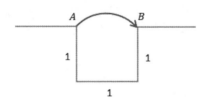

图 3.5　文艺青年的行进路线

也许有人会说，反正结果都是从 A 到 B，简单地计算为 1 不就好了？从空间转移来说没错，但是，通常瞬移只能出现在动画片里。在自然状态下，各种运动所消耗的能量不同，小朋友爬下爬上一定比成年人一步跨越的消耗要多。类似的能量消耗的例子很多，比如盘山路，更没办法算成两点间的直线了。

其实例子中的几种测量都有道理，根据实际需要和条件的变化，只有改变距离的计算方法才能得到相对靠谱的数值，接下来将要介绍的就是几种常见的距离计算方法。

3.1.1　一维空间的距离

一维空间可以看作一把带有刻度的直尺，在一维空间上计算距离是最简单的，只需要取两点间数值差的绝对值就可以了，如图 3.6 所示。

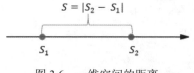

图 3.6 一维空间的距离

常见的时间轴是典型的一维距离，此时距离代表时间的跨度，如图 3.7 所示。

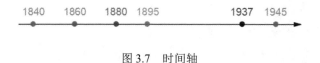

图 3.7 时间轴

3.1.2 欧几里得距离

欧几里得距离（Euclidean Distance）又称欧氏距离或欧几里得度量，是以空间为基准的两点间最短距离，简单地说，就是两点之间的直线最短。

二维空间内的欧几里得距离比较简单，主要是点到点和点到直线，如图 3.8 所示。

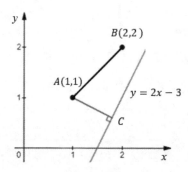

图 3.8 点到点和点到直线的距离

A、B 两点间的距离：

$$S_{AB} = \sqrt{(x_A - x_B)^2 + (y_A - y_B)^2}$$

到原点的欧几里得距离为 1 的所有点可以构成一个半径为 1 的圆，如图 3.9 所示。

计算 A 点与直线的距离前，需要先把直线的表达式做个转换，变成 $ax + by + c = 0$ 的形式。

$$y = 2x - 3 \Rightarrow 2x - y - 3 = 0$$

图 3.8 中，点 $A(1,1)$ 到直线 $2x - y - 3 = 0$ 的距离：

$$S_{AC} = \left| \frac{ax_A + by_A + c}{\sqrt{a^2 + b^2}} \right| = \left| \frac{2 \times 1 - 1 \times 1 - 3}{\sqrt{2^2 + (-1)^2}} \right| = \frac{2}{\sqrt{5}}$$

三维空间内，主要是点到点和点到平面的距离，如图 3.10 所示。

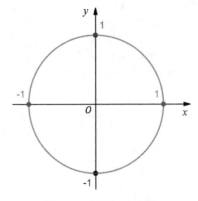
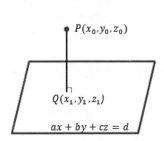

图 3.9　半径为 1 的圆　　　　图 3.10　点到平面间的距离

Q 是平面 $ax + by + cz = d$ 上的一点，P 是平面外的另一点，PQ 垂直于平面。

计算 P 到平面的距离同样需要先把平面转换一下，变成 $ax + by + cz - d = 0$，这样就和二维空间内的计算类似：

$$\gamma = \left| \frac{ax_0 + by_0 + cz_0 - d}{\sqrt{a^2 + b^2 + c^2}} \right|$$

在图 3.10 中，γ 实际上就是 P、Q 两点间的距离。

$$\gamma = S_{PQ} = \sqrt{(x_0 - x_1)^2 + (y_0 - y_1)^2 + (z_0 - z_1)^2}$$

类似的公式也可以推广到多维空间。P、Q 是 n 维空间内的两点。

$$P = \left(x_1^{(P)}, x_2^{(P)}, \cdots, x_n^{(P)} \right), \quad Q = \left(x_1^{(Q)}, x_2^{(Q)}, \cdots, x_n^{(Q)} \right)$$

P、Q 间的距离：

$$S_{PQ} = \sqrt{\left(x_1^{(P)} - x_1^{(Q)} \right)^2 + \left(x_2^{(P)} - x_2^{(Q)} \right)^2 + \cdots + \left(x_n^{(P)} - x_n^{(Q)} \right)^2}$$

$$= \sqrt{\sum_{i=1}^{n} \left(x_i^{(P)} - x_i^{(Q)} \right)^2}$$

用向量和矩阵表示更为简单，因此也更推荐这种表示法。

$$x^{(P)} = \begin{bmatrix} x_1^{(P)} \\ x_2^{(P)} \\ \vdots \\ x_n^{(P)} \end{bmatrix}, \quad x^{(Q)} = \begin{bmatrix} x_1^{(Q)} \\ x_2^{(Q)} \\ \vdots \\ x_n^{(Q)} \end{bmatrix}$$

$$S_{PQ} = \sqrt{(x^{(P)} - x^{(Q)})^{\mathrm{T}}(x^{(P)} - x^{(Q)})}$$

n 维空间中也存在平面，不过这个平面只是个概念，它被称为超平面。不要试图画出四维以上空间的平面，实际上甚至连四维空间都没法有效地展示。画不出来没关系，能表达就好了，n 维空间的超平面可以写成：

$$g(x) = \theta_1 x_1 + \theta_2 x_2 + \cdots + \theta_n x_n + b$$

笔者仍然倾向于用向量和矩阵表示：

$$\theta = \begin{bmatrix} \theta_1 \\ \theta_2 \\ \vdots \\ \theta_n \end{bmatrix}, \quad x = \begin{bmatrix} x_1 \\ x_2 \\ \vdots \\ x_n \end{bmatrix}$$

$$g(x) = \theta^{\mathrm{T}} x + b$$

点到超平面的距离公式：

$$\gamma = \frac{|\theta^{\mathrm{T}} x + b|}{\sqrt{\theta_1{}^2 + \theta_2{}^2 + \cdots + \theta_n{}^2}} = \frac{|\theta^{\mathrm{T}} x + b|}{\|\theta\|}$$

其中$\|\theta\|$表示 θ 的二范数。把点 P 代入到公式中，将得到点 P 到超平面的距离：

$$\gamma^{(P)} = \frac{|\theta^{\mathrm{T}} x^{(P)} + b|}{\|\theta\|}$$

利用计算机可以很方便地计算欧几里得距离，代码如下：

```
01    import numpy as np
02
03    x1 = [1, 1]
04    x2 = [2, 2]
05    np_x1 = np.array(x1)
06    np_x2 = np.array(x2)
07
08    # 直接使用公式计算
09    d1 = np.sqrt(np.sum((np_x1 - np_x2) ** 2))
```

```
10    # 使用内置的范数函数计算
11    d2 = np.linalg.norm(np_x1 - np_x2)
12
13    # 打印结果：d1 = 1.4142135623730951, d2 = 1.4142135623730951
14    print('d1 = {}, d2 = {}'.format(d1, d2))
```

代码中两种方式的计算结果相同。

3.1.3　曼哈顿距离

　　想象一下乘坐出租车从曼哈顿街头的一个路口到另一个路口，司机会按照两个路口的直线距离行进吗？大多数时候不会，除非无视交通规则并且能穿越大楼。图 3.11 中 A、B 两点间的直线是欧几里得距离，折线是出租车的实际行进距离。

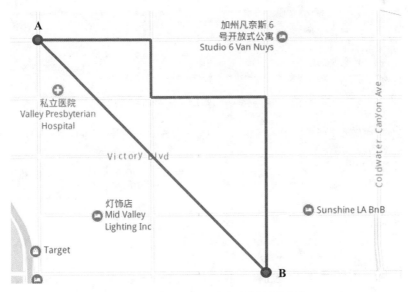

图 3.11　欧几里得距离与实际行进距离

　　早在 19 世纪，赫尔曼·闵可夫斯基就在曼哈顿街区研究过，将其命名为"曼哈顿距离（Manhattan Distance）"，如果闵可夫斯基生活在今天，可能就变成了"导航距离"。

　　城市街区大多数是在地势平缓的二维平面，两点 $A(x_1, y_1), B(x_2, y_2)$ 间曼哈顿距离的计算公式是：

$$S_{AB} = |x_1 - x_2| + |y_1 - y_2|$$

在 A、B 间曼哈顿距离相同的情况下，可能有多种行进路线，如图 3.12 所示。

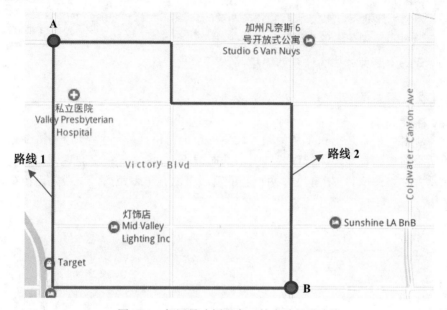

图 3.12　相同曼哈顿距离下的多种行进路线

到原点的曼哈顿距离为 1 的所有点可以构成一个边长为 $\sqrt{2}$ 的正方形，如图 3.13 所示。

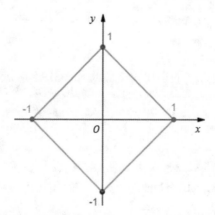

图 3.13　到原点的曼哈顿距离为 1 的所有点构成的正方形

正方形四边上的点都满足：

$$|x - 0| + |y - 0| = 1$$

扩展到 n 维空间，两点 P、Q 间的曼哈顿距离：

$$P = \left(x_1^{(P)}, x_2^{(P)}, \cdots, x_n^{(P)} \right), \quad Q = \left(x_1^{(Q)}, x_2^{(Q)}, \cdots, x_n^{(Q)} \right)$$

$$S_{PQ} = \left| x_1^{(P)} - x_1^{(Q)} \right| + \left| x_2^{(P)} - x_2^{(Q)} \right| + \cdots + \left| x_n^{(P)} - x_n^{(Q)} \right| = \sum_{i=1}^{n} \left| x_i^{(P)} - x_i^{(Q)} \right|$$

可以用下面的代码计算曼哈顿距离：

```
01    import numpy as np
02
03    x1 = [1, 3]
04    x2 = [4, 9]
05    np_x1 = np.array(x1)
06    np_x2 = np.array(x2)
07    d = np.sum(np.abs(np_x1 - np_x2))
08    # 打印结果：d = 9
09    print('d =', d)
```

现在来看看《三国》中哨骑的探报。如果把军队看成团伙，将官渡战场的大战看成曼哈顿街头的火拼，那么哨骑探报的距离应该是袁军先头部队到曹军的曼哈顿距离。

3.1.4　切比雪夫距离

国际象棋中，国王的走法是竖行、横行、斜行移动到相邻 8 个方格中的任意一个，如图 3.14 所示。

如果把两个相邻方格的距离记为 1，国王从一个方格走到周围的另一个方格需要的最短距离就是切比雪夫距离（Chebyshev Distance）。国王从棋盘某一方格处到达其他方格的切比雪夫距离如图 3.15 所示。

图 3.14　国王走一步可以到达的位置　图 3.15　国王到达棋盘各处的切比雪夫距离

在二维空间内，$A(x_1, y_1)$，$B(x_2, y_2)$ 两点间的切比雪夫距离是两点横坐标差的绝对值与纵坐标差的绝对值中较大的那个。

$$S_{AB} = \max(|x_1 - x_2|, |y_1 - y_2|)$$

扩展到 n 维空间，P、Q 两点间的切比雪夫距离：

$$P = \left(x_1^{(P)}, x_2^{(P)}, \cdots, x_n^{(P)}\right), \quad Q = \left(x_1^{(Q)}, x_2^{(Q)}, \cdots, x_n^{(Q)}\right)$$

$$S_{PQ} = \max_i \left(\left|x_i^{(P)} - x_i^{(Q)}\right|\right)$$

棋盘的格子是距离的离散表示，在真正的二维坐标中，到原点的切比雪夫距离为 1 的所有点将构成一个边长为 2 的正方形，如图 3.16 所示。

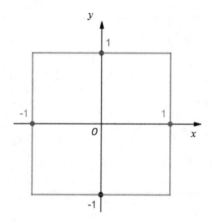

图 3.16   到原点的切比雪夫距离为 1 的所有点构成的正方形

正方形的边上的点都满足：

$$\max(|x - 0|, |y - 0|) = 1$$

可以用下面的代码计算切比雪夫距离：

```
01    import numpy as np
02
03    x1 = [1, 3]
04    x2 = [4, 9]
05    np_x1 = np.array(x1)
06    np_x2 = np.array(x2)
07    d = np.max(np.abs(np_x1 - np_x2))
08    # 打印结果：d = 6
09    print('d =', d)
```

3.1.5　夹角余弦

夹角余弦是另一种测量距离的方法，严格地说，它测量的并不是传统意义上的"距离"，而是两个样本间的相似性，样本间的夹角越小，相似度越高。

夹角余弦来源于点积的几何意义，两个向量的点积等于二者的模长乘以它们的夹角余弦，如图 3.17 所示。

可以通过向量的点积计算二者的夹角余弦。

$$\boldsymbol{A} \cdot \boldsymbol{B} = |\boldsymbol{A}||\boldsymbol{B}| \cos \theta$$
$$\cos \theta = \frac{\boldsymbol{A} \cdot \boldsymbol{B}}{|\boldsymbol{A}||\boldsymbol{B}|} = \frac{x_1 x_2 + y_1 y_2}{\sqrt{x_1{}^2 + y_1{}^2}\sqrt{x_2{}^2 + y_2{}^2}}$$

可以看出，$\cos \theta$ 表示的是 $\boldsymbol{A}$ 和 $\boldsymbol{B}$ 方向的相似度，与它们的大小无关，如图 3.18 所示。

图 3.17　两个向量间的夹角余弦　　图 3.18　$\boldsymbol{A}$、$\boldsymbol{B}$ 的夹角与 $\boldsymbol{A}'$、$\boldsymbol{B}$ 的夹角相等

虽然 $\boldsymbol{A}'$ 的模长远小于 $\boldsymbol{A}$ 的模长，但 $\boldsymbol{A}$、$\boldsymbol{B}$ 的夹角与 $\boldsymbol{A}'$、$\boldsymbol{B}$ 的夹角相等。

扩展到 n 维空间，向量 $\boldsymbol{P}$、$\boldsymbol{Q}$ 间的夹角余弦：

$$\cos \theta = \frac{x_1^{(P)} x_1^{(Q)} + x_2^{(P)} x_2^{(Q)} + \cdots + x_n^{(P)} x_n^{(Q)}}{\sqrt{\left(x_1^{(P)}\right)^2 + \left(x_2^{(P)}\right)^2 + \cdots + \left(x_n^{(P)}\right)^2} \sqrt{\left(x_1^{(Q)}\right)^2 + \left(x_2^{(Q)}\right)^2 + \cdots + \left(x_n^{(Q)}\right)^2}}$$

$$= \frac{\sum_{i=1}^{n} x_i^{(P)} x_i^{(Q)}}{\sqrt{\sum_{i=1}^{n} \left(x_i^{(P)}\right)^2} \sqrt{\sum_{i=1}^{n} \left(x_i^{(Q)}\right)^2}}$$

改成向量的写法：

$$x^{(P)} = \begin{bmatrix} x_1^{(P)} \\ x_2^{(P)} \\ \vdots \\ x_n^{(P)} \end{bmatrix}, \ x^{(Q)} = \begin{bmatrix} x_1^{(Q)} \\ x_2^{(Q)} \\ \vdots \\ x_n^{(Q)} \end{bmatrix}$$

$$\cos\theta = \frac{x^{(P)^{\mathrm{T}}}x^{(Q)}}{\sqrt{x^{(P)^{\mathrm{T}}}x^{(P)}}\sqrt{x^{(Q)^{\mathrm{T}}}x^{(Q)}}}$$

可以使用下面的代码计算夹角余弦：

```
01   # 使除法变成精确除法
02   from __future__ import division
03   import numpy as np
04
05   x1 = [1, 2, 3, 5]
06   x2 = [2, 3, 4, 6]
07   np_x1 = np.array(x1)
08   np_x2 = np.array(x2)
09   result1 = np.dot(np_x1, np_x2) / np.sqrt(np.dot(np_x1, np_x1) * np.dot(np_x2, np_x2))
10   # np.linalg.norm 可以直接计算模长
11   result2 = np.dot(np_x1, np_x2) / (np.linalg.norm(np_x1) * np.linalg.norm(np_x2))
12   theta = np.arccos(result1)
13
14   # 运行结果：result1 = 0.993073, result2 = 0.993073, theta = 0.117774
15   print('result1 = %f, result2 = %f, theta = %f' % (result1, result2, theta))
```

夹角余弦取值范围是 $[-1,1]$，它提供了以下几点信息。

（1）余弦越大，两个向量间的夹角越小，相似度越高；余弦越小，两个向量间的夹角越大，相似度越低。

（2）两个向量的方向重合时，余弦值等于 1；两个向量的方向完全相反时，余弦值等于 -1；两个向量垂直时，余弦值等于 0。

（3）$\theta < 90°$，$A \cdot B > 0$；$\theta > 90°$，$A \cdot B < 0$；$\theta = 90°$，$A \cdot B = 0$。

3.1.6 其他度量方法

还有很多种方法用于度量距离，比如经常在推荐系统中用来度量顾客偏好的皮尔逊相关度，度量符号或布尔值个体间相似度的 Jaccard 系数和谷本系数，在信息论中度量两个等长字符串之间对应位置不同字符个数的汉明距离，用于判断整个系统内样本分布集中程度的信息熵，还有马氏距离以及闵可夫斯基距离等。这些度量方法各有优缺点，它们的计算结果可能会有很大差异。在实践中，可能要在不同的方法中反复切换，根据实际效果进行对比，最终选取效果最好的那个。

3.2 人心的距离

也许是为了摆脱单身状态，也许是为了应付长辈的特意安排，许多年轻的单身男女都参加过相亲，但是大多数相亲都是以"三观不合"或"距离太远"为由而没有下文。人与人之间的"距离"似乎是一个文学词汇，并非物理意义上的距离，真的能够测量吗？怎么才算三观基本一致？接下来，我们就用本章的知识去尝试度量人与人之间的距离。

3.2.1 相亲

小明是个 27 岁的城市白领，国庆期间在老妈的安排下分别见了可可、乐乐、小枫和小柔四个女孩。经过逛街吃饭后，小明对四个女孩有了初步了解，觉得她们都不错，四个女孩似乎也有进一步发展的意思。"你喜欢哪一个呢？"老妈问。"这个……"小明犯了难，脚踏两只船就够可耻了，更不能脚踏四只船啊。"对了，就选和自己距离最近的！"小明想，于是他根据自己最关心的问题绘制了一个表格，如表 3.1 所示。

表 3.1 人员喜好对比表

项　　目	小　　明	可　　可	乐　　乐	小　　枫	小　　柔
年龄	27	23	25	26	31
学历	本科	专科	本科	硕士	博士
爱好	旅游、读书、音乐	逛街、读书	羽毛球、跑步	旅游、唱歌	旅游、读书、音乐
是否要小孩	是	是	是	否	是

3.2.2 数据预处理

小明觉得文字对比不够直观，所以他先将非数值属性量化，把文字转换成了数字。

小明有 3 项爱好，所以设自己的爱好值是 3，同时设女孩们的初始爱好值是 0。如果其中一个女孩有 1 项爱好与自己的相同，则该女孩的爱好值加 1。例如可可与小明都喜欢读书，所以可可的爱好值是 1。同时小明也注意到，有些爱好虽然不同，但极其相近，比如音乐与唱歌，因此可以把二者看作同一爱好。类似地，将专科、本科、硕士、博士转换为 1～4；要小孩和不要小孩转换为 1 和-1。于是，小明得到了表 3.2 所示的数据。

表 3.2　转换为数值后的喜好

项　　目	小　　明	可　　可	乐　　乐	小　　枫	小　　柔
年龄	27	23	25	26	31
学历	2	1	2	3	4
爱好	3	1	0	2	3
是否要小孩	1	1	1	-1	1

　　其中年龄维度的数值较大，直接使用会占据很大的权重，所以小明对它们做了进一步处理。他以自己的年龄为标准，将女孩的年龄与自己的相减。此外，他认为传宗接代很重要，但年龄差距不算什么，所以分别增加了和减小了两个对应维度的权重。

　　现在，所有维度的数值都在一个较小的范围内，如表 3.3 所示。

表 3.3　最终的喜好表

项　　目	小　　明	可　　可	乐　　乐	小　　枫	小　　柔
年龄	0	-2	-1	-0.5	2
学历	2	1	2	3	4
爱好	3	1	0	2	3
是否要小孩	3	3	3	-3	3

3.2.3　度量距离

　　终于可以测量了，看看哪个女孩和小明最般配。

　　不妨先将学历和爱好拿出来，在平面上看看距离，如图 3.19 所示。

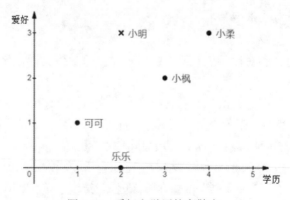

图 3.19　爱好和学历的离散点

从爱好和学历上看，小枫和自己最近，乐乐相对较远。当所有维度都加进来时，小明编写了下面的代码帮助计算：

```
01    # 使除法变成精确除法
02    from __future__ import division
03    import numpy as np
04
05    # 欧几里得距离
06    def d_euclidean(x1, x2):
07        return np.linalg.norm(x1 - x2)
08
09    # 曼哈顿距离
10    def d_manhattan(x1, x2):
11        return np.sum(np.abs(x1 - x2))
12
13    # 切比雪夫距离
14    def d_chebyshev(x1, x2):
15        return np.max(np.abs(x1 - x2))
16
17    # 计算距离
18    def d_compute(x, d_name, d_fun):
19        '''
20        :param x: 数据样本
21        :param d_name: 距离算法名称
22        :param d_fun: 距离算法
23        '''
24        print('%s:\t%f\t%f\t%f\t%f' %
25              (d_name, d_fun(x[0], x[1]), d_fun(x[0], x[2]), d_fun(x[0], x[3]),
      d_fun(x[0], x[4])))
26
27    if __name__ == '__main__':
28        # 初始数据
29        data_set = [[0, 2, 3, 3], [-2, 1, 1, 3], [-1, 2, 0, 3], [-0.5, 3, 2, -3], [2, 4, 3, 3]]
30        # 将数据转换为 numpy 向量
31        x = np.array(data)
32
33        d_compute(x, 'euclidean', d_euclidean)
34        d_compute(x, 'manhattan', d_manhattan)
35        d_compute(x, 'chebyshev', d_chebyshev)
```

由于夹角余弦只与向量的方向有关，而与向量的大小无关，在这里又希望更多地考虑向量的大小，所以去掉夹角余弦，计算后得到了表 3.4 所示的结果。

表 3.4　各种距离的度量结果

项　　目	可　可	乐　乐	小　枫	小　柔	距离排序
欧几里得距离	3.00	3.16	6.18	2.82	小柔<可可<乐乐<小枫
曼哈顿距离	5.00	4.00	8.50	4.00	乐乐=小柔<可可<小枫
切比雪夫距离	2.00	3.00	6.00	2.00	可可=小柔<乐乐<小枫

　　三种度量得到了三种不同的结果，而且每种结果中排在第 1 位的女孩都不同。综合考虑后，似乎小柔排在前面的次数较多，所以小明觉得应该重点发展一下小柔。

3.3　人心可测吗

　　心的距离似乎圆满地解决了，然而这样真的合理吗？想想儿时的小伙伴们，今天，他们的学历、爱好、收入甚至三观都与自己极为不同，但这些似乎并没有影响我们的感情，时隔多年大家仍然有共同话题，仍然可以一起喝上一杯，距离的长度似乎并不影响我们成为朋友。相反，身边的同事无论学历、经历还是工作目标都与自己相近，然而一道浅浅的隔断就阻断了大多数交流，令彼此封闭起了内心……人心真的可测吗？还是留给大家去思考吧。
　　至于相亲的结果嘛……
　　某天清晨，小明在公园里遇见了正在跑步的乐乐。也许运动的女孩是最美的，此时乐乐面色微红，额前的发丝上挂着薄薄的汗珠，散发着青春气息，小明的思考能力瞬间下降了 90%。于是，爱好、距离什么都不重要了……

3.4　总结

　　1. 欧几里得距离：

$$S_{PQ} = \sqrt{\sum_{i=1}^{n} \left(x_i^{(P)} - x_i^{(Q)} \right)^2}$$

2. 曼哈顿距离：

$$S_{PQ} = \sum_{i=1}^{n} \left| x_i^{(P)} - x_i^{(Q)} \right|$$

3. 切比雪夫距离：

$$S_{PQ} = \max_{i} \left(\left| x_i^{(P)} - x_i^{(Q)} \right| \right)$$

4. 夹角余弦：

$$\cos\theta = \frac{\boldsymbol{A} \cdot \boldsymbol{B}}{|\boldsymbol{A}||\boldsymbol{B}|} = \frac{x_1 x_2 + y_1 y_2}{\sqrt{x_1^2 + y_1^2}\sqrt{x_2^2 + y_2^2}}$$

第4章 导数

导数（derivative）是微积分的重要基础概念，是高等数学入门的基础。在机器学习中也经常会遇到求导，极值需要求导，梯度下降需要求导，神经网络也需要求导……可以说导数遍布于机器学习的各个角落，理解导数是在高等数学和机器学习入门道路上最重要的一步，没有之一。

4.1 导数的基本概念

一个简单的理解方式是"导数"等于"倒树"。大树倾倒的过程暗示了导数的意义，图 4.1 所示是一棵大树在倒地过程中的抓拍画面。

图 4.1 倒树

大树倒地的速度随着树与地面夹角的减小而增大，也就是说，倒地的过程中存在加速度；此外，在倒地前的每一时刻，大树都有一个相对于地面的倾斜度，也就是斜率。加速度和斜率是理解导数时最重要的两点。

导数的数学定义大概是这样的：设函数 $y = f(x)$ 在点 x_0 的某个邻域内有定义，当自变量 x 在 x_0 处取得增量 Δx 时，相应的函数 y 将取得增量 Δy；如果 Δy 与 Δx 之比在 $\Delta x \to 0$ 时存在极限，则称函数 $y = f(x)$ 在点 x_0 处可导，并称这个极限为函数 $y = f(x)$ 在点 x_0 处的导数。

如果你对这段文字有些迷惑，没关系，不要理它，继续往下看。

4.1.1 导数的意义

从物理意义上讲，导数就是速度的变化率。我们熟知的速度公式 $v = s/t$ 计算的是平均速度，实际上往往需要知道瞬时速度：

$$v = \frac{s - s_0}{t - t_0}$$

上式是说，物体在 t 趋近于 t_0，即 $t - t_0$ 趋近于 0 时，移动了一小段距离，这段距离与 $t - t_0$ 的比值就是瞬时速度。设 $\Delta t = t - t_0$，距离 s 是关于时间的函数，$s = s(t)$，瞬时速度用数学表示就是：

$$v = \lim_{\Delta t \to 0} \frac{s(t) - s(t_0)}{\Delta t}$$

从几何意义上讲，导数是函数在某一点处的切线的斜率，如图 4.2 所示。

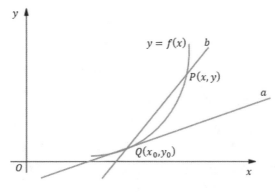

图 4.2 导数的几何意义

直线 a 与曲线 $y = f(x)$ 相切于点 $Q(x_0, y_0)$，直线 b 与曲线相割于点 $P(x, y)$ 和点 Q。当 b 以 Q 为轴心沿着曲线向下旋转时，弦长 PQ 逐渐减小，当 b 与 a 重合时停止旋转，此时 $PQ = 0$，即 $x \to x_0$ 时 b 的斜

率 k 存在极限：

$$k = \lim_{x \to x_0} \frac{y - y_0}{x - x_0} = \lim_{x \to x_0} \frac{f(x) - f(x_0)}{x - x_0}$$

无论从物理意义还是几何意义，变化率和切线的问题都可以归结为下面的极限。

$$\lim_{x \to x_0} \frac{f(x) - f(x_0)}{x - x_0}$$

更多的时候，额外定义了 Δx 和 Δy。

$$\Delta x = x - x_0, \qquad \Delta y = f(x) - f(x_0) = f\underbrace{(x_0 + \Delta x)}_{x_0 + (x - x_0)} - f(x_0)$$

所以上面的极限通常写成：

$$\lim_{\Delta x \to 0} \frac{\Delta y}{\Delta x} \quad 或 \quad \lim_{\Delta x \to 0} \frac{f(x_0 + \Delta x) - f(x_0)}{\Delta x}$$

这个极限就是导数的概念了，也是对一个函数求导的公式，它解释了在某一时刻的瞬时速度或曲线上某一点的切线的斜率。

4.1.2 导数的标记

函数 $y = f(x)$ 的导数有以下两种表示法。

$$f' \quad 或 \quad \frac{\mathrm{d}y}{\mathrm{d}x}$$

在 x_0 处的导数记作：

$$f'(x_0) \quad 或 \quad \frac{\mathrm{d}y}{\mathrm{d}x}\bigg|_{x = x_0}$$

也许 f' 的形式看起来更顺眼，但最好还是习惯于第二种 $\frac{\mathrm{d}y}{\mathrm{d}x}$ 的形式，这更利于日后掌握微分和积分的概念。

注："求 $f(x)$ 的导数"或"对 $f(x)$ 求导"有两种解释，一种是求 $f(x)$ 的导函数，此时的结果是一个函数；另一种是求 $f(x)$ 在定义域某一点的导数，此时的结果是一个具体的数值。究竟是哪种解释需要根据上下文判断。

4.1.3 根据定义计算导数

既然有了导数的定义和公式，就可以对一个函数求导了。先来一个简单的，对 $1/x$ 求导。根据公式：

$$f'(x) = \lim_{\Delta x \to 0} \frac{\dfrac{1}{x + \Delta x} - \dfrac{1}{x}}{\Delta x}$$

这就 OK 了，导数求解完毕！所以说导数很简单，因为它仅有一个公式。

等等，如果仅仅是一个不难对付的 $1/x$ 就得到这么复杂的东西，那导数该有多烦琐？而且对于所有求导，当 $\Delta x \to 0$ 时，分母都为 0，每次都面对分母为 0 的极限也不那么舒服。所以从直觉上判断，导数应当可以进一步简化：

$$\frac{\dfrac{1}{x + \Delta x} - \dfrac{1}{x}}{\Delta x} = \frac{1}{\Delta x}\left(\frac{1}{x + \Delta x} - \frac{1}{x}\right) = \frac{1}{\Delta x}\left(\frac{-\Delta x}{(x + \Delta x)x}\right) = \frac{-1}{x^2 + x\Delta x}$$

$$f'(x) = \lim_{\Delta x \to 0} \frac{-1}{x^2 + x\Delta x} = \frac{-1}{x^2}$$

这才是最后的结果，看起来清爽多了。

4.1.4　函数可导的条件

如果一个函数的定义域为全体实数，那么该函数是不是在定义域上处处可导呢？答案是否定的。函数在定义域中的某一点可导需要一定的条件，函数在该点左右两侧的导数都存在且相等。这实际上是根据极限存在的一个充要条件推导而来的——极限存在，它的左右极限存在且相等。简单地说，可导一定连续，连续不一定可导，不连续一定不可导。连续和可导的关系可形象地用图 4.3 来表示。

图 4.3　可倒（导）一定连续，连续不一定可倒（导）

$f(x) = |x|$ 是一个连续但不可导的例子，如图 4.4 所示。

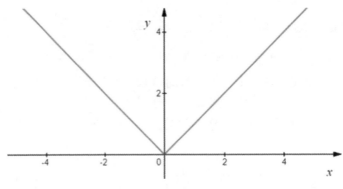

图 4.4　连续但不可导

从几何上来说，切线指的是一条刚好触碰到曲线上某一点的直线，并且当切线经过切点时，切线的方向与曲线在切点处的方向相同。在 $x = 0$ 时，曲线 $f(x) = |x|$ 没有唯一方向，即在 $x = 0$ 时没有切线，所以该函数在 $x = 0$ 点不可导。

此外，如果函数在某一点可导，还需要导函数在该点处有定义，如果导函数在某点处无定义，则原函数在该点不可导，如图 4.5 所示。

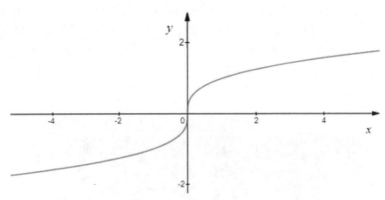

图 4.5　$f(x) = \sqrt[3]{x}$ 在 $x = 0$ 处不可导

$f(x) = \sqrt[3]{x}$ 的导函数是 $f'(x) = x^{-2/3}/3$，在 $x = 0$ 处，导数的分母为 0，所以 $f(x)$ 在 $x = 0$ 处不可导。实际上该函数在 $x = 0$ 处的切线是 y 轴，导数趋近于无穷，这不符合导数的定义，因为变化率一定是定值，不会有趋于无穷的变化率。

4.2　求导

虽然导数仅有一个计算公式，但如果每次像 4.1.3 小节那样按照定义去求极限，那么即使是求一个简单函数的导数也会变成一场灾难。幸而人们总结出一套简单的求导法则，根据这些法则，可以轻松地求解复杂函数的导数。

4.2.1　常用的求导公式

在介绍求导法则之前，先认识几个常见函数的导数公式，直接给出结果：

$$C' = 0, \ C \in \mathbf{R}$$

$$(nx)' = n, \ n \in \mathbf{R}$$

$$(x^n)' = nx^{n-1}, \ n \in \mathbf{R}$$

$$(\sin x)' = \cos x$$

$$(\cos x)' = -\sin x$$

求 $1/x$ 的导数，可以使用幂函数的求导公式：

$$\left(\frac{1}{x}\right)' = (x^{-1})' = -x^{-2} = -\frac{1}{x^2}$$

这些公式在高等数学中如同九九乘法表一样常用，需要做到牢记于心。

4.2.2　和、差、积、商求导法则

可以把和、差、积、商的求导法则理解为导数的加减乘除运算规则，它有一套自己的法则。

设 $u = u(x)$ 和 $v = v(x)$ 都可导，加法和减法求导法则：

$$(u \pm v)' = u' \pm v'$$

乘法求导的法则：

$$(uv)' = u'v + uv'$$

除法求导的法则：

$$\left(\frac{u}{v}\right)' = \frac{(u'v - uv')}{v^2}$$

加法法则很简单，不解释，下面来看看乘法法则。

$$(uv)' = \lim_{\Delta x \to 0} \frac{\Delta(uv)}{\Delta x}$$

其中：

$$\Delta(uv) = u(x + \Delta x)v(x + \Delta x) - u(x)v(x)$$
$$= \big(u(x + \Delta x) - u(x)\big)v(x + \Delta x) + u(x)(v(x + \Delta x) - vx))$$
$$= (\Delta u)v(x + \Delta x) + u(x)\Delta v$$

将其代入极限：

$$\lim_{\Delta x \to 0} \frac{\Delta(uv)}{\Delta x} = \lim_{\Delta x \to 0} \frac{(\Delta u)v(x + \Delta x) + u(x)\Delta v}{\Delta x}$$
$$= \lim_{\Delta x \to 0} \frac{\Delta u}{\Delta x}v(x + \Delta x) + \lim_{\Delta x \to 0} \frac{\Delta v}{\Delta x}u(x)$$
$$= u' \lim_{\Delta x \to 0} v(x + \Delta x) + v'u(x)$$
$$= u'v(x) + v'u(x)$$

可以看到乘法法则仍然是由导数的定义推导而来的。乘法法则还可以扩展到常数与函数相乘：

$$(Cv)' = C'v + Cv' = Cv'$$

乘法法则也适用于 3 个以上的函数求导：

$$(uvw)' = (uv)'w + (uv)w' = u'vw + uv'w + uvw'$$

除法的求导法则要复杂一些：

$$\left(\frac{u}{v}\right)' = \lim_{\Delta x \to 0} \frac{\Delta\left(\frac{u}{v}\right)}{\Delta x}$$

$$\Delta\left(\frac{u}{v}\right) = \frac{u + \Delta u}{v + \Delta v} - \frac{u}{v} = \frac{uv + v\Delta u - uv - u\Delta v}{(v + \Delta v)v} = \frac{(\Delta u)v - u(\Delta v)}{(v + \Delta v)v}$$

$$\lim_{\Delta x \to 0} \frac{\Delta\left(\frac{u}{v}\right)}{\Delta x} = \lim_{\Delta x \to 0} \frac{\frac{\Delta u}{\Delta x}v - u\frac{\Delta v}{\Delta x}}{(v + \Delta v)v} = \lim_{\Delta x \to 0} \frac{u'v - uv'}{(v + \Delta v)v} = \frac{u'v - uv'}{v^2}$$

示例 4-1 $\sec' x = ?$

三角函数中的 $\sec x$ 很招人烦，第 1 步最好是把它变成熟悉 $\cos x$ 的形式，这样就可以使用除法法则：

$$\sec' x = \left(\frac{1}{\cos x}\right)' = \frac{1' \cos x - 1 \cos' x}{\cos^2 x} = \frac{\sin x}{\cos^2 x} = \frac{1}{\cos x}\tan x = \sec x \tan x$$

4.2.3　链式求导法则

链式求导法则也称复合函数求导法则，如同它的名字一样，把复合函数看作一条锁链，对锁链直接求导相当麻烦，必须将其拆解，各个击破。链式求导法则是这样描述的，若 $u = u(x)$ 在 x 点可导，$y = f(u)$ 在 u 点可导，则 $y = f\big(u(x)\big)$ 在 x 点可导，其导数是：

$$\frac{\mathrm{d}y}{\mathrm{d}x} = \frac{\mathrm{d}y}{\mathrm{d}u}\frac{\mathrm{d}u}{\mathrm{d}x}$$

对于链式法则，$\dfrac{\mathrm{d}y}{\mathrm{d}x}$ 比 y' 更便于理解，等式右侧可以看作简单的相乘，分母 $\mathrm{d}u$ 和分子 $\mathrm{d}u$ 将互相抵消。实例比文字更好理解，下面使用几个例子来说明如何使用链式法则。

示例 4-2　链式法则示例 1

$$y = \sin^{10} x, \quad \frac{\mathrm{d}y}{\mathrm{d}x} = ?$$

这是一个典型的复合函数求导，内部函数是 $u = \sin x$，外部函数是 $y = u^{10}$，根据链式法则：

$$\frac{\mathrm{d}y}{\mathrm{d}x} = \frac{\mathrm{d}y}{\mathrm{d}u}\frac{\mathrm{d}u}{\mathrm{d}x} = \frac{\mathrm{d}u^{10}}{\mathrm{d}u}\frac{\mathrm{d}\sin x}{\mathrm{d}x} = 10u^9 \cos x$$

最后别忘了把 u 替换回来：

$$10u^9 \cos x = 10(\sin x)^9 \cos x$$

$$\frac{\mathrm{d}y}{\mathrm{d}x} = 10(\sin x)^9 \cos x$$

示例 4-3　链式法则示例 2

$$y = \sin 10x, \quad \frac{\mathrm{d}y}{\mathrm{d}x} = ?$$

看起来和示例 4-2 差不多，这次内部函数是 $u = 10x$，外部函数是 $y = \sin u$，根据链式求导法则：

$$\frac{\mathrm{d}y}{\mathrm{d}x} = \frac{\mathrm{d}y}{\mathrm{d}u}\frac{\mathrm{d}u}{\mathrm{d}x} = (\sin u)'(10x)' = 10 \cos u = 10 \cos 10x$$

示例 4-4　链式法则示例 3

$$u = u(x), \quad v = v(x), \quad \left(\frac{u}{v}\right)' = ?$$

这是除法求导法则，它也可以根据链式法则推导：

$$\left(\frac{u}{v}\right)' = (uv^{-1})' = u'v^{-1} + uv^{-1'} = u'v^{-1} - uv^{-2}v' = \frac{u'}{v} - \frac{uv'}{v^2} = \frac{u'v - uv'}{v^2}$$

注：$v^{-1'}$ 的结果是 $v^{-2}v'$，而不是简单地等于 v^{-2}，这是因为 v 本身也是一个函数，可以把 v^{-1} 看作一个新的复合函数，对其求导需要使用链式法则 $\dfrac{\mathrm{d}v^{-1}}{\mathrm{d}x} = \dfrac{\mathrm{d}v^{-1}}{\mathrm{d}v} \dfrac{\mathrm{d}v}{\mathrm{d}x} = v^{-2}v$。

链式法则很简单，它将数学中化繁为简的思想体现得淋漓尽致。

4.2.4 隐函数微分法

我们知道函数是从自变量到因变量的映射，熟知的形式是 $y = f(x)$，但是凡事总有特例，有一类函数的因变量比较害羞，它遮起面纱，悄悄地躲在映射关系中，变成 $F(x, y) = 0$ 的形式，这类函数被称为隐函数。下面就是一个隐函数的例子。

$$e^y + x^2 - \frac{x}{3} + \sqrt{2} = 0$$

由于形式复杂，y 不容易用含有 x 的式子表示，即不易表示为 $y = f(x)$，但对于 x 的每一个取值，y 都有唯一确定的值与它对应，这样的关系隐含在上面的方程中。

隐函数如何求导呢？下面来看两个例子。

示例 4-5　隐函数求导示例 1

$$x^2 + y^2 = 1, \quad y > 0, \quad \frac{\mathrm{d}y}{\mathrm{d}x} = ?$$

隐函数保持不变，对等式两侧同时对 x 求导：

$$(x^2)' + (y^2)' = 1'$$

$$2x + 2yy' = 0$$

$$y' = \frac{-x}{y} = \frac{-x}{\sqrt{1 - x^2}}$$

这种方法就叫作隐函数微分法。

注：y^2 对 x 的求导，我们的目的是需要求出 $\dfrac{\mathrm{d}(y)^2}{\mathrm{d}x}$，实际上是对它

使用了链式法则：$\dfrac{d}{dx}y^2 = \dfrac{d}{dy}y^2\dfrac{dy}{dx} = 2y\dfrac{dy}{dx} = 2yy'$。

这个例子也可以直接使用链式法则求解：

$$\text{let}\quad u = 1 - x^2$$

$$y = \sqrt{1 - x^2} = \sqrt{u} = u^{\frac{1}{2}}$$

$$\frac{dy}{dx} = \frac{dy}{du}\frac{du}{dx} = \frac{d}{du}u^{\frac{1}{2}}\frac{d}{dx}(1 - x^2) = \frac{1}{2}u^{-\frac{1}{2}}(-2x) = -xu^{\frac{1}{2}} = \frac{-x}{\sqrt{1 - x^2}}$$

示例 4-6　隐函数求导示例 2

$$y^5 + 2xy^2 - 4 = 0, \quad \frac{dy}{dx} = ?$$

用显式求导方法将非常麻烦，幸而有隐函数微分法。等式两侧同时对 x 求导：

$$(y^5)' + (2xy^2)' - 4' = 0'$$

$$5y^4y' + \underbrace{[(2x)'y^2 + 2x(y^2)']}_{\text{乘法法则}} - 0 = 0$$

$$5y^4y' + 2y^2 + 4xyy' = 0$$

$$\Rightarrow y' = \frac{-2y^2}{5y^4 + 4xy} = -\frac{-2y}{5y^3 + 4x}$$

这就是最终结果了，仍然是隐函数，但似乎没有必要再把 y 用 x 替换。当需要求解原函数在某一点 (x_0, y_0) 的导数 y' 时，只需要将 (x_0, y_0) 代入即可；如果只给出 x_0，也可以用简单的代入法通过原函数求出对应的 y_0，再代入隐示结果。

4.2.5　反函数求导

反函数初中就学过，就是反着来的函数。正函数用 x 表示 y，反函数用 y 表示 x，$f(x)$ 的反函数记作 $f^{-1}(x)$。$y = 2x - 1$ 的反函数是 $x = 0.5y + 0.5$，通常将反函数的 x 和 y 互换，变成 $y = 0.5x + 0.5$。只要我们知道原函数的导数，就可以用隐函数微分法对反函数求导。

示例 4-7　反函数求导示例 1

$$y = \sin^{-1} x, \quad y' = ?$$

本例很明显是反函数了，$y = \sin^{-1} x$ 等价于 $\sin y = x$，使用隐函数微分法，将 $\sin y = x$ 等式两侧同时对 x 求导：

$$\frac{\mathrm{d}}{\mathrm{d}y} \sin y \frac{\mathrm{d}y}{\mathrm{d}x} = \frac{\mathrm{d}}{\mathrm{d}x} x$$

$$\cos y \frac{\mathrm{d}y}{\mathrm{d}x} = 1$$

$$\frac{\mathrm{d}y}{\mathrm{d}x} = \frac{1}{\cos y} = \sec y \tag{4.1}$$

可以认为到此结束了，这就是所求的导数，但是我们希望更进一步，在关于 x 的导数中只看到 x 的身影。一个很自然的办法是直接通过原函数将 y 替换为 x，但是这样将变成 $\sec \sin^{-1} x$。这是个令人崩溃的结果，正割和反正弦嵌套在一起，想要进一步化简将极为烦琐，还不如直接使用 $\sec y$。为了简化这个问题，我们回归到三角函数的几何意义，如图 4.6 所示。

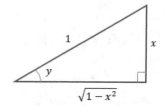

图 4.6 $\sin y = x$ 的几何意义

以 y 为夹角，直角三角形的斜边是 1，y 正对的直角边是 x，$\sin y$ 等于直角边比斜边，即 $\sin y = x/1 = x$。由此可以通过几何意义将 $\cos y$ 转换成 x 的函数，它相当于另一条直角边比斜边：

$$\cos y = \frac{\sqrt{1 - x^2}}{1}$$

将上式代入公式（4.1）：

$$\frac{\mathrm{d}y}{\mathrm{d}x} = \frac{1}{\cos y} = \frac{1}{\sqrt{1 - x^2}}$$

这才是真正的最终结果。

示例 4-8　反函数求导示例 2

$$y = \tan^{-1} x, \quad \frac{\mathrm{d}y}{\mathrm{d}x} = ?$$

可以先看一下函数的图像，定义域是 $-2/\pi < x < 2/\pi$，值域是 $-\infty < x < \infty$，原函数是 $\tan y = x$。$\tan x$ 与 $\tan^{-1} x$ 的图像如图 4.7 所示。

使用隐函数微分法对 $\tan y = x$ 求导：

$$\frac{\mathrm{d}}{\mathrm{d}y} \tan y \frac{\mathrm{d}y}{\mathrm{d}x} = \frac{\mathrm{d}}{\mathrm{d}x} x$$

$$\frac{\mathrm{d}}{\mathrm{d}y}\left(\frac{\sin y}{\cos y}\right)\frac{\mathrm{d}y}{\mathrm{d}x} = 1$$

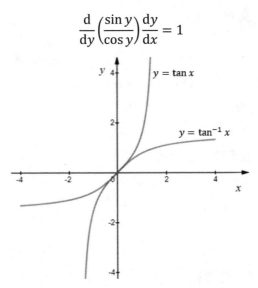

图 4.7 $y = \tan x$ 及其反函数

根据除法法则：

$$\left(\frac{\sin y}{\cos y}\right)' = \frac{(\sin y)'(\cos y) - (\sin y)(\cos y)'}{\cos^2 y} = \frac{\cos^2 y + \sin^2 y}{\cos^2 y} = \frac{1}{\cos^2 y}$$

$$\frac{\mathrm{d}}{\mathrm{d}y}\left(\frac{\sin y}{\cos y}\right)\frac{\mathrm{d}y}{\mathrm{d}x} = \frac{1}{\cos^2 y}\frac{\mathrm{d}y}{\mathrm{d}x} = 1$$

$$\frac{\mathrm{d}y}{\mathrm{d}x} = \cos^2 y$$

和示例 4-7 的方法类似，利用三角形的几何意义将 $\dfrac{\mathrm{d}y}{\mathrm{d}x}$ 用 x 的函数替换，只是根据条件不同，三角形的边长要稍加改变。根据 $\tan y = x$ 将直角三角形中的两个直角边分别设为 x 和 1，如图 4.8 所示。

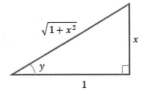

图 4.8 $\tan y = x$ 的几何意义

由此可以计算 $\cos y$：

$$\cos y = \frac{1}{\sqrt{1 + x^2}}$$

$$\frac{\mathrm{d}y}{\mathrm{d}x} = \cos^2 y = \frac{1}{1 + x^2}$$

4.2.6　指数函数的导数

指数函数 $f(x) = a^x$ 的求导过程比较复杂，这里我们直接给出公式：

$$(a^x)' = a^x \ln a，a \in \boldsymbol{R}$$

对于以自然对数为底的指数函数来说：

$$(e^x)' = e^x \ln e = e^x$$

示例 4-9　指数函数求导示例

$$y = 10^x，\frac{dy}{dx} = ?$$

直接利用公式：

$$(10^x)' = 10^x \ln 10$$

4.2.7　对数函数的导数

对于函数 $y = \ln x$，其反函数是 $e^y = x$，根据隐函数微分法，将等式两侧同时求导：

$$\frac{de^y}{dy}\frac{dy}{dx} = \frac{dx}{dx}$$

$$e^y \frac{dy}{dx} = 1$$

$$\frac{dy}{dx} = \frac{1}{e^y} = \frac{1}{x}$$

$(\ln x)' = 1/x$，这个结论可以当作对数函数的求导公式使用。

示例 4-10　对数函数求导示例

$$y = \ln a^x，\frac{dy}{dx} = ?$$

这里将指数和对数混合到一起，需要使用链式法则：

$$\text{let}\quad u = a^x$$

$$(\ln a^x)' = \frac{d}{du}\ln u \quad \frac{du}{dx} = \frac{1}{u}\frac{da^x}{dx} = \frac{1}{a^x}a^x \ln a = \ln a$$

4.2.8　对数微分法

先看自然对数的求导公式，如果 $u = u(x)$：

$$(\ln u)' = \frac{u'}{u}$$

利用该公式求导的方法称为对数微分法。现在有这样一个函数：

$$y = x^x$$

如何求导呢？这稍微复杂点，因为底数和指数都是 x，所以不能直接用指数函数求导公式，此时需要使用对数做一次转换，等式两边同时取对数：

$$\ln y = \ln x^x = x \ln x$$

根据隐函数微分法，等式左右两边同时对 x 求导：

$$(\ln y)' = (x \ln x)'$$

根据对数求导公式：

$$(\ln y)' = \frac{y'}{y}$$

根据乘法法则：

$$(x \ln x)' = x' \ln x + x(\ln x)' = \ln x + x\frac{1}{x} = \ln x + 1$$

联合二者：

$$\frac{y'}{y} = \ln x + 1$$

$$y' = y(\ln x + 1) = x^x(\ln x + 1)$$

这就是最终结果了。

示例 4-11　对数微分法示例 1

$$y = x^n, \quad \frac{\mathrm{d}y}{\mathrm{d}x} = ?$$

等式两侧同时取对数：

$$\ln y = \ln x^n = n \ln x$$

$$(\ln y)' = (n \ln x)'$$

$$\frac{y'}{y} = \frac{n}{x}$$

$$y' = \frac{ny}{x} = \frac{nx^n}{x} = nx^{n-1}$$

对于本例来说，也许直接使用指数函数的求导公式是更好的选择。

$$(x^n)' = nx^{n-1}$$

示例 4-12　对数微分法示例 2

$$y = \ln \sec x, \quad \frac{\mathrm{d}y}{\mathrm{d}x} = ?$$

$$(\ln \sec x)' = \frac{(\sec x)'}{\sec x} = \frac{\sec x \tan x}{\sec x} = \tan x.$$

注：$\sec x$ 的求导参考示例 4-1。

4.3　高阶导数

高阶导数就是导数的导数，求导几次就是几阶。

二阶导数表示为 f''；三阶导数是 f'''；四阶开始不能再用撇号表示了，需要使用上标 $f^{(4)}$。

注：在机器学习中，上标也用来表示数据集中训练样本的序号，如 $x^{(4)}$ 表示第 4 组训练样本。在第 2 章中上标又表示矩阵的行号。数学中的符号经常会被重用，在不同上下文中有不同的含义，没办法，较为简单的符号就那么几种，大家都想用。

高阶导数另有不同的表示法，以三阶导数为例。

$$f''' = \left(\frac{\mathrm{d}}{\mathrm{d}x} \right)^3 f = \frac{\mathrm{d}^3 f}{(\mathrm{d}x)^3} = \mathrm{D}^3 f$$

看起来越来越乱了，算是历史遗留问题吧。

在几何意义上，一阶导数是切线的斜率；二阶导数是斜率的变化率；三阶导数是斜率的变化率的变化率……阶数越高，刻画的变化越精细。

高阶导数在物理意义上有些复杂，需要用时间、距离、速度来说明。位移相对于时间的一阶导数是速度，二阶导数是加速度，这两个容易理解。三阶导数是加速度的变化率，叫急动度。汽车工程师用急动度作为评判乘客舒适程度的指标，按照这一指标，具有恒定加速度和零急动度的时候人体感觉最舒适；当汽车急刹车或急加速时，汽车的加速度会产生剧烈变化，此时乘客最容易晕车。四阶导数叫痉挛度，从这开始已经超出了正常人类的理解范围……还是以数学为准，别去理会高阶导数的物理意义。

以幂函数为例，看看 $f(x) = x^n$ 的高阶导数。

$$\mathrm{D}^1 f = n x^{n-1}$$

$$\mathrm{D}^2 f = (\mathrm{D}^1 f)' = n(n-1) x^{n-2}$$

$$D^3 f = (D^2 f)' = n(n-1)(n-2)x^{n-3}$$

$$\vdots$$

$$D^{n-1} f = (D^{n-2} f)' = n(n-1)(n-2)\cdots\big(n-(n-2)\big)x^{n-(n-1)} = n!\,x$$

$$D^n f = (D^{n-1} f)' = (n!\,x)' = n!$$

$$D^{n+1} f = (D^n f)' = (n!)' = 0$$

很有意思的结果，似乎反映了自然法则——超过极致将被归零。

4.4　相关代码

求导需要借助 SymPy，SymPy 是一个用于符号型数学计算（Symbolic Mathematics）的 Python 库。它旨在成为一个功能齐全的计算机代数系统（Computer Algebra System，CAS），同时保持代码简洁、易于理解和扩展。

我们以示例 4-8 和示例 4-12 为例，展示如何使用 SymPy 对 $y = \tan^{-1} x$ 和 $y = \ln \sec x$ 求导。

```
01    import numpy as np
02    import sympy as sp
03
04    # 定义变量 x, 表示对 x 求导
05    x = sp.symbols('x', real=True)
06    # y = arctan x
07    y = sp.atan(x)
08    # 对 y = arctan x 求导
09    derivative = sp.diff(y, x)
10    print('(arctanx)\' = {}'.format(derivative))
11
12    # y = ln sec x
13    y = sp.ln(sp.sec(x))
14    # 对 y = ln sec x 求导
15    derivative = sp.diff(y, x)
16    print('(ln secx)\' = {}'.format(derivative))
```

运行结果如图 4.9 所示，与示例中的结果吻合。

SymPy 也能够计算高阶导数，下面的代码是计算 4.3 节中 $y = x^n$ 的高阶导数。

```
(arctanx)' = 1/(x**2 + 1)
(ln secx)' = tan(x)
```

图 4.9　SymPy 运算结果

```
01    import sympy as sp
02    # 定义变量 x，表示对 x 求导
03    x = sp.symbols('x')
04    # y = x ^ 10
05    y = x ** 10
06
07    for n in range(1, 12):
08        # 计算 n 阶导数
09        D = sp.diff(y, x, n)
10        print('D%d = %s' % (n, D))
```

运行结果如图 4.10 所示。

图 4.10　SymPy 计算高阶导数的结果

4.5　总结

1. 导数的物理意义变化率，几何意义是切线的斜率，$f(x)$ 在 x_0 处的导数公式：

$$\lim_{\Delta x \to 0} \frac{f(x_0 + \Delta x) - f(x_0)}{\Delta x}$$

2. 常用求导公式：

$$C' = 0, \ C \in \boldsymbol{R}$$

$$(nx)' = n, \ n \in \boldsymbol{R}$$

$$(x^n)' = nx^{n-1}, \ n \in \boldsymbol{R}$$

$$(\sin x)' = \cos x, \ \cos x = -\sin x$$

3. 和、差、积、商求导法则：

➘ $(u \pm v)' = u' \pm v'$

➘ $(uv)' = u'v + uv'$

➘ $\left(\dfrac{u}{v}\right)' = \dfrac{(u'v - uv')}{v^2}$

4. 链式求导法则：

$$\frac{\mathrm{d}y}{\mathrm{d}x} = \frac{\mathrm{d}y}{\mathrm{d}u}\frac{\mathrm{d}u}{\mathrm{d}x}$$

5. 隐函数微分法和反函数求导，只要知道原函数的导数，就可以用隐函数微分法对反函数求导。

6. 指数函数的导数：

$$(a^x)' = a^x \ln a，\ a \in \mathbf{R}$$

7. 对数微分法：

$$(\ln u)' = \frac{u'}{u}$$

8. 导数的导数是二阶导数，此外，还包括三阶、四阶及更高阶的导数。

9. 使用 SymPy 求导。

第 5 章　微分与积分

　　我小时候就听过"微积分"这个词,虽然那时候并不知道"微积分"和一只澳大利亚袋鼠之间有什么区别。

　　大学后我才知道,原来微积分(Calculus)是微分学(Differentiation)和积分学(Integration)的总称。牛顿和莱布尼茨在同一历史时期各自独立创立了微积分,据说哥俩还为版权的事掐过架。

　　微积分可谓是高等数学的基石,它的创立极大地推动了数学的发展,过去很多用初等数学无法解决的问题,运用微积分往往迎刃而解,让人充分感受到数学的精妙和神奇。

　　微积分太重要并且太有用了。恩格斯甚至说:"在一切理论成就中,未必再有什么像17世纪下半叶微积分的发现那样被看作人类精神的最高胜利了。如果在某个地方我们看到了人类精神的纯粹的和唯一的功绩,那正是在这里。"无论是 18 世纪的工业革命,还是今天的宇宙飞船,都得益于微积分的发展。在微积分的帮助下,人们解决了一个又一个难题。可以毫不夸张地说,微积分的创立是近代科学的开端。

　　重要不等于复杂,有了极限和导数的铺垫后,我们终于可以接近微积分,了解这个关于"分"与"合"的传奇。

5.1　微分

　　微分思想是"散塔为沙",它来源于极限,是把某个物体分成无数小份,它分得太小了,以至于每一份都无限趋近于零。

　　在数学表达上,微分和导数很相似,如果对于函数 $y = f(x)$,存在

$\mathrm{d}y = f'(x)\mathrm{d}x$，称 $\mathrm{d}y$ 是 y 的微分或 $f(x)$ 的微分，这实际上就是莱布尼茨对于导数的记法：

$$f'(x) = \frac{\mathrm{d}y}{\mathrm{d}x} \Rightarrow \mathrm{d}y = f'(x)\mathrm{d}x$$

从上式可以看出，求一个函数的微分就是求这个函数的导数。

重新审视导数的含义，其原始公式：

$$\frac{\mathrm{d}y}{\mathrm{d}x} = \lim_{\Delta x \to 0} \frac{\Delta y}{\Delta x} = \lim_{\Delta x \to 0} \frac{f(x_0 + \Delta x) - f(x_0)}{\Delta x}$$

导数表示的是两个无穷小量的比，$\mathrm{d}x$ 和 $\mathrm{d}y$ 就是这两个无穷小量，如图 5.1 所示。

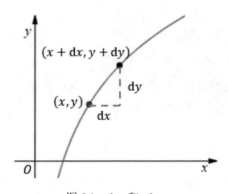

图 5.1　$\mathrm{d}x$ 和 $\mathrm{d}y$

过去我们把 $\mathrm{d}x$ 和 $\mathrm{d}y$ 叫作 Δx 和 Δy，实际上 d 和 Δ 并不是一回事。Δx 是一个实实在在的数量，是一个很小的数值，可以根据需要确定什么才算最小；$\mathrm{d}x$ 是一个概念，是 $\Delta x \to 0$ 的函数表达式，是微分符号。我们以生物进化图来说明 Δx 和 $\mathrm{d}x$ 的区别，如图 5.2 所示。

生物进化需要漫长的岁月，科学家们通常以百万年为时间单位计算地质年代。与生物的进化相比，区区百年寿命的人生实在不算个事，所以我们可以将 Δx 定为 100 年，然而对于微分 $\mathrm{d}x$ 来说，100 年就太长了，甚至 1 秒都太长，只有趋近于 0 的时间才是 $\mathrm{d}x$。虽然 $\mathrm{d}x$ 趋近于 0，但它是极限，并不等同于 0，无数个 $\mathrm{d}x$ 加在一起仍会形成漫长的地质年代。

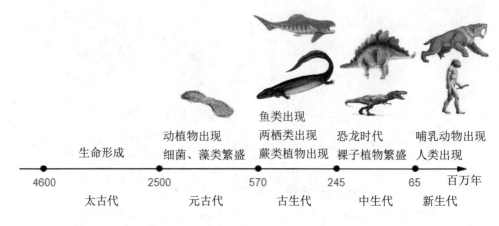

图 5.2 以百万年为单位的生物进化

5.2 微分的应用

微分来源于实践,通常很有趣,很多问题在使用微分求解时能够直指目标。下面通过几个实际例子理解如何利用微分求解问题的答案。

5.2.1 汽车测速

某路段的限速为 100km/h,交警手持测速设备在距公路垂直距离为 30m 的地方对过往车辆测速。一辆汽车在该公路上行驶,测速设备探得该汽车正在距离交警 50m 处以 80km/h 的速度接近交警,该车是否正在超速行驶?

注: 由于交警站在公路之外 30m 处,所以汽车的时速一定大于 80km/h。

我们可以根据这个问题建立如图 5.3 所示的模型。

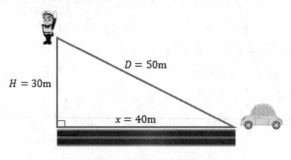

图 5.3 汽车测速模型

直角三角形的三边都是已知的。一个隐藏的因素是时间 t，随着时间的推移，D 和 x 都将发生变化。汽车对于交警的速度相当于距离 D 对于时间 t 的变化率，也就是 D 关于 t 的导数，$\mathrm{d}D/\mathrm{d}t = 80$。汽车在公路上的瞬时速度相当于 x 对 t 的导数，只要求得 $\mathrm{d}x/\mathrm{d}t$ 就能得知汽车是否超速行驶。

在直角三角形中，我们可以根据勾股定理建立一个约束方程：

$$D^2 = H^2 + x^2$$

两侧同时求导：

$$2D\frac{\mathrm{d}D}{\mathrm{d}t} = 2x\frac{\mathrm{d}x}{\mathrm{d}t}$$

$$2 \times 50 \times 80 = 2 \times 40\frac{\mathrm{d}x}{\mathrm{d}t}$$

$$\frac{\mathrm{d}x}{\mathrm{d}t} = 100$$

汽车行驶的速度是 100km/h，并未超速。

5.2.2　水平面上升速度

如图 5.4 所示，圆锥体的底面半径为 4m，高为 10m，以 2m³/s 的速度向圆锥体注水，在高 5m 处，水平面上升的速度是多少？

首先将题目进行一次转换，将水深 5m 的图形画出来。画图时再次使用圆锥体已经没有多大意义，只需要圆锥的纵截面即可。由此，可以把图形转换为直角三角形，如图 5.5 所示。

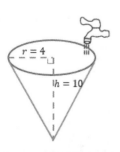

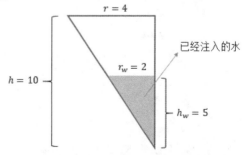

图 5.4　向圆锥体中注水　　　　图 5.5　圆锥体的截面

一个已知条件是注水速度，这相当于水量对于时间的导数 $dV/dt = 2$。要求解的是在 $h_w = 5$ 时水平面上升的速度，也就是水面高度对于时间的导数 dh_w/dt。可以利用圆锥体的体积公式建立约束方程：

$$V_w = \frac{h_w \pi r_w{}^2}{3}$$

随着水面的上升，V_w、h_w、r_w 都将发生改变，为了计算 dh_w/dt，需要将变量 r_w 用 h_w 表示，这可以由三角形的相似性得出：

$$\frac{h}{h_w} = \frac{r}{r_w} \Rightarrow r_w = \frac{r h_w}{h} = \frac{4 h_w}{10} = \frac{2 h_w}{5}$$

现在约束方程的右侧只含有 h_w 了：

$$V_w = \frac{h_w \pi r_w{}^2}{3} = \frac{h_w \pi}{3}\left(\frac{2 h_w}{5}\right)^2 = \frac{1}{3}\left(\frac{2}{5}\right)^2 \pi h_w{}^3$$

V_w 和 h_w 都与时间有关，等式两侧同时对 dt 求导：

$$\frac{dV_w}{dt} = \frac{1}{3}\left(\frac{2}{5}\right)^2 \pi \times 3 h_w{}^2 \frac{dh_w}{dt}$$

由于计算的是在某一高度处水面上升的速度，也就是瞬时速度，所以需要将具体的数值代入 h_w，这里 $h_w = 5$。

$$\frac{dV_w}{dt} = \frac{1}{3}\left(\frac{2}{5}\right)^2 \pi \times 3 h_w{}^2 \frac{dh_w}{dt} = \frac{1}{3}\left(\frac{2}{5}\right)^2 \pi \times 3 \times 5^2 \frac{dh_w}{dt} = 2^2 \pi \frac{dh_w}{dt}$$

已知注水速度是 $2\text{m}^3/\text{s}$，即 $dV_w/dt = 2$，因此：

$$\frac{dV_w}{dt} = 2^2 \pi \frac{dh_w}{dt} = 2 \Rightarrow \frac{dh_w}{dt} = \frac{1}{2\pi}$$

答案是 $\frac{1}{2\pi}\text{m/s}$。

5.2.3 悬挂模型

有一根固定长度的绳子，绳上穿有一个可移动的重物。如果把绳子两端固定，重物将自然下垂，它的下落点是什么？

题目中有两个隐含的常量，绳长和两个固定点的位置。还记得椭圆的画法吧？两个钉子钉在木板上作为椭圆的两个焦点，然后把绳子两端的绳圈套在两个钉子上，用笔卡住绳子，绕两个钉子画圈，画好后就是漂亮的椭圆。

当绳子两端都在水平面上时，可以得到如图 5.6 所示的几何模型。

A、B 两个固定点是椭圆的焦点，C 是重物的落点，$AC + BC$ 是绳长，$\triangle ABC$ 是等腰三角形，这样很容易知道 C 的位置。然而实际问题往往不会这么简单，A、B 通常不在水平面上，这样我们将得到一个倾斜的椭圆，重物的落点也将随之变化，如图 5.7 所示。

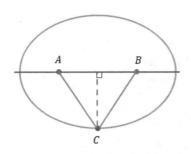
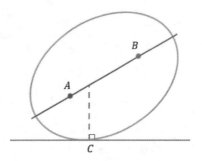

图 5.6　悬挂问题的几何模型　　　图 5.7　倾斜椭圆上的重物落点

这下有点难度了。如果我们把椭圆想象成一个扁平的密闭容器，那么无论怎样倾斜这个椭圆，容器内的小钢珠都将滑落到椭圆的最低点 C，这也是椭圆上切线斜率为 0 的点。现在设 C 点的坐标为 (x, y)，约束公式是椭圆曲线的公式，我们可以使用隐函数微分法计算 C 的位置。

思路似乎没有问题，但实际操作时会发现，由于椭圆是倾斜的，我们不得不引入一些其他变量建立椭圆方程，这使得该方法异常烦琐，以至于一开始就想要放弃。

看起来必须另辟他径，想办法把约束公式转换为更简单的模型。我们需要引几条辅助线，形成两个直角三角形，如图 5.8 所示。

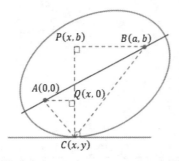

图 5.8　辅助线构成的两个直角三角形 $\triangle AQC$ 和 $\triangle BPC$

设 A 点的坐标为 $(0,0)$，B 点的坐标为 (a,b)，C 点的坐标为 (x,y)，由此可知 $P(x,b)$ 和 $Q(x,0)$，进而求得两个三角形的几条边。

$$QA = x, \quad QC = -y, \quad PC = b - y, \quad PB = a - x$$

$$AC = \sqrt{QA^2 + QC^2} = \sqrt{x^2 + (-y)^2}, \quad BC = \sqrt{PC^2 + PB^2}$$
$$= \sqrt{(b-y)^2 + (a-x)^2}$$

设绳长为 L，有下面的约束公式：

$$L = AC + BC = \sqrt{x^2 + y^2} + \sqrt{(b-y)^2 + (a-x)^2}$$

可以使用隐函数微分法了，等式两侧同时求导：

$$L' = \left(\sqrt{x^2 + y^2}\right)' + \left(\sqrt{(b-y)^2 + (a-x)^2}\right)' = 0$$

$$\underbrace{\left(\sqrt{x^2 + y^2}\right)'}_{①} = -\underbrace{\left(\sqrt{(b-y)^2 + (a-x)^2}\right)'}_{②}$$

注：L' 等于 0 是因为绳长 L 是一个定值。

接下来就是求导的问题了。对于①，设 $u = x^2 + y^2$，根据链式法则对 $\mathrm{d}x$ 求导：

$$\left(\sqrt{x^2 + y^2}\right)' = \left(\sqrt{u}\right)'(x^2 + y^2)' = \frac{1}{2\sqrt{u}}(2x + 2yy') = \frac{x + yy'}{\sqrt{x^2 + y^2}}$$

对于②，设 $v = (a-x)^2 + (b-y)^2$，根据链式法则对 $\mathrm{d}x$ 求导：

$$-\left(\sqrt{(a-x)^2 + (b-y)^2}\right)' = \left(-\sqrt{v}\right)'((a-x)^2 + (b-y)^2)'$$
$$= \left(-\sqrt{v}\right)'((a-x)^{2'} + (b-y)^{2'})$$
$$= \frac{-1}{2\sqrt{v}}(-2(a-x) - 2(b-y)y')$$
$$= \frac{(a-x) + (b-y)y}{2\sqrt{v}}$$
$$= \frac{(a-x) + (b-y)y'}{\sqrt{(a-x)^2 + (b-y)^2}}$$

已经求得了①和②，二者相等：

$$\frac{x + yy'}{\sqrt{x^2 + y^2}} = \frac{(a-x) + (b-y)y'}{\sqrt{(a-x)^2 + (b-y)^2}}$$

是时候将 C 点加进去了。在 C 点处，椭圆切线斜率为 0，所以 $y' = 0$，代入上式后：

$$\frac{x}{\sqrt{x^2 + y^2}} = \frac{a - x}{\sqrt{(a - x)^2 + (b - y)^2}}$$

这就是答案了，它用隐函数展示了 x、y 与 a、b 的关系，然而这太过复杂，以至于让人严重怀疑在实际应用中是否有价值。如果仔细观察这个函数，就会发现它似曾相识，似乎可以求助于几何解释。先在悬挂模型上标出两个角 α 和 β，如图 5.9 所示。

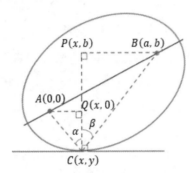

图 5.9　悬挂模型的几何意义

图 5.9 中两个三角形的所有边都可以写成 x 和 y 表达式，再结合推导出的隐函数就会发现下面的结论。

$$\frac{x}{\sqrt{x^2 + y^2}} = \frac{AQ}{AC}, \quad \frac{a - x}{\sqrt{(a - x)^2 + (b - y)^2}} = \frac{PB}{\sqrt{PB^2 + PC^2}} = \frac{PB}{BC}$$

$$\frac{AQ}{AC} = \frac{PB}{BC}$$

$$\cos \alpha = \cos \beta$$

$$\alpha = \beta$$

这就是有意义的结论了。

5.3　不定积分

如果说微分强调的是"散塔为沙"，那么积分强调的就是"聚沙成塔"。积分中的积是累积的意思，正所谓"不积跬步，无以至千里"。

积分又分为不需要计算数值的不定积分和需要计算数值的定积分。不定积分好比物理中的"光滑平面"，物体在光滑平面上移动不受摩擦力影响；定积分就是实际场景了，平面没有绝对光滑的，时刻需要注意摩擦力。

按照难易程度，先来了解"光滑平面"。

5.3.1 什么是不定积分

如果有一个关于 x 的函数 $G(x)$，$g(x)$ 是 $G(x)$ 的导数，即 $G'(x) = g(x)$，那么下面的式子称为 $g(x)\mathrm{d}x$ 的不定积分。

$$G(x) = \int g(x)\mathrm{d}x$$

$\int$ 符号是积分符号，$g(x)\mathrm{d}x$ 是 $G(x)$ 的微分，对微分的积分是原函数，所以微分和积分互为反函数。这样看来，求解不定积分的方法就是将导数逆推，来看几个例子。

示例 5-1 $\int \sin x\mathrm{d}x = ?$

求解 $\sin x\,\mathrm{d}x$ 的不定积分，实际上是找出谁的导数是 $\sin x$。按照这个思路，如果 $G(x) = -\cos x$，则 $G'(x) = \sin x$，所以：

$$\int \sin x\,\mathrm{d}x = -\cos x + C$$

其中 C 是一个任意常量，之所以叫不定积分，就是因为有了这个常量。说 $\int \sin x\,\mathrm{d}x$ 是"不定"的，是因为我们最后并没有给出一个确切的函数，而是一族函数，$-\cos x + 1, -\cos x + 2$ 都这族函数中的成员。

注：不定积分的结果一定要加上常量 C。

示例 5-2 $\int x^a\mathrm{d}x = ?$

思路仍然是找出谁的导数是 x^a：

$$\frac{\mathrm{d}x^{a+1}}{\mathrm{d}x} = (a+1)x^a$$

$$\mathrm{d}x^{a+1} = (a+1)x^a\mathrm{d}x$$

x^a 前面有一个系数，不过没关系，直接除以这个系数就好了：

$$\left(\frac{1}{a+1}\right)\frac{\mathrm{d}x^{a+1}}{\mathrm{d}x} = \frac{1}{a+1}(a+1)x^a = x^a$$

现在可以求得最终结果：

$$\int x^a \mathrm{d}x = \frac{x^{a+1}}{a+1} + C$$

示例 5-3　$\int \dfrac{\mathrm{d}x}{x} = ?$

$$\frac{\mathrm{d}}{\mathrm{d}x} \ln x = \frac{1}{x}$$

$$\int \frac{\mathrm{d}x}{x} = \ln|x| + C$$

5.3.2　不定积分的唯一性

不定积分的唯一性是不定积分成立的基础，它大概是这么说的：如果 $f'(x) = g'(x)$，则 $f(x) = g(x) + C$。唯一性很容易证明：

$$\text{let} \quad F = f(x), \ G = g(x)$$

$$\text{if} \quad F' = G', \ \text{then} \quad F' - G' = (F - G)' = 0$$

因为常数的导数是 0，所以 $F - G$ 是一个常数，即：

$$F - G = C$$

$$F = G + C$$

5.4　求解不定积分

积分和微分互为反函数，求解积分的方法之一就是尝试找到原函数的导数。虽然这种方法简单暴力，但存在很大的缺陷——回顾第 4 章的示例就知道，对稍微复杂一点的函数求导就需要使用链式法则，此时很难直接通过导数看出原函数。因此，求解积分需要寻找到一个行之有效的套路。

5.4.1　换元法

一种常用的方法是换元法，它与求导的链式法则多少有些相似，来看看它是如何操作的。

$$\int x^3 (x^4 + 2)^5 \mathrm{d}x = ?$$

这个很难一眼看出答案了，幸而有换元法：

$$\text{let}\quad u = x^4 + 2,\quad\text{then}\quad du = 4x^3 dx,\ x^3 dx = \frac{du}{4}$$

将变量 u 和 du 代入到原积分式中，这就变成了 du 的积分：

$$\int x^3(x^4+2)^5 dx = \int (x^4+2)^5 x^3 dx = \int u^5 \frac{du}{4}$$

现在变成了容易看出答案的结果：

$$\int u^5 \frac{du}{4} = \frac{u^6}{24} + C$$

因为计算的是 dx 的积分，所以最后还要将 u 换回 x：

$$\frac{u^6}{24} + C = \frac{(x^4+2)^6}{24} + C$$

这就是换元法，其重点是找出值得替换的多项式，并且这个多项式的微分能够替换积分中的剩余项。

示例 5-4　换元法示例 1

$$\int \frac{dx}{x \ln x} = ?$$

还是使用换元法，但这里有两处可以替换，$u = 1/x$ 或 $u = \ln x$。如果用 $u = 1/x$，那么 $du = 1/x^2$，这没有任何帮助；如果使用 $u = \ln x$，则 $du = dx/x$，正好能用：

$$\int \frac{dx}{x \ln x} = \int \frac{1}{\ln x} \frac{dx}{x} = \int \frac{1}{u} du = \ln u + C = \ln \ln x + C$$

示例 5-5　换元法示例 2

$$\int \frac{x dx}{\sqrt{1+x^2}} = ?$$

这个例子又有两处可以换元，即 $1 + x^2$ 或 $\sqrt{1+x^2}$。第一个冲动就是替换掉最复杂的表达式，但稍加分析就会注意到，$1 + x^2$ 的微分正好可以替换 $x dx$，因此：

$$\text{let}\quad u = 1 + x^2,\quad\text{then}\quad du = 2x dx,\ x dx = \frac{du}{2}$$

$$\int \frac{x dx}{\sqrt{1+x^2}} = \int \frac{du}{2\sqrt{u}} = \int \frac{1}{2} u^{-\frac{1}{2}} du = u^{\frac{1}{2}} + C = \sqrt{1+x^2} + C$$

5.4.2　猜想法

做过大量练习后就可以使用猜想法直接猜测不定积分的结果，也就是根据被积函数的样子推测原函数，这应该成为首先尝试的求解方法。

来猜一个试试：

$$\int e^{6x} dx = ?$$

这个比较简单，根据被积函数猜测：

$$de^{6x} = 6e^{6x} dx \Rightarrow \int e^{6x} dx = \frac{e^{6x}}{6} + C$$

注：e^{6x} 的导数不是 e^{6x}，而是 $6e^{6x}$。求导时使用了换元法，令 $u = 6x$，$\dfrac{de^{6x}}{dx} = \dfrac{de^u}{du} \dfrac{du}{dx} = 6e^u = 6e^{6x}$。

再看另外几个示例。

示例 5-6　猜想法示例 1

$$\int xe^{-x^2} dx = ?$$

猜测开始，要使用一下链式法则：

$$\frac{d}{dx} e^{-x^2} = \frac{d}{d(-x^2)} e^{-x^2} \frac{d}{dx}(-x^2) = -2xe^{-x^2}$$

$$\int xe^{-x^2} dx = \frac{-e^{-x^2}}{2} + C$$

示例 5-7　猜想法示例 2

$$\int \sin x \cos x \, dx = ?$$

这个例子有点意思，这样猜测：

$$d \sin^2 x = 2 \sin x \cos x \, dx$$

$$\int \sin x \cos x \, dx = \frac{1}{2} \sin^2 x + C$$

正弦和余弦通常可以互相转换，因此也可以得到另一种猜测：

$$d \cos^2 x = -2 \sin x \cos x \, dx$$

$$\int \sin x \cos x \, dx = -\frac{1}{2} \cos^2 x + B$$

同一个积分式得到了两个结果，是算错了吗？为了检验，使用换元法再次计算：

$$\text{let} \quad u = \sin x, \text{ then} \quad \mathrm{d}u = \cos x \, \mathrm{d}x$$

$$\int \sin x \cos x \, \mathrm{d}x = \int u \mathrm{d}u = \frac{1}{2} u^2 + C = \frac{1}{2} \sin^2 x + C$$

$$\text{let} \quad v = \cos x, \text{ then} \quad \mathrm{d}v = -\sin x \, \mathrm{d}x$$

$$\int \sin x \cos x \, \mathrm{d}x = \int -v \mathrm{d}v = -\frac{1}{2} v^2 + B = -\frac{1}{2} \cos^2 x + B$$

确实得到了两个结果，根据不定积分的唯一性，它们应该是同族函数。为了验证这一点，将两个结果相减：

$$\left(\frac{1}{2} \sin^2 x + C \right) - \left(-\frac{1}{2} \cos^2 x + B \right) = \frac{1}{2} (\sin^2 x + \cos^2 x) + C - B$$

$$= \frac{1}{2} + C - B$$

结果仍然是一个常量，说明它们是同族函数。

从这个例子可以看出，不定积分的结果可能会得到不同的函数，或者说不同函数的微分可能相同，这就是殊途同归吧。

示例 5-8　猜想法示例 3

$$\int \frac{x^8 + 2x^3 - x^{\frac{2}{3}} - 3}{x^2} \mathrm{d}x = ?$$

这个例子看起来就很难对付，实际上没那么复杂：

$$\int \frac{x^8 + 2x^3 - x^{\frac{2}{3}} - 3}{x^2} \mathrm{d}x = \int (x^6 + 2x - x^{-\frac{4}{3}} - 3x^{-2}) \, \mathrm{d}x$$

这里需要使用积分的一个性质，多项式的积分等于对该多项式中所有子式的积分之和。根据该性质，上式可以化简为：

$$\int x^6 \mathrm{d}x + \int 2x \mathrm{d}x - \int x^{-\frac{4}{3}} \mathrm{d}x - \int 3x^{-2} \mathrm{d}x = \frac{x^7}{7} + x^2 + 3x^{-\frac{1}{3}} + 3x^{-1} + C$$

5.4.3　积分表

积分的求解远比微分复杂，人们总结出一些常见函数的积分，把它们整理成一个积分表，通过查表可以快速查询积分的结果。

（1）$\int k \mathrm{d}x = kx + C$

（2）$\int x^a \mathrm{d}x = \dfrac{x^{a+1}}{a+1} + C$

（3）$\int \dfrac{1}{x} \mathrm{d}x = \ln|x| + C$

（4）$\int \dfrac{1}{1+x^2} \mathrm{d}x = \tan^{-1} x + C = \arctan x + C$

（5）$\int \dfrac{1}{1-x^2} \mathrm{d}x = \sin^{-1} x + C = \arcsin x + C$

（6）$\int \sin x \, \mathrm{d}x = -\cos x + C$

（7）$\int \cos x \, \mathrm{d}x = \sin x + C$

（8）$\int \dfrac{1}{\sin^2 x} \mathrm{d}x = \int \csc^2 x \mathrm{d}x = -\cot x + C$

（9）$\int \dfrac{1}{\cos^2 x} \mathrm{d}x = \int \sec^2 x \mathrm{d}x = -\tan x + C$

（10）$\int \sec x \tan x \, \mathrm{d}x = \sec x + C$

（11）$\int \csc x \cot x \, \mathrm{d}x = -\csc x + C$

（12）$\int \mathrm{e}^x \mathrm{d}x = \mathrm{e}^x + C$

（13）$\int a^x \mathrm{d}x = \dfrac{a^x}{\ln a} + C$

（14）$\int \mathrm{sh}x \mathrm{d}x = \mathrm{sh}x + C$

（15）$\int \mathrm{ch}x \mathrm{d}x = \mathrm{sh}x + C$

（16）$\int \tan x \mathrm{d}x = -\ln|\cos x| + C$

（17）$\int \cot x \mathrm{d}x = \ln|\sin x| + C$

（18）$\int \sec x \mathrm{d}x = \ln|\sec x + \tan x| + C$

（19）$\int \csc x \mathrm{d}x = \ln|\csc x - \cot x| + C = \ln \tan \dfrac{x}{2} + C$

（20）$\int \dfrac{1}{a^2+x^2} \mathrm{d}x = \dfrac{1}{a} \tan^{-1} \dfrac{x}{a} + C = \dfrac{1}{a} \arctan \dfrac{x}{a} + C$

（21） $\int \dfrac{1}{x^2 - a^2} \mathrm{d}x = \dfrac{1}{2a} \ln \left| \dfrac{x-a}{x+a} \right| + C$

（22） $\int \dfrac{1}{a^2 - x^2} \mathrm{d}x = \dfrac{1}{2a} \ln \left| \dfrac{a+x}{a-x} \right| + C$

（23） $\int \dfrac{1}{\sqrt{a^2 - x^2}} \mathrm{d}x = \sin^{-1} \dfrac{x}{a} + C = \arcsin \dfrac{x}{a} + C$

（24） $\int \dfrac{1}{\sqrt{x^2 + a^2}} \mathrm{d}x = \ln \left| x + \sqrt{x^2 + a^2} \right| + C$

（25） $\int \dfrac{1}{\sqrt{x^2 - a^2}} \mathrm{d}x = \ln \left| x + \sqrt{x^2 - a^2} \right| + C$

5.5　定积分

定积分就是实际应用中的"不光滑平面"了，它需要求得具体的数值。定积分是这样表示的：

$$\int_a^b f(x)\mathrm{d}x$$

比起不定积分，定积分增加了被称为"积分域"的限制，可以看作加了紧箍咒的不定积分。

5.5.1　定积分的意义

有一块形状不规则的土地，如图 5.10 所示，要如何测量它的面积呢？

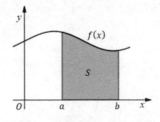

图 5.10　不规则土地的面积

这意味着我们要求解曲线下的面积，该面积从 a 开始，到 b 结束，如果知道 $f(x)$，就可以直接用定积分表示面积：

$$S = \int_a^b f(x)\mathrm{d}x$$

因此，定积分的几何意义就是曲线 $f(x)$ 和 x 轴围成的面积。这里的 b 和 a 分别称为积分的上限和下限，a、b 的区间称为积分域，是 x 的取值范围，$a \leqslant x \leqslant b$。

注：对于积分域来说，使用小于等于和小于都没什么区别，$a \leqslant x \leqslant b$ 和 $a < x < b$ 是一样的。

虽然定积分和不定积分的外观与计算方法都很相似，但意义完全不同——定积分将求得一个具体的数值，而不定积分求得的是一个函数表达式。

5.5.2 定积分是怎么来的

在讨论定积分是怎么没的之前，先要理解它是怎么来的。为什么定积分能够表示面积呢？想要解释还得拿阴影部分的面积说事。$f(x) = x^2$，$0 \leqslant x \leqslant 1$，求 $f(x)$ 和 x 轴围成的图形的面积，如图 5.11 所示。

下面分 3 步计算这个不规则图形的面积。

第 1 步：把阴影部分割成一系列等宽的矩形，如图 5.12 所示。

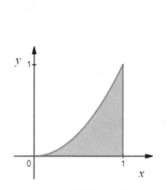

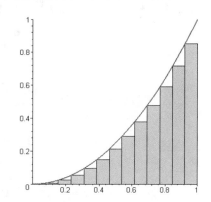

图 5.11 求阴影部分的面积   图 5.12 将面积分割为成一系列等宽的矩形

图 5.12 中的每个矩形都略小于它对应的真实图形的面积。当然，也可以让它们都长高一些，略大于它对应的真实图形的面积。

第 2 步：修正面积，也就是弥补矩形增加或减少的面积，具体的做法是让矩形变得更窄，如图 5.13 所示。

可以不断修正，矩形越窄，越接近实际面积，如图 5.14 所示。

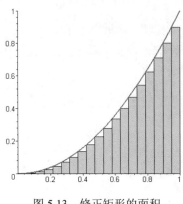 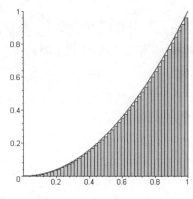

图 5.13　修正矩形的面积　　　　图 5.14　矩形变得更窄

第 3 步：累加所有的小矩形。当矩形宽度很小时，把所有矩形面积加起来就是所求的阴影部分的面积。

这种分割并累加矩形的办法就是著名的"黎曼和"——当矩形宽度趋于 0 时，就是面积的微分，所有微分累加起来便是定积分。

根据黎曼和的思路，将阴影部分等分为 n 份，每个矩形的宽是 $1/n$，第 i 个矩形的长是 $f(i/n)$，矩形的总面积是：

$$S = S_1 + S_2 + \cdots + S_n = \left(\frac{1}{n}\right)f\left(\frac{1}{n}\right) + \left(\frac{1}{n}\right)f\left(\frac{2}{n}\right) + \cdots + \left(\frac{n}{n}\right)f\left(\frac{n}{n}\right)$$

$$= \left(\frac{1}{n}\right)\left[f\left(\frac{1}{n}\right) + f\left(\frac{2}{n}\right) + \cdots + f\left(\frac{n}{n}\right)\right]$$

$$= \left(\frac{1}{n}\right)\left[\left(\frac{1}{n}\right)^2 + \left(\frac{2}{n}\right)^2 + \cdots + \left(\frac{n}{n}\right)^2\right]$$

$$= \frac{1}{n^3}(1^2 + 2^2 + 3^2 + \cdots + n^2)$$

$$= \frac{1}{n^3}\sum_{i=1}^{n} i^2$$

阴影部分的面积是 $n \to \infty$ 时的矩形面积之和。计算极限比较麻烦，需要一点技巧，还是直接使用积分吧：

$$S = \int_0^1 x^2 \mathrm{d}x = \frac{x^3}{3}\bigg|_{x=1} - \frac{x^3}{3}\bigg|_{x=0} = \frac{1}{3}$$

5.5.3　定积分第一基本定理

定积分第一基本定理可以看作是计算定积分数值的方法。如果有一个不定积分：

$$\int f(x)\mathrm{d}x = F(x) + C$$

那么 $f(x)\mathrm{d}x$ 在 $[a, b]$ 区间的定积分是：

$$\int_a^b f(x)\mathrm{d}x = F(b) - F(a) = F(x)\Big|_a^b$$

等式右侧那个新符号就是 $F(b) - F(a)$ 的意思。

5.5.4　定积分第二基本定理

定积分第二基本定理大意是说对定积分求导会得到被积函数本身。如果函数 $f(t)$ 是连续的，并且：

$$G(x) = \int_a^x f(t)\mathrm{d}t$$

那么对 $G(x)$ 求导会得到 $f(x)$：

$$G'(x) = \frac{\mathrm{d}}{\mathrm{d}x}\int_a^x f(t)\mathrm{d}t = f(x)$$

注：x 是积分上限，t 是"哑变量"。可以这样理解，作为函数 $G(x)$ 的自变量，x 这个符号已经被积分上限占用了，所以被积函数没法再使用 x，只能用其他符号代替。

这似乎令人感到困惑，并且难以置信，需要通过画图解释，如图 5.15 所示。

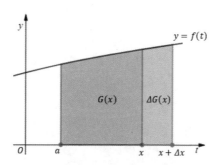

图 5.15　第二基本定理的解释

在 $t-y$ 坐标系中，曲线是 $y = f(t)$，两个阴影部分的面积分别是 $G(x)$ 和 $\Delta G(x)$，根据定积分的几何意义，$G(x)$ 是 $f(t)$ 与 t 轴围成的面积。

$$G(x) = \int_a^x f(t)\mathrm{d}t$$

当 Δx 足够小时，$\Delta G(x)$ 接近于矩形。

$$\Delta G(x) \approx \Delta x f(x + \Delta x)$$

$$f(x + \Delta x) \approx \frac{\Delta G}{\Delta x}$$

$$\text{when} \quad \Delta x \to 0, \; f(x) = \lim_{\Delta x \to 0} \frac{\Delta G}{\Delta x} = G'(x)$$

第二基本定理也可以反过来看：

$$f(x) = \frac{\mathrm{d}}{\mathrm{d}x} \int_a^x f(t)\mathrm{d}t = G'(x)$$

现在对 $f(x)$ 求积分：

$$G(x) = \int_a^x f(t)\mathrm{d}t$$

注：由于 $f(x) = G'(x)$，所以对 $f(x)$ 求积分相当于对 $G'(x)$ 求积分。

由此可见，第二基本定理同时也指出，对微分求积分将得到原函数。第二基本定理可以使很多计算变得简单，来看下面的式子。

$$\frac{\mathrm{d}}{\mathrm{d}x} \int_1^x \frac{\mathrm{d}t}{t^2} = ?$$

先使用保守法计算：

$$\int_1^x \frac{\mathrm{d}t}{t^2} = \left. \frac{-1}{t} \right|_{t=1}^{t=x} = 1 - \frac{1}{x}$$

$$\frac{\mathrm{d}}{\mathrm{d}x} \int_1^x \frac{\mathrm{d}t}{t^2} = \frac{\mathrm{d}}{\mathrm{d}x}\left(1 - \frac{1}{x}\right) = \frac{1}{x^2}$$

直接使用定积分第二基本定理：

$$\frac{\mathrm{d}}{\mathrm{d}x} \int_a^x f(t)\mathrm{d}t = f(x)$$

$$\frac{\mathrm{d}}{\mathrm{d}x}\int_1^x \frac{\mathrm{d}t}{t^2} = \frac{1}{x^2}$$

示例 5-9　定积分第二基本定理示例 1

$$\int_0^x f(t)\mathrm{d}t = x^2 \sin(\pi x) \, , \ f(2) = ?$$

原来我们只是求解积分，这次是根据定积分的值求解原函数。似乎有些麻烦，幸好有微积分第二基本定理。

$$f(x) = \frac{\mathrm{d}}{\mathrm{d}x}\int_0^x f(t)\mathrm{d}t = \frac{\mathrm{d}}{\mathrm{d}x}x^2 \sin(\pi x)$$

这就把原来复杂的求原函数问题变成了简单的求导。

$$\frac{\mathrm{d}}{\mathrm{d}x}x^2 \sin(\pi x) = (x^2)' \sin(\pi x) + x^2 \sin(\pi x)' = 2x\sin(\pi x) + x^2\pi\cos(\pi x)$$

$$f(2) = 2 \times 2\sin(2\pi) + 2^2\pi\cos(2\pi) = 4\pi$$

示例 5-10　定积分第二基本定理示例 2

$$\frac{\mathrm{d}}{\mathrm{d}x}\int_0^{x^2} \cos t \, \mathrm{d}t = ?$$

由于积分上限是 x^2，所以不符合标准的第二基本定理，求解这类问题的一般步骤是使用链式法则。先定义变量：

$$\text{let} \quad u = x^2, \ \text{then} \quad \frac{\mathrm{d}}{\mathrm{d}u}\int_0^u \cos t \, \mathrm{d}t = \cos u$$

再使用链式法则对 x 求导：

$$\frac{\mathrm{d}}{\mathrm{d}x}\int_0^{x^2} \cos t \, \mathrm{d}t = \left(\frac{\mathrm{d}}{\mathrm{d}u}\int_0^u \cos t \, \mathrm{d}t\right)\left(\frac{\mathrm{d}u}{\mathrm{d}x}\right) = \cos u \frac{\mathrm{d}u}{\mathrm{d}x} = \cos u \frac{\mathrm{d}x^2}{\mathrm{d}x}$$

$$= 2x\cos x^2$$

5.5.5　超越函数

根据微积分第二基本定理可以得出很多新函数。下面是一个例子。

$$f'(x) = \mathrm{e}^{-x^2}$$

$f'(x)$ 就是常见的正态分布函数，如图 5.16 所示。

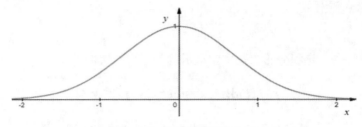

图 5.16　正态分布函数曲线

根据定积分第二基本定理，对微分求积分将得到原函数，由此可以求得 $f(x)$。

$$f(x) = \int_0^x e^{-t^2} \, \mathrm{d}t$$

上式中的 $f(x)$ 表示 $x \geq 0$ 时，曲线与 x 轴围成图形的面积，它是一个超越函数。超越函数最有趣的地方在于它不能用任何普通的代数函数表示出来——包括对数、指数、三角函数等，只有用积分才能有效地表达。$f(x)$ 的曲线图 5.17 所示。

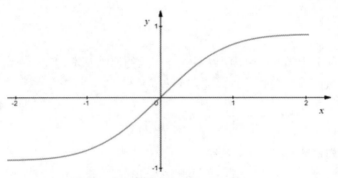

图 5.17　$f(x) = \int_0^x e^{-t^2} \, \mathrm{d}t$ 的曲线

图 5.18 是另一个更加变态的超越函数曲线。

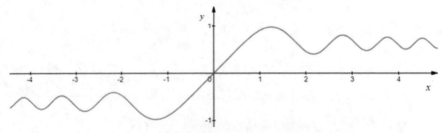

图 5.18　$f(x) = \int_0^x \cos t^2 \, \mathrm{d}t$ 的曲线

5.5.6　定积分的奇偶性

定积分作为函数，同样存在奇偶性。讨论一个积分函数的奇偶性时，考虑的是被积函数，而不是原函数。如果有一个定积分：

$$G(x) = \int_{-a}^{a} f(x)\mathrm{d}x$$

当被积函数 $f(x)$ 是偶函数时，$G(x)$ 是偶函数，关于 y 轴对称，$f(x)\mathrm{d}x$ 在 $[a, -a]$ 上的积分是其在 $[0, a]$ 上积分的两倍；当被积函数 $f(x)$ 是奇函数时，$G(x)$ 是奇函数，关于原点对称，$f(x)\mathrm{d}x$ 在 $[a, -a]$ 上的积分为 0。

5.6　求解积分的高阶套路

前一阵子，南京航空航天大学的食堂成了网红，起因是食堂贴出了一个 WIFI 密码，如图 5.19 所示。

图 5.19　南京航空航天大学食堂 WIFI 密码

看上去是诚心不让人上网！虽然我们已经知道了换元大法和依靠经验的猜想法，但是对于求解这个食堂的 WIFI 密码仍然感到力不从心，看来蹭网之前还要掌握一些求解积分的高阶套路。

5.6.1　三角替换 1（sin 和 cos）

很多人对三角函数有些发怵，它们不仅比一般函数复杂，而且公式繁多，似乎是高大上的代名词，看起来就很讨厌……但是很多时候，这些讨厌的三角函数确实能发挥奇效，使复杂的问题变得明朗起来。

最简单的三角函数就是 sin 和 cos 了，在进入正题前先要了解几个公式。

基本公式：

$$\sin^2\theta + \cos^2\theta = 1$$

$$\cos(2\theta) = \cos^2\theta - \sin^2\theta$$

$$\sin(2\theta) = 2\sin\theta\cos\theta$$

$$\cos(a+b) = \cos a\cos b - \sin a\sin b$$

半角公式：

$$\cos^2\theta = \frac{1+\cos(2\theta)}{2}$$

$$\sin^2\theta = \frac{1-\cos(2\theta)}{2}$$

在此不解释这两组公式，都是经过复杂的推导而来的。在实际工作中，可以随时查阅资料，记不住也没关系，但至少要知道有这么个东西以及它们大概的样子。

下面的公式要牢记了，它们是求解积分的"根"。

微分公式：

$$\mathrm{d}\sin x = \cos x\,\mathrm{d}x$$

$$\mathrm{d}\cos x = -\sin x\,\mathrm{d}x$$

积分公式：

$$\int \cos x\,\mathrm{d}x = \sin x + C$$

$$\int \sin x\,\mathrm{d}x = -\cos x + C$$

实际上只需要记住 $\sin x$ 和 $\cos x$ 的导数就可以了，微分公式就是求导，积分是微分的反函数。我们通过几个示例看看这些公式在求解积分的过程中能产生什么作用。

示例 5-11　三角替换示例 1-1

$$\int \sin^n x\cos x\,\mathrm{d}x = ?$$

根据微分公式：

$$\mathrm{d}\sin x = \cos x\,\mathrm{d}x$$

$$\int \sin^n x \cos x \, dx = \int \sin^n x \ d \sin x$$

一下子就清晰了，利用换元大法，原式变得很容易求解：

$$u = \sin x$$

$$\int u^n du = \frac{1}{n+1} u^{n+1} + C$$

最后别忘了将 $\sin x$ 替换回来：

$$\frac{u^{n+1}}{n+1} + C = \frac{\sin^{n+1} x}{n+1} + C$$

示例 5-12　三角替换示例 1-2

$$\int \sin^3 x \ \cos^2 x \ dx = ?$$

有微分公式可供使用，通常，平方总比立方简单，所以使用 $d \cos x = -\sin x \, dx$。

$$\int \sin^3 x \ \cos^2 x \ dx = \int \sin^3 x \ \cos^2 x \sin x \, dx = - \int \sin^2 x \ \cos^2 x \ d \cos x$$

同时存在两个三角函数，仍然无法求解，这时候三角函数的基本公式就派上用场了。

$$\int \sin^2 x \ \cos^2 x \ d \cos x = \int (1 - \cos^2 x) \cos^2 x \ d \cos x$$

$$= \int \cos^2 x - \cos^4 x \ d \cos x$$

又变得简单了：

$$\int \cos^2 x - \cos^4 x d \cos x = \int \cos^2 x d \cos x - \int \cos^4 x d \cos x$$

$$= \frac{\cos^3 x}{3} - \frac{\cos^5 x}{5} + C$$

之前把负号拿走了，最后别忘记加上：

$$\int \sin^3 x \cos^2 x dx = -\left(\frac{\cos^3 x}{3} - \frac{\cos^5 x}{5} + C \right) = \frac{\cos^5 x}{5} - \frac{\cos^3 x}{3} - C$$

$+C$ 和 $-C$ 都可以表示任意常量，二者没什么区别。

示例 5-13　三角替换示例 1-3

$$\int \cos^2 x dx = ?$$

无法直接使用微分公式，这里要换一种方法，首先要使用半角公式将平方去掉。

$$\int \cos^2 x\mathrm{d}x = \int \frac{1 + \cos 2x}{2}\mathrm{d}x = \frac{1}{2}\int \mathrm{d}x + \frac{1}{2}\int \cos 2x\,\mathrm{d}x = \frac{1}{2}x + \frac{1}{2}\int \cos 2x\,\mathrm{d}x$$

接下来比较简单了，使用猜想法就可以。

$$\frac{\mathrm{d}}{\mathrm{d}x}\sin 2x = \frac{\mathrm{d}}{\mathrm{d}2x}\sin 2x \frac{\mathrm{d}}{\mathrm{d}x}2x = 2\cos 2x$$

$$\frac{1}{2}x + \frac{1}{2}\int \cos 2x\,\mathrm{d}x = \frac{1}{2}x + \frac{1}{2}\left(\frac{1}{2}\sin 2x\right) + C = \frac{1}{2}x + \frac{1}{4}\sin 2x + C$$

示例 5-14　三角替换示例 1-4

$$\int \sin^3 x\ \sec^2 x\ \mathrm{d}x =?$$

$$\int \sin^3 x\ \sec^2 x\ \mathrm{d}x = \int (1 - \cos^2 x)\left(\frac{1}{\cos^2 x}\right)\sin x\,\mathrm{d}x$$

$$= \int \left(\frac{1}{\cos^2 x} - 1\right)\mathrm{d}(-\cos x)$$

$$= -\int \frac{1}{\cos^2 x}\mathrm{d}\cos x + \int \mathrm{d}\cos x$$

当分母是幂函数时不要怕，把它转换成指数是负数的幂函数就好了。

$$-\int \cos^{-2} x\mathrm{d}\cos x + \int \mathrm{d}\cos x = \cos^{-1} x + \sin x + C = \sec x + \sin x + C$$

示例 5-15　三角替换示例 1-5

$$\int \sin^4 \theta =?$$

$$\int \sin^4 \theta = \int \left(\frac{1 - \cos 2\theta}{2}\right)^2 \mathrm{d}\theta$$

$$= \frac{1}{4}\int 1 - 2\cos 2\theta + \cos^2 2\theta\,\mathrm{d}\theta$$

$$= \frac{1}{4}\left(\int \mathrm{d}\theta - \int 2\cos 2\theta\,\mathrm{d}\theta + \int \frac{1 + \cos 4\theta}{2}\mathrm{d}\theta\right)$$

$$= \frac{1}{4}\left(\theta - \sin 2\theta + \frac{1}{2}\theta + \frac{1}{8}\sin 4\theta\right) + C$$

$$= \frac{3}{8}\theta - \frac{1}{4}\sin 2\theta + \frac{1}{32}\sin 4\theta + C$$

5.6.2　三角替换 2（tan 和 sec）

我一直认为三角函数中只有 sin 和 cos 是友好的，其他的都是变态，但是现在为了继续向前走，不得不接触一些变态。

$$\sec\theta = \frac{1}{\cos\theta}, \quad \csc\theta = \frac{1}{\sin\theta}$$

$$\tan\theta = \frac{\sin\theta}{\cos\theta}, \quad \cot\theta = \frac{\cos\theta}{\sin\theta}$$

注：tan 和 cot 是正切和余切函数，一些资料中也写成 tg 和 ctg。

上面几个因为比较面熟，所以还能凑合地看下去，下面真正变态的来了：

$$\sec^2\theta = 1 + \tan^2\theta \tag{5.1}$$

$$\tan'\theta = \sec^2\theta, \quad \mathrm{d}\tan\theta = \sec^2\theta\mathrm{d}\theta \tag{5.2}$$

$$\sec'\theta = \sec\theta\tan\theta, \quad \mathrm{d}\sec\theta = \sec\theta\tan\theta\,\mathrm{d}\theta \tag{5.3}$$

$$\int \tan\theta\,\mathrm{d}\theta = -\ln(\cos\theta) + C \tag{5.4}$$

$$\int \sec\theta\,\mathrm{d}\theta = \ln(\tan\theta + \sec\theta) + C \tag{5.5}$$

公式 5.1 是基本公式，不解释；公式 5.2、公式 5.3 是微分公式，求导过程在第 4 章中出现过，不再赘述；重点看看后两个积分公式。

先看公式 5.4：

$$\int \tan\theta\,\mathrm{d}\theta = \int \frac{\sin\theta}{\cos\theta}\mathrm{d}\theta = \underbrace{\int \frac{-1}{\cos\theta}\mathrm{d}\cos\theta = -\ln(\cos\theta) + C}_{(\ln u)' = \frac{1}{u}}$$

公式 5.5 有些麻烦，需要一些准备工作：

$$\mathrm{let}\quad u = \sec\theta + \tan\theta$$

$$\frac{\mathrm{d}}{\mathrm{d}u}\ln u = \frac{1}{u} \qquad ①$$

$$\frac{\mathrm{d}u}{\mathrm{d}\theta} = \underbrace{\frac{\mathrm{d}\tan\theta}{\mathrm{d}\theta}}_{\text{公式 5.2}} + \underbrace{\frac{\mathrm{d}\sec\theta}{\mathrm{d}\theta}}_{\text{公式 5.3}} = \sec^2\theta + \sec\theta\tan\theta = \sec\theta\underbrace{(\sec\theta + \tan\theta)}_{u}$$

$$= u\sec\theta \qquad ②$$

$$\sec\theta = \frac{1}{u}u\sec\theta = \underbrace{\frac{\mathrm{d}}{\mathrm{d}u}\ln u}_{①}\underbrace{\frac{\mathrm{d}u}{\mathrm{d}\theta}}_{②} = \frac{\mathrm{d}}{\mathrm{d}\theta}\ln u$$

$$\sec\theta\,d\theta = d\ln u$$

注：$\dfrac{d\ln u}{du}\dfrac{du}{d\theta} = \dfrac{d}{d\theta}\ln u$ 有些突然，从右往左看就清晰了：$u = u(\theta)$，

$\dfrac{d}{d\theta}\ln u = \dfrac{d\ln u}{du}\dfrac{du}{d\theta}$。

费了这么大劲，终于把被积函数的 $\sec\theta$ 去掉了。

$$\int \sec\theta\,d\theta = \int d\ln u = \ln u + C = \ln(\tan\theta + \sec\theta) + C$$

可以看出，三角函数的微分和积分公式都比较复杂，所以还是不要试图进行推导，直接使用比较明智。

示例 5-16 三角替换示例 2-1

$$\int \sec^4 x\,dx = ?$$

在三角函数中，sec 和 csc 很不友好，它们的高次方更加丧心病狂，幸亏有一些现成的公式可以使用。根据公式 5.1：

$$\int \sec^4 x\,dx = \int (1 + \tan^2 x)\sec^2 x\,dx$$

根据公式 5.2：

$$u = \tan x,\ \ du = \sec^2 x\,dx$$

$$\int (1 + \tan^2 x)\sec^2 x\,dx = \int (1 + u^2)\,du = u + \frac{u^3}{3} + C = \tan x + \frac{\tan^3 x}{3} + C$$

示例 5-17 三角替换示例 2-2

$$\int \tan^4 x\,dx = ?$$

看起来先得想办法弄一个 $d\tan x$ 或 $d\sec x$ 出来。根据公式 5.1：

$$\sec^2\theta = 1 + \tan^2\theta$$

$$\tan^2\theta = \sec^2\theta - 1$$

$$\int \tan^4 x\,dx = \int \tan^2 x(\sec^2 x - 1)\,dx = \int \tan^2 x\ \sec^2 x\,dx - \int \tan^2 x\,dx$$

原积分拆解成了两个相对简单的积分，第一个积分很容易，根据公式 5.2：

$$\int \tan^2 x\ \sec^2 x\,dx = \int \tan^2 x\,d\tan x = \frac{1}{3}\tan^3 x + C_1$$

第二个积分 $\int \tan^2 x\,dx$ 中 $\tan^2 x$ 不好处理，需要再次使用公式 5.1：

$$\int \tan^2 x\mathrm{d}x = \int (\sec^2 x - 1)\mathrm{d}x = \underbrace{\int \sec^2 x\mathrm{d}x}_{\text{公式 5.2 } \tan'x=\sec^2 x} - \int \mathrm{d}x = \tan x - x + C_2$$

综上所述：

$$\int \tan^4 x\mathrm{d}x = \frac{1}{3}\tan^3 x + C_1 - (\tan x - x + C_2) = \frac{1}{3}\tan^3 x - \tan x + x + C$$

示例 5-18　三角替换示例 2-3

$$\int \sin x \sec^3 x\mathrm{d}x = ?$$

通常情况下，看到不同系的三角函数时，首先是根据三角函数的基本公式进行第 1 次化简：

$$\int \sin x \sec^3 x\mathrm{d}x = \int \sin x \left(\frac{1}{\cos x}\right) \sec^2 x\mathrm{d}x = \int \tan x \sec^2 x\mathrm{d}x$$

现在变成了 tan 和 sec 这对大有可为的好搭档，根据公式 5.2：

$$\int \tan x \sec^2 x\mathrm{d}x = \int \tan x\, \mathrm{d}\tan x = \frac{\tan^2 x}{2} + C$$

5.6.3　三角替换 3（反向替换）

我们经常做的是利用换元法将复杂的三角函数替换成简单的变量，同样也可以将简单变量替换为相应的三角函数。正常的做法是从复杂到简单，从简单到复杂又有什么意义呢？

假设我们要求解这样的积分：

$$\int \frac{\mathrm{d}x}{x^2\sqrt{1 + x^2}} = ?$$

若想求解就必须去掉根号，但是现在发现没法用以往的知识求解了。换一种思路，由复杂代替简单。对比上一节的内容，发现根号下的内容正好可以用 tan 和 sec 的关系对应：

$$\sec^2\theta = \underbrace{1 + \tan^2\theta}_{1+x^2}$$

如果令 $x = \tan\theta$，则：

$$\mathrm{d}x = \mathrm{d}\tan\theta = \sec^2\theta\mathrm{d}\theta$$

$$\int \frac{\mathrm{d}x}{x^2\sqrt{1 + x^2}} = \int \frac{\sec^2\theta\mathrm{d}\theta}{\tan^2\theta\sqrt{\sec^2\theta}} = \int \frac{\sec^2\theta\mathrm{d}\theta}{\tan^2\theta \sec\theta} = \int \frac{\sec\theta\, \mathrm{d}\theta}{\tan^2\theta}$$

前面就说过，在三角函数中，只有 sin 和 cos 是比较友好的，其他都是变态，除非一眼能看出如何简化，否则应该把所有项都写成 sin 和 cos 的形式。

$$\int \frac{\sec\theta \, \mathrm{d}\theta}{\tan^2\theta} = \int \frac{1}{\cos\theta}\left(\frac{\cos^2\theta}{\sin^2\theta}\right)\mathrm{d}\theta = \int \frac{\cos\theta}{\sin^2\theta}\mathrm{d}\theta$$

现在已经变成了我们会求解的形式：

$$\int \frac{\cos\theta}{\sin^2\theta}\mathrm{d}\theta = \int \frac{1}{\sin^2\theta}\mathrm{d}\sin\theta = -\frac{1}{\sin\theta} + C$$

此时的问题是如何将 θ 转换为 x。这需要求助于已经使用过多次的三角函数的几何意义，如图 5.20 所示。

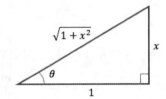

图 5.20 $\tan\theta = x$ 的几何意义

由图 5.20 可知：

$$\frac{1}{\sin\theta} = \frac{\sqrt{1+x^2}}{x}$$

最终，经过把原式反向替换成三角函数后得到了最终结果。

$$\int \frac{\mathrm{d}x}{x^2\sqrt{1+x^2}} = -\frac{1}{\sin\theta} + C = -\frac{\sqrt{1+x^2}}{x} + C$$

在本例中，x 之所以能替换成 $\tan\theta$，除了符合三角函数的公式之外，还和 x 的取值范围有关，这里 $-\infty < x < \infty$，正好也是 $\tan\theta$ 的取值范围。

表 5.1 是反向替换的一些套路。

表 5.1 反向替换的套路

序　号	被积函数	反向替换	替换结果
套路 1	$\sqrt{a^2-x^2}$	$x = a\cos\theta$ or $x = a\sin\theta$	$a\sin\theta$ or $a\cos\theta$
套路 2	$\sqrt{a^2+x^2}$	$x = a\tan\theta$	$a\sec\theta$
套路 3	$\sqrt{x^2-a^2}$	$x = a\sec\theta$	$a\tan\theta$

注：在把 x 替换成 $\sin\theta$ 或 $\cos\theta$ 时要特别关注 x 的取值范围，由

于 $\sin\theta$ 和 $\cos\theta$ 的取值范围是 ±1 之间，所以只有 x 的取值范围在 $1 \leqslant x \leqslant 1$ 时才可以使用 $\sin\theta$ 或 $\cos\theta$ 进行替换。

5.6.4　三角替换 4（配方）

按套路出招是优美幸福的，但很多时候根号下的表达式并不符合表 5.1 中的套路，这就需要使用配方法将其凑成标准套路。

示例 5-19　三角替换示例 4-1

$$\int \frac{\mathrm{d}x}{\sqrt{x^2 + 4x}} = ?$$

如果根号下是 $x^2 \pm a^2$ 就好办了。我们的目标是将其拼凑成套路中的一种，然后使用反向替换将根号去掉。

$$x^2 + 4x = (x+2)^2 - 4 = (x+2)^2 - 2^2$$

$$\text{let}\quad a = 2，u = x + a$$

$$\text{then}\quad \sqrt{x^2 + 4x} = \sqrt{u^2 - a^2}，\mathrm{d}x = \mathrm{d}u$$

这符合套路 3：

$$u = a\sec\theta = 2\sec\theta，\mathrm{d}u = 2\sec\theta\tan\theta\,\mathrm{d}\theta$$

$$\sqrt{u^2 - a^2} \xrightarrow{\text{替换结果}} a\tan\theta = 2\tan\theta$$

$$\int \frac{\mathrm{d}x}{\sqrt{x^2 + 4x}} = \int \frac{\mathrm{d}u}{\sqrt{u^2 - a^2}} = \int \frac{2\sec\theta\tan\theta\,\mathrm{d}\theta}{2\tan\theta}$$

$$= \underbrace{\int \sec\theta\,\mathrm{d}\theta = \ln(\tan\theta + \sec\theta) + C}_{\text{5.6.2 小节的公式 5.5}}$$

最后需要将 θ 转换为 x：

$$x + 2 = u = 2\sec\theta \Rightarrow \sec\theta = \frac{x+2}{2} = \frac{x}{2} + 1$$

三角函数之间是相通的，只要知道了其中一个，就能求得其他的，$\tan\theta$ 可以根据 5.6.2 小节中的公式 5.1 求得：

$$\sec^2\theta = 1 + \tan^2\theta$$

$$\tan\theta = \sqrt{\sec^2\theta - 1} = \sqrt{\left(\frac{x}{2} + 1\right)^2 - 1} = \frac{\sqrt{x^2 + 4x}}{2}$$

注：也可以通过三角函数的几何意义求得 $\tan\theta$。

终于可以求得结果了：

$$\int \frac{\mathrm{d}x}{\sqrt{x^2 + 4x}} = \ln(\tan\theta + \sec\theta) + C = \ln\left(1 + \frac{x + \sqrt{x^2 + 4x}}{2}\right) + C$$

示例 5-20　三角替换示例 4-2

$$\int \frac{\mathrm{d}x}{\sqrt{x^2 - 8x + 1}} = ?$$

根号下的东西看起来能够凑成平方差：

$$x^2 - 8x + 1 = \underbrace{(x - 4)^2}_{u^2} - \underbrace{\left(\sqrt{15}\right)^2}_{a^2}$$

$$u = x - 4，\ \mathrm{d}u = \mathrm{d}x，\ a = \sqrt{15}$$

根据套路 3 进行配方：

$$u = a\sec\theta = \sqrt{15}\sec\theta，\ \mathrm{d}u = \sqrt{15}\sec\theta\tan\theta\,\mathrm{d}\theta，$$

$$\sqrt{u^2 - a^2} = a\tan\theta = \sqrt{15}\tan\theta$$

$$\int \frac{\mathrm{d}x}{\sqrt{x^2 - 8x + 1}} = \int \frac{\sqrt{15}\sec\theta\tan\theta\,\mathrm{d}\theta}{\sqrt{15}\tan\theta} = \int \sec\theta\,\mathrm{d}\theta = \ln(\tan\theta + \sec\theta) + C$$

最后将 θ 替换回 x：

$$u = x - 4 = \sqrt{15}\sec\theta \Rightarrow \sec\theta = \frac{x - 4}{\sqrt{15}}$$

$$\tan\theta = \sqrt{\sec^2\theta - 1} = \sqrt{\frac{(x - 4)^2}{15} - 1} = \sqrt{\frac{x^2 - 8x + 1}{15}}$$

$$\ln(\tan\theta + \sec\theta) + C = \ln\frac{\sqrt{x^2 - 8x + 1} + x - 4}{\sqrt{15}} + C$$

5.6.5　分部积分

分部积分是说，u 和 v 都是关于 x 的函数，如果被积函数是 uv'，那么只要知道了 $u'v$，就可以求解积分。

$$\int uv'\mathrm{d}x = uv - \int u'v\,\mathrm{d}x + C$$

$$\int_a^b uv'\mathrm{d}x = uv\Big|_a^b - \int_a^b u'v\mathrm{d}x$$

分部积分演变自积分的乘法法则：

$$(uv)' = u'v + uv', \quad uv' = (uv)' - u'v$$

$$\int uv'\mathrm{d}x = \int (uv)' - u'v\mathrm{d}x = \int (uv)'\mathrm{d}x - \int u'v\mathrm{d}x = uv - \int u'v\mathrm{d}x + C$$

注：对于 $\int(uv)'\mathrm{d}x$ 来说，可以把 uv 看出一个关于 x 的新函数，根据微积分第二基本定理，微分的积分等于原函数，所以 $\int(uv)'\mathrm{d}x = uv + C$。

仅仅是 uv' 交换了一下场地，变成 $u'v$，这能有什么用呢？来看一个不能用以往知识求解的积分：

示例 5-21 $\int \ln x\mathrm{d}x = ?$

根据分部积分的思想，虽然不能一眼看出谁的导数是 $\ln x$，但是可以马上知道 $\ln x$ 的导数是谁：

$$\text{let} \quad u = \ln x, \ u' = \frac{1}{x}$$

原积分中还缺了 v'，不过这很好办，令 $v' = 1$，则 $v = x$。现在可以使用分部积分了：

$$\int \ln x\,\mathrm{d}x = \int \underbrace{(\ln x)(x)'}_{uv'}\,\mathrm{d}x = \underbrace{(\ln x)x}_{uv} - \int \underbrace{\frac{1}{x}x}_{u'v}\,\mathrm{d}x + C = x\ln x - x + C$$

示例 5-22 $\int (\ln x)^2\mathrm{d}x = ?$

$$\text{let} \quad u = \ln x, \ \text{then} \quad u' = \frac{1}{x}$$

令 $v' = \ln x$，通过示例 5-21 得知：

$$v = x\ln x - x + C$$

$$\int (\ln x)^2\mathrm{d}x = uv - \int u'v\mathrm{d}x + C$$

$$= \underbrace{(\ln x)}_{u}\underbrace{(x\ln x - x)}_{v} - \int \underbrace{\frac{x\ln x - x}{x}}_{u'v}\,\mathrm{d}x$$

$$= x(\ln x)^2 - x\ln x - \left(\underbrace{\int \ln x\,\mathrm{d}x}_{\text{示例 5-21}} - \int \mathrm{d}x\right)$$

$$= x(\ln x)^2 - x\ln x - (x\ln x - x - x + C)$$

$$= x(\ln x)^2 - 2x\ln x + 2x + C$$

5.6.6　WIFI 的密码

在学习了众多求解积分的方法后，我们终于可以求解南京航天大学食堂的 WIFI 密码了。

$$\int_{-2}^{2}\left(x^3\cos\frac{x}{2}+\frac{1}{2}\right)\sqrt{4-x^2}\,\mathrm{d}x = \underbrace{\int_{-2}^{2}x^3\cos\frac{x}{2}\sqrt{4-x^2}\,\mathrm{d}x}_{①} + \underbrace{\int_{-2}^{2}\frac{1}{2}\sqrt{4-x^2}\,\mathrm{d}x}_{②}$$

②可以用三角函数的反向替换求得：

$$\text{let}\quad x=2\sin\theta\,，\text{ then }\quad \sqrt{4-x^2}=2\cos\theta\,，\ \mathrm{d}x=2\cos\theta\,\mathrm{d}\theta$$

$$\int\frac{1}{2}\sqrt{4-x^2}\,\mathrm{d}x = \int\frac{1}{2}2\cos\theta\,2\cos\theta\,\mathrm{d}\theta$$

$$= \underbrace{\int 2\cos^2\theta\,\mathrm{d}\theta = \theta + \frac{1}{2}\sin 2\theta + C}_{\text{示例 5-13}}\ ③$$

上式是求解不定积分，对于定积分，还需要转换积分的积分域：

$$-2\leqslant x\leqslant 2,\ x=2\sin\theta\Rightarrow-1\leqslant\sin\theta\leqslant1\Rightarrow-\frac{\pi}{2}\leqslant\theta\leqslant\frac{\pi}{2}$$

$$\int_{-2}^{2}\frac{1}{2}\sqrt{4-x^2}\,\mathrm{d}x = \int_{-\frac{\pi}{2}}^{\frac{\pi}{2}}2\cos^2\theta\,\mathrm{d}\theta = \left(\theta+\frac{1}{2}\sin 2\theta\right)\Big|_{-\frac{\pi}{2}}^{\frac{\pi}{2}} = \pi$$

有点复杂，无论是配方或反向替换都比较困难。仔细观察注意到，它的积分域是对称的，这给了我们一些想象空间——如果①是奇函数，则可以直接得到结果。积分的奇偶性由被积函数决定，所以只需要验证被积函数的奇偶性就可以。x^3 是奇函数，$\cos\frac{x}{2}$ 是偶函数，$\sqrt{4-x^2}$ 是偶函数，所以 $x^3\cos\frac{x}{2}\sqrt{4-x^2}$ 是奇函数。

注：两个奇函数相乘是偶函数；一个奇函数和一个偶函数相乘是奇函数；两个偶函数相乘是偶函数。

被积函数是奇函数，所以积分式也是奇函数，①在积分域内的值为 0。

这个复杂的积分函数的曲线可是惊人的简单，它是一条趴在 x 轴上的线段，如图 5.21 所示。

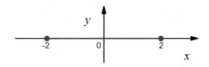

图 5.21　①的积分函数曲线

现在终于可以愉快地连接 WIFI 了。

$$\int_{-2}^{2}\left(x^3\cos\frac{x}{2}+\frac{1}{2}\right)\sqrt{4-x^2}\mathrm{d}x=\pi\approx3.14159$$

结果是 π，一个典型的学院派的密码。

5.7　积分的应用

"求阴影部分的面积"伴随着整个学生时代，为了应付阴影，我们绞尽脑汁，连接各种辅助线……有了积分后，各种"求阴影部分的面积"都变得相当直接，甚至可以求不规则图形的面积。实际上积分可以应用在各种领域，任何东西都可以"积"一下。在这一节中，我们从面积、体积、概率三方面来展示积分在实践中的应用。

5.7.1　计算面积

我们已经知道定积分的几何意义是曲线和 x 轴围成的图形面积，积分能否计算任意两条曲线围成的面积呢？比如求 $f(x)$ 和 $g(x)$ 在 (a,b) 围成的面积，如图 5.22 所示。

学习了定积分后，这个问题不再难以处理。我们可以把面积分成两部分：$f(x)$ 与 x 轴围成的面积 A_f，$g(x)$ 与 x 轴围成的面积 A_g，如图 5.23 所示。

A_f 和 A_g 都可以由积分的几何意义解释，由此可以求得总面积。

$$A=A_f+A_g=\int_{a}^{b}f(x)\mathrm{d}x-\int_{a}^{b}g(x)\mathrm{d}x$$

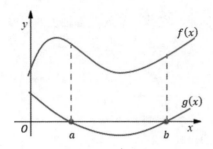

图 5.22　两条曲线围成的面积

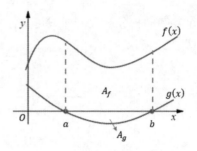

图 5.23　将面积分成两部分

由于 A_g 在 x 轴正下方，所以 $g(x)\mathrm{d}x$ 的积分将得到负值，而 A_g 又必须是正的，因此两个积分之间需要用负号连接。5.5.1 小节中介绍的定积分的面积不够严谨，定积分的绝对值才是面积。

再来看一种更直接的方法，积分的原理是累积，是聚沙成塔，我们可以按照这个原始朴素的思路将不规则的几何图形拆分为无数个较为规则的小矩形，如图 5.24 所示。

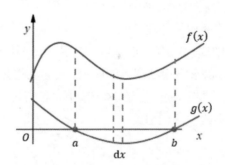

图 5.24　将面积拆分为无数个小矩形

每个矩形的宽度都是 $\mathrm{d}x$，由于微分 $\mathrm{d}x$ 无限趋近于 0，所以矩形的高度约等于 $f(x) - g(x)$，所求面积就是这些小矩形的积分。

$$A = \int_a^b (f(x) - g(x))\mathrm{d}x$$

这和第 1 种思路的结果一致，但是更为直接。可以把 $f(x)$ 和 $g(x)$ 看作图形的上下边界，a 和 b 看作图形的左右边界，一个图形由 4 个边界组成，漏掉任意一个都无法得到封闭的图形。

示例 5-23　求曲线 $x = y^2$ 和 $y = x - 2$ 围成的面积

通常的做法是先画图，这样才能便于分析，如图 5.25 所示。

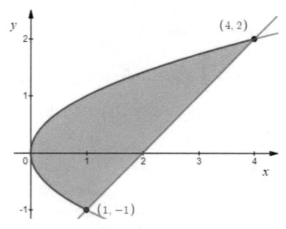

图 5.25　$x = y^2$ 和 $y = x - 2$ 围成的面积

　　似乎可以使用切割矩形的思路直接用积分求解，但是切割也有多种方式，当我们纵向切割矩形时，发现矩形并不总是由 $x = y^2$ 和 $y = x - 2$ 围成。在 $x = 1$ 处作一条垂直于 x 轴的分割线 a，在 a 的左侧，即 $x < 1$ 时，面积仅由 $x = y^2$ 围成，如图 5.26 所示。

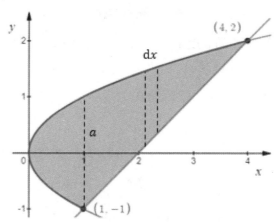

图 5.26　a 左侧的面积仅由 $x = y^2$ 围成

　　现在来计算面积。首先将 $x = y^2$ 转换成 x 的函数。

$$y = \begin{cases} \sqrt{x}, & y > 0 \\ -\sqrt{x}, & y < 0 \end{cases}$$

　　a 左侧的面积实际是由 $y = \sqrt{x}$ 和 $y = -\sqrt{x}$ 围成，a 右侧的面积由 $y = \sqrt{x}$ 和 $y = x - 2$ 围成：

$$A_L = \int_0^1 \sqrt{x} - (-\sqrt{x})\mathrm{d}x \ , \ A_R = \int_1^4 (\sqrt{x} - (x-2))\mathrm{d}x$$

$$Area = A_L + A_R = \int_0^1 \sqrt{x} - (-\sqrt{x})\mathrm{d}x + \int_1^4 \sqrt{x} - (x-2)\mathrm{d}x$$

这种做法中图形被切分成了两块。我们尝试使用一种更简单的方法计算面积，这需要横向切割矩形，如图 5.27 所示。

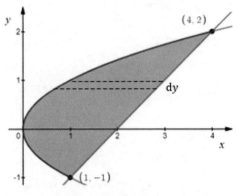

图 5.27　横向切割矩形

横向切割后，矩形的高度是 $\mathrm{d}y$，变成了 y 的微分，这相当于把坐标系逆时针旋转了 90°，如图 5.28 所示。

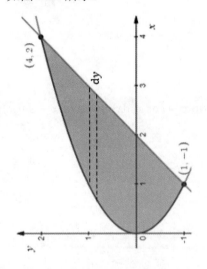

图 5.28　坐标系逆时针旋转 90°

现在可以看清楚了。旋转后，原来的对 dx 积分变成了对 dy 积分，函数要变成 y 关于 x 的函数，积分域也要变成 y 的取值范围。

$$y = x - 2 \Rightarrow x = y + 2$$

$$x = y^2$$

$$A = \int_{-1}^{2} \left((y + 2) - y^2 \right) \mathrm{d}y = \left(\frac{y^2}{2} + 2y - \frac{y^3}{3} \right) \Bigg|_{-1}^{2} = \frac{9}{2}$$

示例 5-24 计算 $\sin x$ 和 $\cos x$ 前两次相交所围成的面积

还是先作图，如图 5.29 所示。

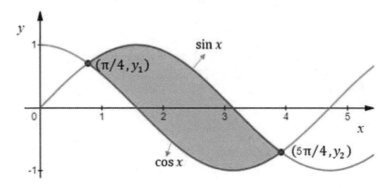

图 5.29 $\sin x$ 和 $\cos x$ 前两次相交

如果没有定积分，这个看起来很吓人面积根本无法准确计算，现在就很简单了。

$$A = \int_{\frac{\pi}{4}}^{\frac{5\pi}{4}} (\sin x - \cos x) \mathrm{d}x = (-\cos x - \sin x) \Bigg|_{\frac{\pi}{4}}^{\frac{5\pi}{4}} = 2\sqrt{2}$$

5.7.2 计算体积

定积分除了计算面积外，还可以应用在计算体积上。

有一条曲线 $y = f(x)$，如果曲线绕 x 轴旋转，则曲线经过的区域将形成一个橄榄球形状的体积，如图 5.30 所示。

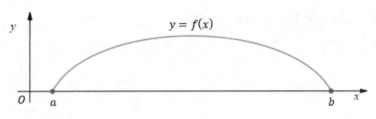

图 5.30 曲线绕 x 轴旋转

我们依然按照黎曼和切分矩形的思路去计算，切分的方法很简单，如图 5.31 所示。

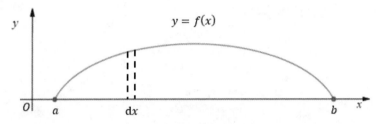

图 5.31 用黎曼和切分矩形的思路

$f(x)$ 旋转一周，矩形切片也跟着旋转一周，这回需要一点想象力，如图 5.32 所示。

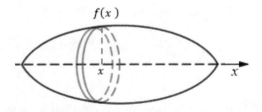

图 5.32 $f(x)$ 和矩形切片绕 x 轴旋转一周

设切片一边上的点在 x 轴的坐标是 x，切片旋转一周形成了一个圆盘，圆盘的半径约等于 $f(x)$，面积 $A(x) \approx \pi f(x)^2$。圆盘有一个微小的厚度 $\mathrm{d}x$，所以它的体积是 $A(x)\mathrm{d}x$。整个橄榄球的体积可以看作无数个微小的圆盘堆砌而成，这正是积分的聚沙成塔。

$$V = \int_a^b A(x)\mathrm{d}x$$

这种切割圆盘求体积的方法称为"圆盘法"。

示例 5-25　求半径为 a 的球体体积

假设我们不知道球的体积公式，使用圆盘法求解。先将球体的最大横截面投影到平面直角坐标系上，再对圆的上半部分切割、旋转，如图 5.33 所示。

球由无数个圆盘组成，每个圆盘的面积是 $\pi y^2 \mathrm{d}x$，球的体积是：

$$V = \int_0^{2a} \pi y^2 \mathrm{d}x$$

计算时还需要将积分中的 y 转换为 x。球的投影是图 5.33 中的圆，根据圆的方程可以将 y^2 替换成 x，从而求得积分。

$$(x-a)^2 + y^2 = a^2 \Rightarrow y^2 = 2ax - x^2$$

$$V = \int_0^{2a} \pi y^2 \mathrm{d}x = \int_0^{2a} \pi(2ax - x)^2 \mathrm{d}x = \pi \left(ax^2 - \frac{x^3}{3} \right) \Bigg|_0^{2a} = \frac{4\pi a^3}{3}$$

这和球体体积公式吻合，实际上我们得到了更多的信息，如果是计算部分球体的体积，依然可以使用上面的结论，仅改变积分上限即可，如图 5.34 所示。

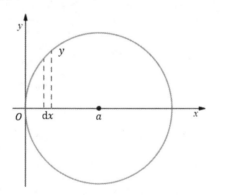

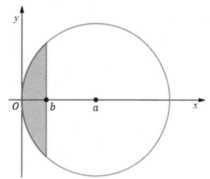

图 5.33　对球体使用圆盘法　　　图 5.34　部分球体的体积

$$V = \int_0^b \pi(2ax - x)^2 \mathrm{d}x = \pi \left(ax^2 - \frac{x^3}{3} \right) \Bigg|_0^b$$

可以把上式看作是球体切片的体积公式。

示例 5-26　高脚杯的容积

高脚杯侧壁的曲线是 $y = \mathrm{e}^x$，开口宽度为 2，手柄高度为 1，求高脚杯的容积，如图 5.35 所示。

首先将其转换为数学模型。高脚杯的容积就是侧壁曲线绕 y 轴旋转一周的体积，如图 5.36 所示。

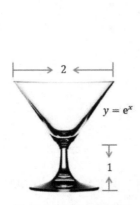

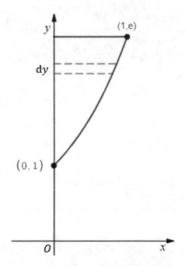

图 5.35　高脚杯的容积　　　　图 5.36　高脚杯容积的数学模型

圆盘的半径是 x，厚度是 dy，面积是 $\pi x^2 dy$。这又是一个关于 dy 的积分，需要用 y 表示 x。

$$y = e^x \Rightarrow x = \ln y$$

使用圆盘法计算高脚杯的体积。

$$V = \int_1^e \pi x^2 dy \ = \underbrace{\int_1^e \pi(\ln y)^2 dy}_{\text{参考示例 5-22}} = \pi(y(\ln y)^2 - 2y\ln y + 2y)\Big|_1^e = \pi(e - 2)$$

示例 5-27　坩埚的容积

坩埚内壁的横截面曲线是 $y = x^2$，深度是 a，计算坩埚的容积。

我们依旧可以使用圆盘法，建立一个绕 y 轴旋转的模型，如图 5.37 所示。

圆盘的厚度是 dy，坩埚的容积是：

$$V = \int_0^a \pi x^2 dy = \int_0^a \pi y dy = \frac{\pi y^2}{2}\Big|_0^a = \frac{\pi a^2}{2}$$

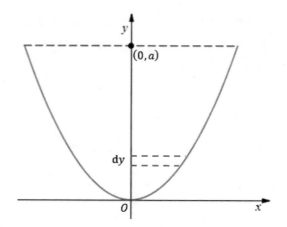

图 5.37　使用圆盘法建立模型

对于本例来说，圆盘法没有问题，但如果曲线的公式再复杂一点，就需要在反函数的转换上耗费时间。如果我们直接纵向切割，使用 dx 代替 dy，就无须对原函数进行转换，如图 5.38 所示。

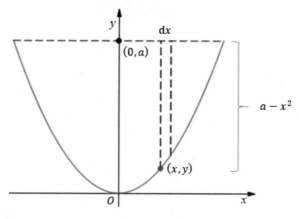

图 5.38　纵向切割矩形

矩形切片绕 y 轴旋转一周将得到一个壳层，如图 5.39 所示。

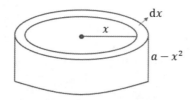

图 5.39　旋转后形成的壳层

壳层比圆盘更需要想象，它的厚度是 dx，内层半径是 x，高度是 $a - y$ $= a - x^2$。如果展开壳层，将得到一个底边是壳层周长，另一边是 $a - x^2$，厚度是 dx 的长方体，其体积：

$$v = 2\pi x(a - x^2)dx = 2\pi(ax - x^3)dx$$

坩埚的体积由无数个壳层组成，是壳层的积分。

$$V = \int_0^{\sqrt{a}} v\,dx = \int_0^{\sqrt{a}} 2\pi(ax - x^3)dx = 2\pi\left(\frac{ax^2}{2} - \frac{x^4}{4}\right)\bigg|_0^{\sqrt{a}} = \frac{\pi a^2}{2}$$

这种方法称为"壳层法"。

最后坩埚的效果如图 5.40 所示。

图 5.40　坩埚

5.7.3　计算概率

我最近在练习投掷飞镖，并且进展不错。现在我用一个带立柱的靶子练习，每次都站在固定的位置投掷。假设靶子的半径是 r 米，立柱的高度是 h 米，宽度是 w 米，如图 5.41 所示。

图 5.41　练习飞镖的靶子

如果我的命中次数与靶心距离呈正态分布 $y = e^{-x^2}$，那么我命中立柱的概率是多少？

　　直接计算立柱的命中率比较困难，为此，需要将立柱绕靶子外檐环绕一周，形成一个圆环，如图 5.42 所示。

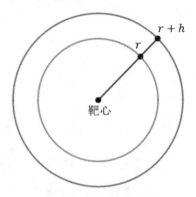

图 5.42　立柱绕靶子外檐环绕一周

　　如此一来，只要计算出圆环的命中率，然后用立柱的面积除以圆环的面积就能得出最终结果。已知命中次数与靶心距离呈正态分布，这意味着在图 5.42 中，对于靶心到 $r+h$ 这条线段来说，命中的次数也是呈正态分布的，这相当于正态分布曲线在 r 和 $r+h$ 点与 x 轴围成的面积，如图 5.43 所示。

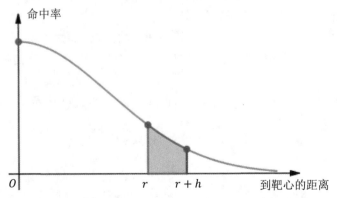

图 5.43　正态分布曲线在 r 和 $r+h$ 点与 x 轴围成的面积

　　现在需要将"线"扩展为"面"，计算圆环的命中次数，这等同于将"线"旋转一周，也就是将图 5.43 的阴影部分绕 y 轴旋转一周。根据壳层法，圆环的命中次数和整个靶子的命中次数如下：

$$hits_{shell} = \int_r^{r+h} 2\pi x e^{-x^2} dx = -\pi e^{-x^2} \Big|_r^{r+h}$$

$$hits_{whole} = \int_0^{+\infty} 2\pi x e^{-x^2} dx = -\pi e^{-x^2} \Big|_0^{+\infty}$$

圆环的命中率就是圆环的命中次数除以整个靶子的命中次数。

$$P_{shell} = \frac{hits_{shell}}{hits_{whole}} = \frac{-\pi e^{-x^2}\big|_r^{r+h}}{-\pi e^{-x^2}\big|_0^{+\infty}} = \frac{e^{-x^2}\big|_r^{r+h}}{e^{-\infty^2}-1} \approx -e^{-x^2}\big|_r^{r+h}$$

最后用圆环周长和立柱宽度之比求得立柱的命中率。

$$P = \frac{2\pi r}{w} P_{shell} = 2\pi r \left(-e^{-x^2}\Big|_r^{r+h}\right)$$

5.8 不可积的积分

似乎给定积分域的积分总是能计算出具体的数值，真的这样吗？

先看下面的积分：

$$\int_{-1}^1 \frac{dx}{x^2} = -\frac{1}{x}\Big|_{-1}^1 = -2$$

很简单，但是这个答案对吗？

我们熟知 $1/x^2$ 的图像，它始终在 x 轴上方。既然积分表示面积，那么位于 x 轴上方的曲线与 x 轴围成的面积不可能是负数，一定是哪个环节出现了问题。

分析原因时需要观察被积函数的图像，如图 5.44 所示。

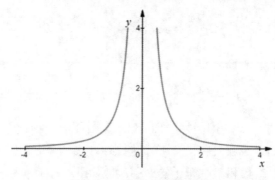

图 5.44 $1/x^2$ 的几何解释

如果只计算 $x \geqslant 0$ 时的面积：

$$\int_0^1 \frac{\mathrm{d}x}{x^2} = -\frac{1}{x}\Big|_0^1 = -1 + \frac{1}{0} = ?$$

这个结果是无意义的。换个角度看，由于 x 永远不会等于 0（否则函数没有意义），所以曲线在 $0 \leqslant x \leqslant 1$ 上不会真正与 x 轴围成一块闭合区域，随着 x 趋近于 0，这块区域将越来越大，趋近于 ∞。所以说 $\int_0^1 \frac{\mathrm{d}x}{x^2}$ 的结果是发散的，对 $1/x^2$ 在 $0 \leqslant x \leqslant 1$ 上做积分没有任何意义。

在这个例子中，将 0 称为积分的"奇点"。具体来说，奇点是指使积分结果没有意义的点，比如 $\int_0^1 \frac{\mathrm{d}x}{x^2} = -\frac{1}{x}\Big|_0^1$，在 $x = 0$ 时将得到没有意义的 $1/0$。对于不同的积分来说，奇点也不同，积分在奇点上是无意义的。

结论是，如果我们在计算时不注意积分的奇点，很容易导致计算错误。

奇点的存在说明定积分未必会得到定值，如果没有奇点，积分就一定能得到定值吗？来看下面的积分：

$$\int_0^\infty \cos x \, \mathrm{d}x = -\sin x \Big|_0^\infty = -\sin \infty$$

虽然这个积分不存在奇点，但是它仍然没有定值，其结果是在 $-1 \sim 1$ 之间波动，所以这个积分仍然是不可积的。分析被积函数也会发现，在 $-1 \sim \infty$ 之间，$\cos x$ 的图像是来回摆动的，并未趋近于某个值，可以直接得出不可积的结论。

这样看起来，即使没有奇点，积分也未必是可积的，在今后的积分运算中又多了一个注意事项。

5.9　相关代码

SymPy 同样可以用于计算积分。这里用以下 3 个函数为例，应用 SymPy 对其求解：

（1）$\int x^2 \mathrm{d}x = \dfrac{2}{3}x^3 + C$

（2）$\int \cos x \mathrm{d}x = \sin x + C$

（3）$\int \dfrac{1}{1+x^2} \mathrm{d}x = \tan^{-1} x + C = \arctan x + C$

代码如下：

```
01   import sympy as sp
02
03   # 定义变量 x，表示对 dx 求积分
04   x = sp.symbols('x')
05   # 定义被积函数
06   # f(x) = x^2
07   fx1 = x**2
08   # f(x) = cosx
09   fx2 = sp.cos(x)
10   # f(x) = 1 / (1 + x^2)
11   fx3 = 1 / (1 + x**2)
12
13   # 计算不定积分
14   r1 = sp.integrate(fx1, (x))
15   r2 = sp.integrate(fx2, (x))
16   r3 = sp.integrate(fx3, (x))
17
18   print('∫ x^2dx = %s' % (r1))
19   print('∫ cosxdx = %s' % (r2))
20   print('∫ 1/(1 + x^2)dx = %s' % (r3))
```

运行结果如图 5.45 所示。

```
∫ x^2dx = x**3/3
∫ cosxdx = sin(x)
∫ 1/(1 + x^2)dx = atan(x)
```

图 5.45　积分运算结果

定积分的求解和积分类似，只需要在 integrate 函数的第 2 个参数元组中加入积分域。

$$\int_{-2}^{2} \frac{1}{2}\sqrt{4 - x^2}\,\mathrm{d}x = \theta + \frac{1}{2}\sin 2\theta \bigg|_{-\frac{\pi}{2}}^{\frac{\pi}{2}} = \pi$$

```
01   import sympy as sp
02
03   # 定义变量 x，表示对 dx 求积分
04   x = sp.symbols('x')
05   # 定义被积函数
06   # f(x) = 1/2 √4 - x^2
07   fx = sp.sqrt(4 - x**2) / 2
```

```
08    # 计算 fx 在[-2, 2]上的定积分
09    r = sp.integrate(fx, (x, -2, 2))
10    # 打印结果：pi
11    print(r)
```

5.10 总结

1. 微分的思想来源于极限。函数 $f(x)$ 的微元用 $\mathrm{d}x$ 表示。

2. 定积分的思想是累加，其几何意义是函数与 x 轴围成的面积。

3. 定积分第一基本定理：

$$\text{if} \quad \int f(x)\mathrm{d}x = F(x) + C$$

$$\text{then} \quad \int_a^b f(x)\mathrm{d}x = F(b) - F(a) = F(x)\Big|_a^b$$

4. 定积分第二基本定理，如果函数 $f(t)$ 是连续的：

$$\text{if} \quad G(x) = \int_a^x f(t)\mathrm{d}t$$

$$\text{then} \quad G'(x) = \frac{\mathrm{d}}{\mathrm{d}x}\int_a^x f(t)\mathrm{d}t = f(x)$$

5. 积分函数的奇偶性和被积函数的奇偶性一致。

6. 三角替换是求解积分的高级套路。

7. 分部积分：

$$\int uv'\mathrm{d}x = uv - \int u'v\mathrm{d}x + C$$

8. 定积分可以用来计算面积、体积和概率。

9. 在计算积分时需要注意奇点和不可积的情况。

第6章 弧长与曲面

积分的概念来源于实际应用，对一个函数积分可以理解为求曲线与 x 轴围成的面积，但积分的作用不仅仅如此。有了积分，我们就可以计算曲线的弧长，可以求曲面的面积，万事万物都可以"积"一下。

6.1 弧长

弧长是两点间曲线的长度。两点间的曲线未必是圆周的一部分，它也可以是拐弯的，如图 6.1 所示。

如果不把它捋直了，这个招人讨厌的弧长通常并不好测量，幸亏有了积分。

图 6.1 两点间的曲线

6.1.1 弧长公式

我们利用积分的"聚沙成塔"思想计算弧长，把弧长分为 n 个小段，如图 6.2 所示。

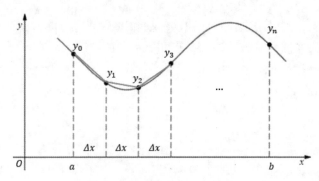

图 6.2 将弧长分为 n 个小段

用直线连接曲线上相邻的两点，当 Δx 趋近于 0 时，两点间的线段长度趋近于弧长，如图 6.3 所示。

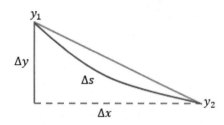

图 6.3　y_1 和 y_2 间的线段长度趋近于 Δs

当 Δs 趋近于 0 时：

$$(\Delta s)^2 \approx (\Delta x)^2 + (\Delta y)^2$$

用微分表示上式，可以将约等号变成直等号：

$$(ds)^2 = (dx)^2 + (dy)^2$$

习惯上通常去掉括号：

$$ds^2 = dx^2 + dy^2$$

这样就可以得到弧长的微元：

$$ds = \sqrt{dx^2 + dy^2} = \sqrt{dx^2\left(1 + \left(\frac{dy}{dx}\right)^2\right)} = \sqrt{1 + \left(\frac{dy}{dx}\right)^2}\,dx = \sqrt{1 + (y')^2}\,dx$$

累积 ds 就可以得到图 6.2 中 a、b 两点间的弧长：

$$s = \int_a^b ds = \int_a^b \sqrt{1 + (y')^2}\,dx$$

这就是弧长公式，多亏了牛顿发明的积分。

6.1.2　线性函数的弧长

弧长的定义是两点间的曲线长度，而直线是没有弧度的特殊曲线，弧长公式能否适用于直线呢？

如果有直线 $y = mx$，那么原点到 $(10, 10m)$ 间的线段长度可以根据欧几里得距离公式求得，如图 6.4 所示。

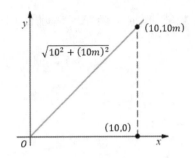

图 6.4　两点间的线段长度

注：欧几里得距离的详细介绍可参考 3.1.2 节。

如果用弧长公式计算：

$$y' = m, \quad \mathrm{d}s = \sqrt{1 + (y')^2}\mathrm{d}x = \sqrt{1 + m^2}\mathrm{d}x$$

$$s = \int_0^{10} \sqrt{1 + m^2}\mathrm{d}x = x\sqrt{1 + m^2}\bigg|_0^{10} = 10\sqrt{1 + m^2}$$

对于这个例子来说，可以抛开积分直接计算两点间的线段长度，其结果和积分运算相等，它同时表达了另一个含义：如果我们能对线性函数推导出某一个公式，那么积分也能告诉我们应该怎么做。积分的思想就在这个简单到甚至不需要积分计算的过程中。所有这些数学工具，诸如微分、积分、极限都可以应对任何曲线，仅仅是因为我们将曲线分割成了无限小，这就是建立微积分的思想——散塔为沙，聚沙成塔。

6.1.3　单位圆的弧长

我们早就知道单位圆的弧长等于弧长对应的夹角，如图 6.5 所示。

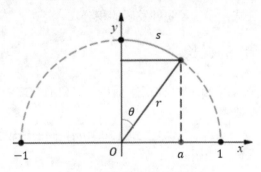

图 6.5　单位圆中弧长 $s = \theta$

注：所谓单位圆，就是半径为 1 的圆，至于 1 究竟是什么物理单位？管它呢。

这个结论可以根据圆的周长公式求得：

$$r = 1, \quad s = \frac{\theta}{2\pi} 2\pi r = \theta r = \theta$$

现在我们使用弧长公式验证这个结论。已知圆的公式是 $x^2 + y^2 = 1$，可以求得 y 的导数：

$$y = \sqrt{1 - x^2}, \quad y' = \frac{-x}{\sqrt{1 - x^2}}$$

$$s = \int_0^a \sqrt{1 + (y')^2} \, dx = \int_0^a \sqrt{1 + \frac{x^2}{1 - x^2}} \, dx = \int_0^a \sqrt{\frac{1}{1 - x^2}} \, dx$$

接下来就是求解积分的问题了：

$$\text{let} \quad x = \sin\theta$$

$$s = \int \sqrt{\frac{1}{1 - x^2}} \, dx = \int \sqrt{\frac{1}{1 - \sin^2\theta}} \, d\sin\theta = \int \frac{1}{\cos\theta} \cos\theta \, d\theta = \theta + C$$

由于使用了三角替换，而原积分是对 dx 的积分，所以还需要替换回去：

$$\theta = \sin^{-1} x$$

$$s = \int_0^a \sqrt{\frac{1}{1 - x^2}} \, dx = \sin^{-1} x \Big|_0^a = \sin^{-1} a$$

从图 6.5 中可以看出：

$$\sin\theta = \frac{a}{r} = a$$

$$\sin^{-1} a = \theta = s$$

积分的结果和熟知的结论一致。

6.1.4　抛物线的弧长

最后来看看抛物线，计算 $y = x^2$ 在定义域 $[0, a]$ 上的弧长，如图 6.6 所示。

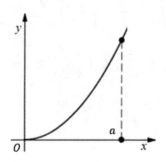

图 6.6　抛物线的弧长

$$s = \int_0^a \sqrt{1 + (y')^2}\mathrm{d}x = \int_0^a \sqrt{1 + (2x)^2}\mathrm{d}x = \int_0^a \sqrt{1 + 4x^2}\mathrm{d}x$$

又是一个求解积分的问题，根据分部积分：

$$\int uv'\mathrm{d}x = uv - \int u'v\mathrm{d}x + C$$

$$\text{let} \quad u = \sqrt{1 + 4x^2}, \quad v = x$$

$$u' = \frac{4x}{\sqrt{1 + 4x^2}}, \quad v' = 1$$

$$\int \sqrt{1 + 4x^2}\mathrm{d}x = x\sqrt{1 + 4x^2} - \int \frac{4x^2}{\sqrt{1 + 4x^2}}\mathrm{d}x \qquad （6.1）$$

其中：

$$\int \frac{4x^2}{\sqrt{1 + 4x^2}}\mathrm{d}x = \int \frac{\left(\sqrt{1 + 4x^2}\right)^2 - 1}{\sqrt{1 + 4x^2}}\mathrm{d}x = \int \sqrt{1 + 4x^2}\mathrm{d}x - \int \frac{1}{\sqrt{1 + 4x^2}}\mathrm{d}x$$

代入到公式 6.1 中：

$$\int \sqrt{1 + 4x^2}\mathrm{d}x = x\sqrt{1 + 4x^2} - \int \sqrt{1 + 4x^2}\mathrm{d}x + \int \frac{1}{\sqrt{1 + 4x^2}}\mathrm{d}x$$

$$2\int \sqrt{1 + 4x^2}\mathrm{d}x = x\sqrt{1 + 4x^2} + \int \frac{1}{\sqrt{1 + 4x^2}}\mathrm{d}x \qquad （6.2）$$

现在只要求出 $\int \dfrac{1}{\sqrt{1 + 4x^2}}\mathrm{d}x$ 即可：

$$\int \frac{1}{\sqrt{1 + 4x^2}}\mathrm{d}x = \frac{1}{2}\int \frac{1}{\sqrt{1 + (2x)^2}}\mathrm{d}2x$$

可以使用三角配方法继续计算，由于 5.4.3 节的积分表中给出了现成的答案，还是直接查表吧：

$$\int \frac{1}{\sqrt{1+4x^2}}\mathrm{d}x = \underbrace{\frac{1}{2}\int \frac{1}{\sqrt{1+(2x)^2}}\mathrm{d}2x = \frac{1}{2}\ln\left|2x+\sqrt{4x^2+1}\right|+C}_{\int \frac{1}{\sqrt{x^2+a^2}}\mathrm{d}x = \ln\left|x+\sqrt{x^2+a^2}\right|+c}$$

代入到公式 6.2 中：

$$\int \sqrt{1+4x^2}\mathrm{d}x = \frac{1}{2}x\sqrt{1+4x^2}+\frac{1}{4}\ln\left|2x+\sqrt{4x^2+1}\right|+C$$

$$s = \int_0^a \sqrt{1+4x^2}\mathrm{d}x = \frac{1}{2}a\sqrt{1+4a^2}+\frac{1}{4}\ln\left|2a+\sqrt{4a^2+1}\right|$$

6.2　曲面面积

将直线弯曲可以变成了弧线，类似地，在空间中将平面弯曲就变成了曲面，我们对曲面同样感兴趣。在这一节中，将通过两个示例看看如何用弧长公式求得曲面面积。

6.2.1　喇叭口的表面积

曲线 $y = x^2$ 绕 x 轴旋转一周，求在 $0 \leqslant x \leqslant a$ 时，类似喇叭口的立体图形的外表面积。

曲线绕 x 轴旋转一周将形成一个立体图形，这需要一点想象，如图 6.7 所示。

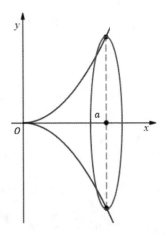

图 6.7　$y = x^2$ 绕 x 轴旋转一周形成的喇叭口

可以使用圆盘法求解，只是将 dx 变成它对应的弧长 ds，如图 6.8 所示。

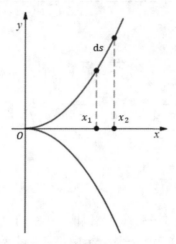

图 6.8　使用圆盘法求曲面面积

注：圆盘法的详细介绍可参考 5.7.1 节。

对于圆盘来说，它周长是$2\pi y$，外表面积是：

$$2\pi yds = 2\pi y\sqrt{1+(y')^2}dx = 2\pi x^2\sqrt{1+4x^2}dx$$

累加圆盘将得到喇叭口的总面积：

$$A = \int_0^a 2\pi x^2\sqrt{1+4x^2}\,dx$$

最后来计算一下这个积分，先使用分部积分：

$$\text{let}\quad u = 2\pi x,\ v' = x\sqrt{1+4x^2},\ \text{then}\quad u' = 2\pi,\ v = \frac{1}{12}(1+4x^2)^{\frac{3}{2}}$$

$$\int 2\pi x^2\sqrt{1+4x^2}dx = uv - \int u'v = 2\pi x - \frac{\pi}{6}\int(1+4x^2)^{\frac{3}{2}}dx$$

接下来要动用三角函数反向替换的知识：

$$\text{let}\quad x = \frac{\tan\theta}{2},\ \text{then}\quad dx = \frac{1}{2}d\tan\theta$$

$$d\tan\theta = \sec^2\theta\,d\theta,\ 1+\tan^2\theta = \sec^2\theta$$

$$\int(1+4x^2)^{\frac{3}{2}}dx = \int(1+\tan^2\theta)^{\frac{3}{2}}\frac{d\tan\theta}{2} = \frac{1}{2}\int(\sec^2\theta)^{\frac{3}{2}}\sec^2\theta\,d\theta$$

$$= \frac{1}{2} \int \sec^5 \theta \, d\theta$$

接下来的计算仍然相当麻烦，还是交给计算机吧。

6.2.2 球面面积

一个半径为 a 的球的外表面积是 $4\pi a^2$，有了微积分和弧长公式，我们可以自己推导出球面的面积公式。

可以将球看作半径为 a 的半圆 $x^2 + y^2 = a^2$ 绕 x 轴旋转一周形成的图形，然后使用圆盘法计算球面面积，如图 6.9 所示。

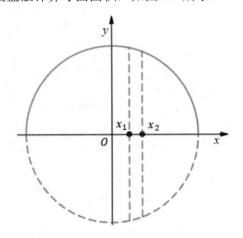

图 6.9　使用圆盘法求球面面积

$$y = \sqrt{a^2 - x^2}, \quad y' = \frac{-x}{\sqrt{a^2 - x^2}}$$

$$ds = \sqrt{1 + (y')^2}dx = \sqrt{\frac{a^2}{a^2 - x^2}} dx$$

对于圆盘的表面积来说：

$$2\pi y ds = 2\pi \sqrt{a^2 - x^2} \sqrt{\frac{a^2}{a^2 - x^2}} dx = 2\pi a dx$$

累加圆盘得到整个球体的表面积，结果与球体表面积公式一致：

$$A = \int_{-a}^{a} 2\pi a dx = 2\pi a x \Big|_{-a}^{a} = 4\pi a^2$$

6.3 总结

1. 对于曲线 $y = f(x)$ 来说，曲线上 a、b 两点间的弧长公式：

$$s = \int_a^b \sqrt{1 + (y')^2} \mathrm{d}x$$

2. 将曲面看作曲线绕坐标轴旋转得到的图形后，可以利用弧长公式根据圆盘法计算图形的表面积。

第 7 章　偏导

我们在第 4 章中了解了导数的概念，知道导数就是函数的变化率。确切地说，第 4 章中的导数是单变量函数的导数。现实世界的变量远不止一个，对于二元函数和更多元的函数，我们同样要研究它的变化率——这就是偏导。

7.1　空间函数

首先要明确，只有多元函数才有偏导的概念，一元函数的偏导就是导数。由于二元函数的偏导和更多元的偏导类似，所以本章大多数时候都是以二元函数为例。

在认识偏导之前，先来看看空间函数和它的图像。

7.1.1　曲面

二元函数可以用 $z = f(x,y)$ 表示，如果把 $f(x,y)$ 中的两个变量图像化，将得到空间的某个曲面，图 7.1 所示是 $f(x,y) = -y$ 的曲面。

似乎很简单，再来两个稍微复杂点的，如图 7.2 和图 7.3 所示。

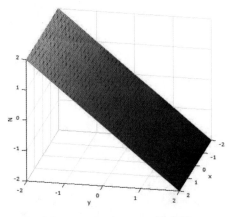

图 7.1　$f(x,y) = -y$ 的曲面

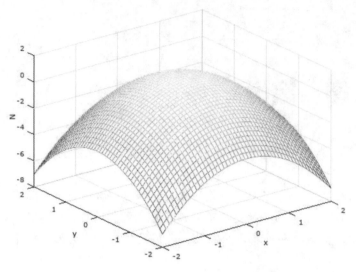

图 7.2 $f(x,y) = 1 - x^2 - y^2$ 的曲面

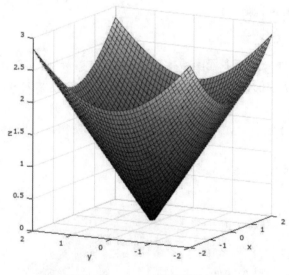

图 7.3 $f(x,y) = \sqrt{x^2 + y^2}$ 的曲面

通常来说，三维空间的曲面很难作图，对于复杂函数来说，作图简直是一场噩梦，所以作图工作就交由计算机完成吧。

7.1.2 等高线

也许我们对等高线并不陌生，早在初中地理中就见识过，如图 7.4 所示。

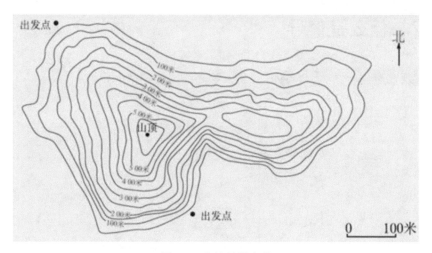

图 7.4　山坡的等高线

在平面直角坐标系中，通过 (x, y) 可以定位任意位置，在此基础上，可以借助等高线描述第 3 个维度，从而使三维空间二维化。如果你在山坡上沿着等高线行走，从山的一点走到另一点的过程中海拔不变，这相当于把海拔高度映射到平面上，如图 7.5 所示。

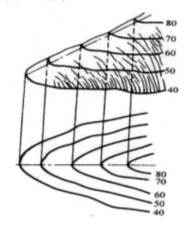

图 7.5　将海拔高度映射到平面上

实际上第 3 个维度也可以用颜色表示，比如常见的气温图，相同的颜色表示温度相同。

两种不同颜色之间其实就是一个函数的等高线，把颜色换成线条就变成了地理中学过的等温线。

7.2　什么是偏导

现在有同一函数 $f(x, y)$ 的 3 条等高线，如图 7.6 所示。

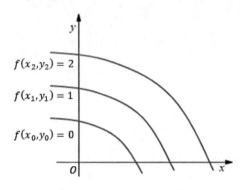

图 7.6　$f(x, y)$ 的 3 条等高线

很容易得出下面 2 个结论。

（1）当 x 增大时，z 增大；当 x 减小时，z 减小。

（2）当 y 增大时，z 增大；当 y 减小时，z 减小。

如果试图分析 $f(x, y)$ 的变化速度，必然要用到导数，只不过这次是对含有两个变量的函数求导——求偏导。

偏导中的"偏"，指仅观察一个变量的改变对整体结果的影响（对其中一个变量求导），而不管其他的变量。偏导的英文 partial derivatives，partial 翻译成"部分"也许更好理解。多变量函数没有一元函数中的导数，它只有关于每个变量的偏导数。用下面的符号表示函数 $f(x, y)$ 在 (x_0, y_0) 处的偏导：

$$\frac{\partial}{\partial x} f(x_0, y_0), \quad \frac{\partial}{\partial y} f(x_0, y_0)$$

它们分别表示 f 对 x 的偏导和 f 对 y 的偏导，也可以写成：

$$f_x(x_0, y_0), \quad f_y(x_0, y_0)$$

与单变量函数的导数相似，偏导数的公式是：

$$\frac{\partial}{\partial x} f(x_0, y_0) = \lim_{\Delta x \to 0} \frac{f(x_0 + \Delta x, y_0) - f(x_0, y_0)}{\Delta x}$$

$$\frac{\partial}{\partial y} f(x_0, y_0) = \lim_{\Delta y \to 0} \frac{f(x_0, y_0 + \Delta y) - f(x_0, y_0)}{\Delta y}$$

以第 1 个式子为例，对 x 的偏导并没有改变 y 的值，仅仅是改变 x，然后观察函数 $f(x, y)$ 的变化。

7.3　偏导数的意义

偏导数的几何意义是曲面与 x 轴或 y 轴方向垂直切面的切线的斜率，如图 7.7 所示。

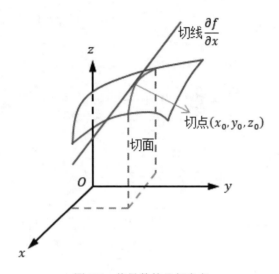

图 7.7　偏导数的几何意义

在 $z = f(x, y)$ 中，如果保持 y 不变，那么 f 将依赖于 x 的变化，这将得到一个与 $x - y$ 平面平行的切面，切面与 $f(x, y)$ 的交线就是曲线 $f(x, y_0)$，偏导数 $f_x(x_0, y_0)$ 就是交线上一点在 x 轴方向切线的斜率，此时的切线和 y 轴没什么关系。如果保持 x 不变，就是 y 的偏导，偏导数 $f_y(x_0, y_0)$ 就是交线上一点在 y 轴方向切线的斜率。

偏导数的物理意义是试探。一个物理量由多个参数组成，比如温度和空气体积都会影响气压，如果同时改变两个参数就很难找出气压的变化规律，所以研究气压时需要固定一个参数，从而找到另一个参数对物理量变化率的影响：$\dfrac{\partial P}{\partial T}$ 是压强随温度的变化率；$\dfrac{\partial P}{\partial V}$ 是压强随体积的变化率。

7.4 偏导的计算

对某一变量求偏导的含义是固定其他变量，仅试探这个变量的扰动对函数的影响，所以对某个变量计算偏导，只需要把其他变量全部看作常量，其余的计算和导数完全一致。

示例 7-1 **计算** $f(x, y) = x^3y + y^2$ **的偏导**

先对 x 计算偏导，这相当于把 y 看作常量，求 f 关于 x 的导数：

$$\frac{\partial f}{\partial x} = \underbrace{\frac{\mathrm{d}}{\mathrm{d}x}(x^3y) + \frac{\mathrm{d}}{\mathrm{d}x}y^2}_{y \text{ 是常量}} = 3x^2y + 0 = 3x^2y$$

同样，对 y 求偏导需要把 x 看作常量：

$$\frac{\partial f}{\partial y} = \underbrace{\frac{\mathrm{d}}{\mathrm{d}y}(x^3y) + \frac{\mathrm{d}}{\mathrm{d}y}y^2}_{x \text{ 是常量}} = x^3 + 2y$$

7.5 二阶偏导和混合偏导

二阶偏导就是求偏导的偏导，过程和求偏导类似，将另一个变量看作常数后对另一个变量反复求导。以下是 $f(x, y) = x^3y + y^2$ 的二阶偏导：

$$f_x = \frac{\partial f}{\partial x} = 3x^2y, \ f_{xx} = \frac{\partial^2 f}{\partial x^2} = \frac{\partial f_x}{\partial x} = \frac{\partial(3x^2y)}{\partial x} = 6xy$$

$$f_y = \frac{\partial f}{\partial y} = x^3 + 2y, \ f_{yy} = \frac{\partial^2 f}{\partial y^2} = \frac{\partial f_y}{\partial y} = \frac{\partial(x^3 + 2y)}{\partial y} = 2$$

对 x 的偏导表示函数在 x 轴方向切线的斜率，对 x 的二阶偏导表示函数在 x 轴方向切线斜率的变化率，也就是斜率变化的快慢，这也和单变量函数的二阶导数类似。

除此之外，还有混合偏导，它是对一个变量求偏导后再对另一个变量求偏导：

$$f_{xy} = \frac{\partial^2 f}{\partial x \partial y} = \frac{\partial f_x}{\partial y} = \frac{\partial 3x^2y}{\partial y} = 3x^2, \ f_{yx} = \frac{\partial^2 f}{\partial y \partial x} = \frac{\partial f_y}{\partial x} = \frac{\partial(x^3 + 2y)}{\partial x} = 3x^2$$

可以看到，对于混合偏导来说，先对哪个变量求偏导都是一样的，都将对函数产生相同的扰动。

7.6　多元函数的偏导

在实际应用中，我们通常碰到的是更多元函数的偏导，这个"更多元"可能是上千甚至上万元！不过别被它吓到，这和二元函数的偏导没什么区别，更进一步说，和求导数没什么区别。

在机器学习中，线性回归的假设函数是：

$$h_\theta(x) = \theta_0 x_0 + \theta_1 x_1 + \theta_2 x_2 + \cdots + \theta_n x_n = \sum_{i=0}^{n} \theta_i x_i \qquad x_0 = 1$$

通常使用最小化平方和损失函数的办法来找到模型，平方和损失函数是：

$$J(\theta) = \frac{1}{m} \sum_{i=i}^{m} \frac{1}{2} \left(h_\theta\left(x^{(i)}\right) - y^{(i)} \right)^2 = \frac{1}{2m} \sum_{i=i}^{m} \left(h_\theta\left(x^{(i)}\right) - y^{(i)} \right)^2$$

注：上标 (i) 表示第 i 个训练样本。

假设只有一个训练样本，即 $m = 1$，此时可以去掉上标，将损失函数简化为：

$$J(\theta) = \frac{1}{2}(h_\theta(x) - y)^2$$

现在想要求 $J(\theta)$ 的偏导，比如 $J(\theta)$ 对 θ_1 的偏导，如何求解呢？

答案很简单，只要把其他变量看作常量就可以了。

注：这里 x 和 y 是已知的，θ 才是未知的。

单变量函数的所有求导方法也同样适用于多变量函数，需要使用链式法则：

$$\text{let} \quad u = h_\theta(x) - y$$

$$\frac{\partial}{\partial \theta_1} J(\theta) = \frac{\partial J}{\partial u} \frac{\partial u}{\partial \theta_1} = \frac{\partial}{\partial u} \left(\frac{1}{2} u^2 \right) \frac{\partial}{\partial \theta_1} (h_\theta(x) - y)$$

$$= u \frac{\partial}{\partial \theta_1} (\theta_0 x_0 + \theta_1 x_1 + \theta_2 x_2 + \cdots + \theta_n x_n - y)$$

后半部分看上去很唬人，实际上是纸老虎，除了 θ_1 之外都是常量（包括 y），相当于：

$$C_1 + \theta_1 x_1 + C_2 + \cdots + C_n - y = \theta_1 x_1 + C$$

只要看清这一步，求导就简单了：

$$\frac{\partial}{\partial\theta_1}(\theta_0 x_0 + \theta_1 x_1 + \theta_2 x_2 + \cdots + \theta_n x_n - y) = \frac{\partial}{\partial\theta_1}(\theta_1 x_1 + C) = x_1$$

最终：

$$\frac{\partial}{\partial\theta_1}J(\theta) = u x_1 = (h_\theta(x) - y)x_1$$

推广到任意变量：

$$\frac{\partial}{\partial\theta_i}J(\theta) = u x_i = (h_\theta(x) - y)x_i$$

7.7 相关代码

和导数一样，偏导同样使用借助 SymPy，对示例 7-1 求偏导：

```
01    import sympy as sp
02
03    # 定义变量 x，y
04    x = sp.symbols('x')
05    y = sp.symbols('y')
06    # 定义函数 f = x^3y + y^2
07    f = x**3 * y + y**2
08    # 对 x 求偏导
09    fx = sp.diff(f, x)
10    # 对 y 求偏导
11    fy = sp.diff(f, y)
12
13    print('f(x,y) = x^3y + y^2,\tfx = %s,\tfy = %s' % (fx, fy))
```

运行结果如图 7.8 所示。

```
f(x, y) = x^3y + y^2,     fx = 3*x**2*y,   fy = x**3 + 2*y
```

图 7.8　求偏导的运行结果

7.8 总结

1. 可以对多元函数的某个变量求偏导，求导方法是将其他变量看作常量。

2．偏导数的几何意义是固定面上一点的切线斜率。

3．二阶偏导和混合偏导：

$$f_{xx} = \frac{\partial^2 f}{\partial x^2}, \ f_{yy} = \frac{\partial^2 f}{\partial y^2}$$

$$f_{xy} = \frac{\partial^2 f}{\partial x \partial y} = \frac{\partial^2 f}{\partial y \partial x} = f_{yx}$$

第8章 多重积分

某一天，我看到正在读小学五年级的小侄子的作业，题目是求阴影部分的面积，如图 8.1 所示。

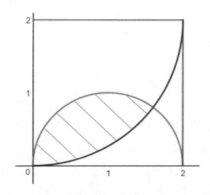

图 8.1　求阴影部分的面积

阴影部分是由一个四分之一圆和一个半圆围成的，真是需要费一番脑筋啊。

小侄子抓耳挠腮了半小时仍然不知道怎么求解，最后向我求救。在经过一番讨价还价后，以一个冰激凌为酬劳，我答应帮助他。又过了半小时，我发现，我也不会……

最终我被狠狠地嘲笑了一番。

实际上我一眼就看出了如何求解，那就是使用多重积分。

8.1　二重积分的意义

简单地说，二重积分就是积分的积分。

我们已经知道一元积分的几何意义是计算曲线与 x 轴围成的面积，如

图 8.2 所示。

　　相应地，二重积分的被积函数是空间中的一个曲面，其几何意义是计算该曲面在 x-y 平面的投影与该曲面围成的曲面柱体的体积，如图 8.3 所示。

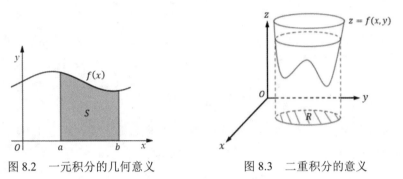

图 8.2　一元积分的几何意义　　　　图 8.3　二重积分的意义

　　图 8.3 中，$f(x, y)$ 在 x-y 平面投影的区域是 R，下式称为区域 R 上 $f(x, y)$ 的二重积分：

$$\iint\limits_R f(x, y)\mathrm{d}A$$

　　注：有时候 R 也写在积分符号的右下角，$\iint_R f(x, y)\mathrm{d}A$。无所谓了，只要理解意思就好。

　　$\mathrm{d}A$ 表示 R 上的一小块面积，是二重积分的面积微元。

8.2　为什么能计算体积

　　一元积分采用黎曼和的思想将不规则图形切割成多个小矩形，二重积分也是类似的思路，如图 8.4 所示。

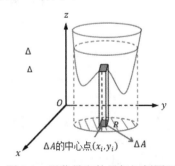

图 8.4　用黎曼和的思想切割图形

二重积分是将 R 区域分成了多个长方体小块，每一小块的底面积是 ΔA。设第 i 块的面积是 ΔA_i，ΔA_i 中心点在 x-y 平面对应的值是 (x_i, y_i)，则第 i 小块的高是 $h_i = f(x_i, y_i)$，由此可以求得第 i 小块长方体的体积：

$$\Delta V_i \approx h_i \Delta A_i = f(x_i, y_i)\Delta A_i$$

累加 R 区域上的所有长方体小块，就得到了 R 区域对应的曲面柱体体积：

$$V_R \approx \sum_{i=1}^{n} f(x_i, y_i)\Delta A_i$$

如果取积分，就是对所有面积小块 ΔA 取极限，使其趋近于 0，这就可以使约等号变成直等号，于是得到了二重积分：

$$\lim_{\Delta A \to 0}\left(\sum_{i=1}^{n} f(x_i, y_i)\Delta A_i\right) = \iint\limits_{R} f(x, y)\mathrm{d}A$$

8.3 计算二重积分

大体上，在计算二重积分时需要将其化简为两个单变量积分，因此，所有在一元积分中的计算方法对于二重积分都适用。

8.3.1 计算方法的来源

先来看看计算方法的来源。我们的目标是求得 x-y 平面上的 R 区域与 $z = f(x, y)$ 围成的空间图形的体积，如图 8.5 所示。

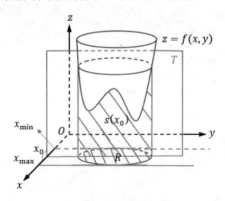

图 8.5　计算二重积分

平面 T 与 $x\text{-}z$ 平面垂直且与 y 轴平行，$S(x_0)$ 是平面 T 上阴影部分的面积。如果将平面 T 沿 x 轴方向前后移动（但不能超过 R 区域），将会得到不同的面积 $S(x)$，累积这些 $S(x)$ 就会得到曲面柱体的体积：

$$V_R = \int_{x_{\min}}^{x_{\max}} S(x)\mathrm{d}x$$

积分上下限就是平面 T 在移动时与 R 区域的切点。

现在的问题是如何计算 $S(x)$？还是利用黎曼和的思想，将面积切割成小块，如图 8.6 所示。

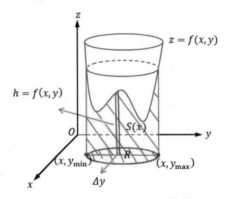

图 8.6　将 $S(x)$ 切割成小矩形

小矩形的微小宽度是 Δy，高度是 $f(x,y)$。对于给定的 x 来说，$S(x)$ 就是当 Δy 趋近于 0 时累加所有小矩形，也就是关于 y 的积分：

$$S(x) = \lim_{\Delta y \to 0}\left(\sum_{i=1}^{n} f(x_i, y_i)\Delta y_i\right), \quad y_{\min}(x) \leqslant y_i \leqslant y_{\max}(x)$$

$$S(x) = \int_{y_{\min}(x)}^{y_{\max}(x)} f(x,y)\mathrm{d}y$$

积分域表示在给定的切面 $S(x)$ 中，y 是随着 x 变化的。

现在把两个积分式 V_R 和 $S(x)$ 合并到一起，就得到了二重积分：

$$\int_{x_{\min}}^{x_{\max}} S(x)\mathrm{d}x = \int_{x_{\min}}^{x_{\max}}\left(\int_{y_{\min}(x)}^{y_{\max}(x)} f(x,y)\mathrm{d}y\right)\mathrm{d}x = \iint\limits_{R} f(x,y)\mathrm{d}A$$

通常，二重积分是这么写的：

$$\iint\limits_{R} f(x,y)\mathrm{d}A = \iint\limits_{R} f(x,y)\mathrm{d}y\,\mathrm{d}x = \int_{x_{\min}}^{x_{\max}}\int_{y_{\min}(x)}^{y_{\max}(x)} f(x,y)\mathrm{d}y\,\mathrm{d}x$$

实际上二重积分就是积分的积分，它做了两次积分，先固定 x，对 y 积分（计算切面面积$S(x)$），再固定 y，对 x 积分（计算 R 区域的体积）。在这个过程中，dA 最终变成了dydx，这是因为将 R 区域的面积分成了无数个小矩形，矩形的长和宽就是 dy 和 dx，小矩形的面积是 dA = dydx，由此看来，先对 x 积分和对 y 积分是一样的：

$$\iint\limits_{R} f(x,y)\mathrm{d}y\,\mathrm{d}x = \iint\limits_{R} f(x,y)\mathrm{d}x\,\mathrm{d}y$$

$$\int_{x_{\min}}^{x_{\max}} \int_{y_{\min}(x)}^{y_{\max}(x)} f(x,y)\mathrm{d}y\,\mathrm{d}x = \int_{y_{\min}}^{y_{\max}} \int_{x_{\min}(y)}^{x_{\max}(y)} f(x,y)\mathrm{d}x\,\mathrm{d}y$$

注：dydx 的顺序改变后，积分域也要做相应调整，这个调整并不是简单地互换位置，这在 8.3.3 节中会详细说明。

8.3.2 计算的一般过程

计算二重积分的一般过程就是由内而外，依次积分。下面来看看具体是如何操作的。

示例 8-1 计算二重积分

计算 $f(x,y) = 1 - x^2 - y^2$ 在 $0 \leqslant x \leqslant 1$，$0 \leqslant y \leqslant 1$上的积分。

二重积分表达式是：

$$\iint\limits_{R} f(x,y)\mathrm{d}y\,\mathrm{d}x = \int_0^1 \int_0^1 (1 - x^2 - y^2)\mathrm{d}y\,\mathrm{d}x$$

第一步是计算内积分，将 x 看作固定值，对 y 做积分：

$$\int_0^1 (1 - x^2 - y^2)\mathrm{d}y = \left(y - x^2 y - \frac{y^3}{3}\right)\Big|_{y=0}^{y=1} = \left(1 - x^2 - \frac{1}{3}\right) - 0 = \frac{2}{3} - x^2$$

注：积分的反函数是导数，二重积分的反函数是偏导：

$$\frac{\partial}{\partial y}\left(y - x^2 y - \frac{y^3}{3}\right) = 1 - x^2 - y^2$$

经过第一步后，y 将从结果中消失。接下来计算外积分：

$$\int_0^1 \frac{2}{3} - x^2 \mathrm{d}x = \left(\frac{2x}{3} - \frac{x^3}{3}\right)\Big|_0^1 = \frac{1}{3}$$

这就是最终答案了。

8.3.3 积分的边界

现在修改一下示例 8-1 的函数定义域，如果约束是 $x^2 + y^2 \leq 1$ 且 $x \geq 0$，$y \geq 0$ 那么 $f(x,y)$ 的二重积分是什么？

这里无须知道 $f(x,y)$ 是一个什么样的图形，只需要知道 $f(x,y)$ 在 x-y 平面上的投影即可。由约束条件可知，R 区域是四分之一圆，如图 8.7 所示。

现在以 y 为内积分，x 为外积分来判断积分域。容易知道 x 的取值范围是 $0 \leq x \leq 1$，而 y 是受 x 约束的，如图 8.8 所示。

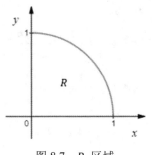

图 8.7　R 区域

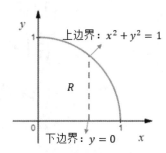

图 8.8　y 的上下边界

在虚线上，x 是定值，y 的取值位于 $y = 0$ 和 $x^2 + y^2 = 1$ 之间，用 x 表示 y 就得到了内积分的边界值：

$$0 \leqslant y \leqslant \sqrt{1-x^2}$$

$$\iint\limits_{R} f(x,y)\mathrm{d}A = \iint\limits_{R} (1 - x^2 - y^2)\mathrm{d}A$$

$$= \int_0^1 \int_0^{\sqrt{1-x^2}} (1 - x^2 - y^2)\mathrm{d}y\,\mathrm{d}x$$

对于内积分来说，需要将 x 看作常量：

$$\int_0^{\sqrt{1-x^2}} (1 - x^2 - y^2)\mathrm{d}y = \left(y - x^2 y - \frac{y^3}{3}\right)\Bigg|_{y=0}^{y=\sqrt{1-x^2}} = \frac{2}{3}(1 - x^2)^{\frac{3}{2}}$$

现在，二重积分去掉了 y，变成了普通的一元积分，这可以使用三角替换计算：

$$\iint\limits_{R} (1 - x^2 - y^2)\mathrm{d}A = \int_0^1 \frac{2}{3}(1 - x^2)^{\frac{3}{2}}\mathrm{d}x$$

$$\text{let} \quad x = \sin\theta, \ 0 \leqslant \theta \leqslant \frac{\pi}{2}, \quad \text{then} \quad \mathrm{d}x = \cos\theta\,\mathrm{d}\theta$$

$$(1 - x^2)^{\frac{3}{2}}\mathrm{d}x = (1 - \sin^2\theta)^{\frac{3}{2}}\cos\theta\,\mathrm{d}\theta = (\cos^2\theta)^{\frac{3}{2}}\cos\theta\,\mathrm{d}\theta = \cos^4\theta\,\mathrm{d}\theta$$

$$\int \frac{2}{3}(1 - x^2)^{\frac{3}{2}}\mathrm{d}x = \frac{2}{3}\int \cos^4\theta\,\mathrm{d}\theta$$

$$= \frac{2}{3}\int \left(\frac{1 + \cos 2\theta}{2}\right)^2 \mathrm{d}\theta$$

$$= \frac{2}{3}\int \left(\frac{1}{4} + \frac{\cos 2\theta}{2} + \frac{\cos^2 2\theta}{4}\right)\mathrm{d}\theta$$

$$= \frac{2}{3}\left(\frac{1}{4}\int \mathrm{d}\theta + \frac{1}{2}\int \cos 2\theta\,\mathrm{d}\theta + \frac{1}{4}\int \left(\frac{1 + \cos 4\theta}{2}\right)\mathrm{d}\theta\right)$$

$$= \frac{2}{3}\left(\frac{\theta}{4} + \frac{\sin 2\theta}{4} + \frac{1}{4}\left(\int \frac{1}{2}\mathrm{d}\theta + \int \frac{\cos 4\theta}{2}\mathrm{d}\theta\right)\right)$$

$$= \frac{2}{3}\left(\frac{\theta}{4} + \frac{\sin 2\theta}{4} + \frac{1}{4}\left(\frac{\theta}{2} + \frac{\sin 4\theta}{8}\right)\right) + C$$

$$= \frac{\theta}{4} + \frac{2}{3}\left(\frac{\sin 2\theta}{4} + \frac{\sin 4\theta}{32}\right) + C$$

现在可以求得外积分了：

$$\int_0^1 \frac{2}{3}(1 - x^2)^{\frac{3}{2}}\mathrm{d}x = \int_0^{\frac{\pi}{2}} \frac{\theta}{4} + \frac{2}{3}\left(\frac{\sin 2\theta}{4} + \frac{\sin 4\theta}{32}\right)\mathrm{d}\theta = \frac{\pi}{8}$$

注：变量替换后，积分域也要相应改变。

这就是最终答案：

$$\iint\limits_{R} f(x,y)\mathrm{d}A = \frac{\pi}{8}$$

8.3.4　改变积分顺序

由于先对 x 积分和先对 y 积分都是一样的，所以在某些情况下可以通过改变内、外积分的顺序来使计算更加简单。

$$\iint\limits_R f(x,y)\mathrm{d}A = \iint\limits_R f(x,y)\mathrm{d}y\mathrm{d}x = \iint\limits_R f(x,y)\mathrm{d}x\mathrm{d}y$$

注：改变内、外积分的顺序后，它们积分域也要随之改变，但对应的区域仍然是 R。

示例 8-2　改变积分顺序

$$\int_0^1 \int_x^{\sqrt{x}} \frac{\mathrm{e}^y}{y}\mathrm{d}y\mathrm{d}x = ?$$

内积分很难计算，你会在第一步就卡住，在这种情况下可以尝试改变内、外积分的顺序。改变顺序时要同时改变积分域：

$$\begin{cases} x \leqslant y \leqslant \sqrt{x} \\ 0 \leqslant x \leqslant 1 \end{cases} \Rightarrow 0 \leqslant y \leqslant 1$$

$$\int_0^1 \int_x^{\sqrt{x}} \frac{\mathrm{e}^y}{y}\mathrm{d}y\mathrm{d}x = \int_0^1 \int_{x_{\min}(y)}^{x_{\max}(y)} \frac{\mathrm{e}^y}{y}\mathrm{d}x\mathrm{d}y$$

现在的问题是 x 如何受到 y 的影响？最直接的方式就是结合积分域作图，R 区域就是 $y = x$ 和 $y = \sqrt{x}$ 这两条曲线所围成的部分，如图 8.9 所示。

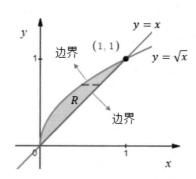

图 8.9　通过作图观察二重积分的边界

在虚线上 y 是定值，容易看出 x 的两个边界，右边界（x 上限）是 $y = x$，左边界（x 下限）是 $y = \sqrt{x}$。如果改写成 x 关于 y 的表达式，则 x 的上限是 $x = y$，x 下限是 $x = y^2$：

$$\int_0^1 \int_{x_{\min}(y)}^{x_{\max}(y)} \frac{\mathrm{e}^y}{y}\mathrm{d}x\mathrm{d}y = \int_0^1 \int_{y^2}^{y} \frac{\mathrm{e}^y}{y}\mathrm{d}x\mathrm{d}y$$

现在可以计算内积分了，把 y 看作常量，复杂的式子将会变得简单：

$$\int_{y^2}^{y} \frac{e^y}{y} dx = \frac{e^y}{y} x \Big|_{x=y^2}^{x=y} = e^y - ye^y$$

最后计算外积分：

$$\int_0^1 (e^y - ye^y) dy = \int_0^1 -(e^y + ye^y - 2e^y) dy$$

$$= -\int_0^1 (e^y + ye^y) dy + \int_0^1 2e^y dy$$

$$\because (ye^y)' = y'e^y + y(e^y)' = e^y + ye^y \qquad ①$$

$$\therefore \int (e^y + ye^y) dy = ye^y + C$$

$$-\int_0^1 (e^y + ye^y) dy + \int_0^1 2e^y dy = -ye^y + 2e^y \Big|_0^1 = e - 2$$

注：在①的求导中，y 不是关于 x 的函数，y 是一个等同于 x 的变量，或许写成偏导的形式更容易理解。

示例 8-3 三角形区域的积分域

如图 8.10 所示，R 区域是 $(0,0)$、$(0,2)$、$(-1,2)$ 三点围成的三角形，求 $\iint\limits_R dxdy$ 和 $\iint\limits_R dydx$ 的积分域。

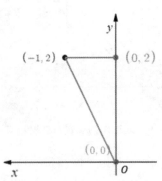

图 8.10 三点围成的三角形

R 区域是直角三角形，三角形的斜边是 $y = -2x$。如果 x 作为外积分，则意味着先确定 x 的取值范围，再用 x 表示 y。从图 8.11 可以看出

x 的取值范围是 $-1 \leqslant x \leqslant 0$，$y$ 的边界是 $-2x \leqslant y \leqslant 2$。

$$\iint\limits_{R} \mathrm{d}y\mathrm{d}x = \int_{-1}^{0}\int_{-2x}^{2} \mathrm{d}y\,\mathrm{d}x$$

如果使用 $\mathrm{d}x\mathrm{d}y$，则需要先确定 y 的取值范围，再用 y 表示 x。y 的边界 $0 \leqslant y \leqslant 2$容易确定，$x$ 的边界是 $-\dfrac{y}{2} \leqslant x \leqslant 0$，如图 8.12 所示。

$$\iint\limits_{R} \mathrm{d}x\mathrm{d}y = \int_{0}^{2}\int_{-\frac{y}{2}}^{0}\mathrm{d}x\,\mathrm{d}y$$

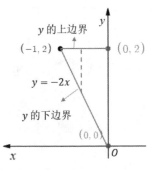

图 8.11 y 的上、下边界

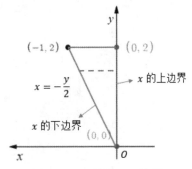

图 8.12 x 的上、下边界

示例 8-4 扇形区域的积分域

如图 8.13 所示，R 区域是由圆心在原点、半径为 2 的圆、直线 $y = x$ 与 x 轴的上方共同围成的扇形，求 $\iint\limits_{R} \mathrm{d}x\mathrm{d}y$和 $\iint\limits_{R} \mathrm{d}y\mathrm{d}x$ 的积分域。

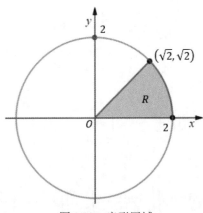

图 8.13 扇形区域

以 y 为外积分，$\mathrm{d}y$ 的上、下边界是 $0 \leqslant y \leqslant \sqrt{2}$，这很容易确定；需要思考的是内积分的边界，如图 8.14 所示。

在虚线上，y 值固定，左边界是 $y = x$，右边界是圆 $x^2 + y^2 = 4$，因此可以确定 x 的取值范围：

$$y \leqslant x \leqslant \sqrt{4 - y^2}$$

$$\iint\limits_{R} \mathrm{d}x\mathrm{d}y = \int_0^{\sqrt{2}} \int_y^{\sqrt{4-y^2}} \mathrm{d}x \, \mathrm{d}y$$

以 x 为外积分看起来似乎没那么容易，此时 R 区域需要分成 R_1、R_2 两部分，每个部分的内积分边界值是不同的，如图 8.15 所示。

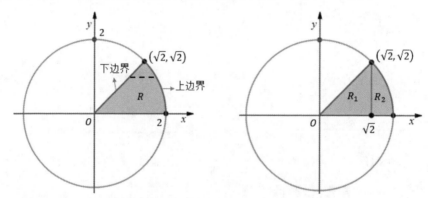

图 8.14　内积分的边界　　　　图 8.15　将 R 区域分为R_1、R_2 两部分

在 R_1中，外积分 $\mathrm{d}x$ 的取值是 $0 \leqslant x \leqslant \sqrt{2}$，$y$ 的取值依赖于直线 $y = x$，其范围是 $0 \leqslant y \leqslant x$：

$$\iint\limits_{R_1} \mathrm{d}y\mathrm{d}x = \int_0^{\sqrt{2}} \int_0^x \mathrm{d}y \, \mathrm{d}x$$

在R_2中，外积分 $\mathrm{d}x$ 的取值是 $\sqrt{2} \leqslant x \leqslant 2$，$y$ 的取值依赖于圆 $x^2 + y^2 = 4$，其范围是 $0 \leqslant y \leqslant \sqrt{4 - x^2}$：

$$\iint\limits_{R_2} \mathrm{d}y\mathrm{d}x = \int_{\sqrt{2}}^2 \int_0^{\sqrt{4-x^2}} \mathrm{d}y \, \mathrm{d}x$$

最终：

$$\iint\limits_{R} \mathrm{d}y\mathrm{d}x = \iint\limits_{R_1} \mathrm{d}y\mathrm{d}x + \iint\limits_{R_2} \mathrm{d}y\mathrm{d}x = \int_0^{\sqrt{2}} \int_0^x \mathrm{d}y \, \mathrm{d}x + \int_{\sqrt{2}}^2 \int_0^{\sqrt{4-x^2}} \mathrm{d}y \, \mathrm{d}x$$

8.4 二重积分的应用

二重积分的几何意义是计算物体的体积，在实际问题中，二重积分还可以用来计算面积和均值。

8.4.1 计算面积

单变量积分的几何意义是曲线与 x 围成的面积，如果要计算任意一块封闭区域的面积，单变量积分就无能为力了，此时二重积分会比较有用，如图 8.16 所示。

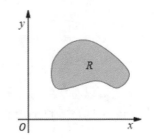

图 8.16 封闭曲线围成的面积

R 是平面上的一块封闭区域，二重积分的思路是将 R 区域的面积分成无数个小块，每个小块的面积都是 dA，dA 的积分就是 R 的面积：

$$Area_R = \iint\limits_{R} dA = \iint\limits_{R} dydx$$

这相当于函数 $f(x, y) = 1$ 在 R 上的二重积分。如果按照体积去思考，上式就是函数 $f(x, y) = 1$ 的图形下的体积。在 x-y-z 坐标系中，$f(x, y) = 1$ 的图像是高度为 1 的水平面，所以二重积分表示在 x-y 坐标系中底面积是 $Area_R$，高度为 1 的棱柱的体积——体积等于底面积乘以高，高度是 1，所以体积等于底面积。

计算面积是二重积分的基本应用，通常我们不按照体积去思考，而是直接把 $\iint\limits_{R} dA$ 看成是对 R 区域的面积微元 dA 的积分。

8.4.2 计算平均值

二重积分的另一个应用是求 R 区域上数量的平均值，即在 R 区域上求函数 $f(x, y)$ 的平均值。

我们知道在有限数据集上求平均值的方法是用数值总量除以数值的个数，比如计算一个班级学生的平均身高，需要用总身高除以总人数。对于无限数据集的平均值——比如测量一个房间的平均温度——我们通常的做法是选取一些点去测量，然后计算这些点的平均值，结果的真实度取决于测量点的个数。问题是理论上有无限多个点，所以这种选取一些点的方式无法表述真正的数值。

如何计算无限数据集的平均值呢？实际上，数学上定义连续平均值的方法是对整个数据集上的函数 f 做积分，然后再除以这个集合的大小——也就是 R 区域的面积：

$$\bar{f} = \frac{1}{Area_R} \iint_R f\mathrm{d}A$$

注：在 f 头上加小帽子表示 f 的平均值。

上式可以看作所有点处 f 值的和除以所有点的个数，前提是各点的权重一致，也就是等权平均值。

8.5 三重积分

三重积分由平面转移到空间，但本质上与二重积分一致。空间函数 $f(x,y,z)$ 对应的三重积分是：

$$\iiint_R f(x,y,z)\mathrm{d}v$$

其中，R 区域的是 $f(x,y,z)$ 在定义域范围内的图形的体积，$\mathrm{d}v$ 是体积积元。在二重积分中，面积积元是 $\mathrm{d}A = \mathrm{d}x\mathrm{d}y$，三重积分的体积积元是 $dv = \mathrm{d}x\mathrm{d}y\mathrm{d}z$。

8.5.1 计算三重积分

考虑计算两个曲面 $z = x^2 + y^2$ 和 $z = 4 - x^2 - y^2$ 围成的图形的体积。

两个曲面表示了积分域，现在用三重积分表示所求体积，并用 z 作为最内层积分：

$$V = \iiint_R \mathrm{d}z\mathrm{d}y\mathrm{d}x$$

这两个曲面围成的图形如图 8.17 所示。

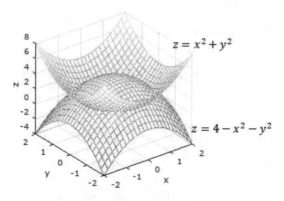

图 8.17　两个曲面围成的图形

上式在先处理 dz 后剩下 $dxdy$，这就和二重积分一样了。二重积分需要关注的是所求曲面在 x-y 平面上的投影，并找出投影的边界值。

由 $z = x^2 + y^2$ 和 $z = 4 - x^2 - y^2$ 可知投影是圆，x 和 y 的取值范围是圆内的所有点，问题是如何求得圆的方程？

还是从所求曲面的图形入手，在这个曲面中，z 的取值范围在 $z = x^2 + y^2$ 和 $z = 4 - x^2 - y^2$ 之间，由此可以推出 x 和 y 的范围：

$$x^2 + y^2 \leqslant z \leqslant 4 - x^2 - y^2$$
$$\Rightarrow x^2 + y^2 \leqslant 4 - x^2 - y^2 \Rightarrow x^2 + y^2 \leqslant 2$$

这就是 x 和 y 的取值范围，也就是半径为 $\sqrt{2}$ 的圆内的所有点。用二重积分表示圆的面积：

$$Area = \iint\limits_{R} \mathrm{d}A = \int_{-\sqrt{2}}^{\sqrt{2}} \int_{-\sqrt{2-x^2}}^{\sqrt{2-x^2}} \mathrm{d}y\, \mathrm{d}x$$

将 $Area$ 合并到三重积分中：

$$V = \int_{-\sqrt{2}}^{\sqrt{2}} \int_{-\sqrt{2-x^2}}^{\sqrt{2-x^2}} \int_{x^2+y^2}^{4-x^2-y^2} \mathrm{d}z\, \mathrm{d}y\, \mathrm{d}x$$

注：实际上对 dz 的积分是就是对两个曲面所围成的图形的高度的积分，$dydx$ 是面积，三重积分可以看作高度与面积的乘积。

三重积分的计算过程和二重积分类似，由内而外逐一计算：

$$\int_{x^2+y^2}^{4-x^2-y^2} \mathrm{d}z = z \Big|_{z=x^2+y^2}^{z=4-x^2-y^2} = 4 - 2x^2 - 2y^2$$

$$\int_{-\sqrt{2-x^2}}^{\sqrt{2-x^2}} 4 - 2x^2 - 2y^2 \, \mathrm{d}y = \left[2(2 - x^2)y - \frac{2}{3}y^3 \right]\Big|_{y=-\sqrt{2-x^2}}^{y=\sqrt{2-x^2}} = \frac{8}{3}(2 - x^2)^{\frac{3}{2}}$$

$$\int_{-\sqrt{2}}^{\sqrt{2}} \frac{8}{3}(2 - x^2)^{\frac{3}{2}} \, \mathrm{d}x = ?$$

使用三角函数替换后继续计算：

$$\text{let} \quad x = \sqrt{2}\cos\theta , \text{ then } \quad \sqrt{2 - x^2} = \sqrt{2}\sin\theta , \text{ d}x = -\sqrt{2}\sin\theta \, \mathrm{d}\theta$$

$$-\sqrt{2} \leqslant \sqrt{2}\cos\theta \leqslant \sqrt{2} \Rightarrow -1 \leqslant \cos\theta \leqslant 1 \Rightarrow -\pi \leqslant \theta \leqslant 0$$

$$\int_{-\sqrt{2}}^{\sqrt{2}} \frac{8}{3}(2 - x^2)^{\frac{3}{2}} \, \mathrm{d}x = \int_{-\pi}^{0} \frac{8}{3}\left(\sqrt{2}\sin\theta\right)^3 \left(-\sqrt{2}\sin\theta\right)\mathrm{d}\theta$$

$$= \underbrace{\int_{-\pi}^{0} \frac{-32}{3}\sin^4\theta \, \mathrm{d}\theta}_{\text{参考示例 5-15}}$$

$$= \frac{-32}{3}\left(\frac{3}{8}\theta + \frac{1}{4}\sin 2\theta + \frac{1}{8}\sin 4\theta\right)\Big|_{-\pi}^{0}$$

$$= 4\pi$$

8.5.2 曲面的体积

单位球和 $z > 1 - y$ 围成了一个曲面柱体，曲面柱体的体积是多少？想要直观的表示就需要作图，如图 8.18 所示。

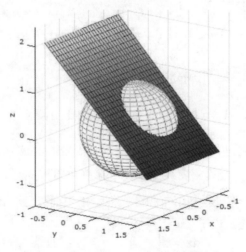

图 8.18 单位球和 $z > 1 - y$ 所围的曲面

体积当然需要用三重积分进行计算，很容易写出下面的式子：

$$V = \iiint\limits_{R} \mathrm{d}z\mathrm{d}y\mathrm{d}x$$

关键问题是确定积分域，为此，我们将图形旋转，观察它在 y-z 坐标系的投影，如图 8.19 所示。

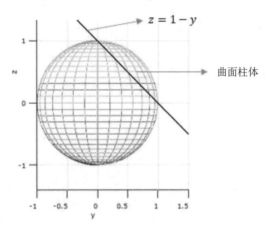

图 8.19　曲面在 y-z 坐标系的投影

在 y-z 坐标系内，单位球的投影是单位圆，平面 $z = 1 - y$ 变成了一条直线。现在容易看出，在曲面柱体上 y 的取值范围是 $0 \leqslant y \leqslant 1$。按照将固定值作为最外层积分的原则，三重积分需要改写为：

$$V = \iiint\limits_{R} \mathrm{d}z\mathrm{d}x\mathrm{d}y$$

和原来的区别仅仅是将 $\mathrm{d}y\mathrm{d}x$ 改为 $\mathrm{d}x\mathrm{d}y$。现在需要知道 x 的积分域，依然用图像旋转的方式旋转到 x-y 坐标系，如图 8.20 所示。

似乎与之前有所不同，通过 x-y 坐标系的投影并不能清楚地看出 x 的取值范围，我们甚至不清楚曲面在 x-y 坐标系的投影究竟是否是一个规则图形。

这迫使我们回到 y-z 坐标系。

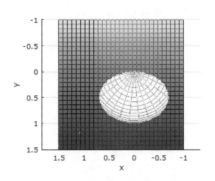

图 8.20　曲面在 x-y 坐标系的投影

已知单位球的方程是 $x^2 + y^2 + z^2 = 1$，在图 8.19 所示的平面图形内：

$$1 - y < z = \sqrt{1 - x^2 - y^2}$$

$$\Rightarrow (1 - y)^2 < 1 - x^2 - y^2$$

$$\Rightarrow x^2 < 2y + 2y^2$$

$$\Rightarrow -\sqrt{2y + 2y^2} < x < \sqrt{2y + 2y^2}$$

现在终于知道了全部的积分域，可以计算体积了：

$$V = \iiint\limits_R \mathrm{d}z\mathrm{d}x\mathrm{d}y = \int_0^1 \int_{-\sqrt{2y^2 - 2y}}^{\sqrt{2y^2 - 2y}} \int_{1-y}^{\sqrt{1 - x^2 - y^2}} \mathrm{d}z\,\mathrm{d}x\,\mathrm{d}y$$

8.6 相关代码

多重积分同样可以使用 SymPy 库计算，下面的代码是对示例 8-1 进行计算：

```
01    import sympy as sp
02
03    # 定义变量 x，表示对 x 求导
04    (x, y) = sp.symbols('x, y')
05    # 定义函数：f = 1 - x**2 - y**2
06    f = 1 - x**2 - y**2
07    # 求解积分
08    result = sp.integrate(f, (x, 0, 1), (y, 0, 1))
09    # 打印结果：1/3
10    print(result)
```

8.7 作业的答案

最后，我们可以尝试一下用高等数学做小学生的作业。

首先知道两个圆的方程：

$$x^2 + (y - 2)^2 = 4, \quad (x - 1)^2 + y^2 = 1$$

二者相交于点 $P(1.6, 0.8)$，通过原点和 P 的直线 $y = \dfrac{x}{2}$ 将阴影部分分

为两部分，如图 8.21 所示。

对于R_1：

$$0 \leqslant x \leqslant 1.6, \ \frac{x}{2} \leqslant y \leqslant \sqrt{1-(x-1)^2}$$

$$A_{R1} = \iint\limits_{R_1} \mathrm{d}y\mathrm{d}x = \int_0^{1.6} \int_{\frac{x}{2}}^{\sqrt{1-(x-1)^2}} \mathrm{d}y\,\mathrm{d}x$$

对于R_2：

$$0 \leqslant x \leqslant 1.6, \ \sqrt{4-x^2}+2 \leqslant y \leqslant \frac{x}{2}$$

$$A_{R_2} = \iint\limits_{R_2} \mathrm{d}y\mathrm{d}x = \int_0^{1.6} \int_{\sqrt{4-x^2}+2}^{\frac{x}{2}} \mathrm{d}y\,\mathrm{d}x$$

也可以用一元积分求解，在交点处引一条垂直于 x 轴的辅助线，将半圆分成 3 个部分，只需要求得 R_1 和 R_2 的面积即可，如图 8.22 所示。

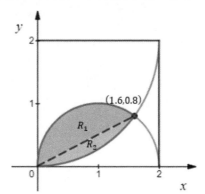

图 8.21　阴影部分面积分成两部分

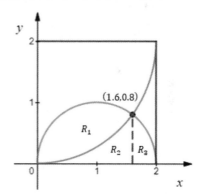

图 8.22　半圆面积分为 3 个部分

$$A_{R_2} + A_{R_3} = \int_0^{1.6} \sqrt{4-x^2}+2\mathrm{d}x + \int_{1.6}^{2} \sqrt{1-(x-1)^2}\mathrm{d}x$$

$$A_{R_1} = \frac{\pi}{2} - \left(A_{R_2} + A_{R_3}\right)$$

既然是小学作业，一定存在更简单的方法……还是交给祖国的花朵去思考吧。

8.8 总结

1. 二重积分的被积函数是空间中的一个曲面，其几何意义是该曲面在 x-y 平面的投影与该曲面围成的曲面柱体的体积。

2. 三重积分的几何意义是 $f(x, y, z)$ 在定义域范围内图形的体积。

3. 多重积分的计算顺序由内而外，在改变积分顺序时，积分域也要相应改变。

第9章 曲线救国

先来复习一下椭圆的知识，一个焦点在 x 轴的椭圆如图 9.1 所示。

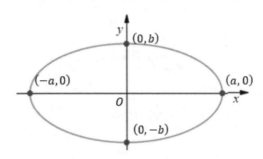

图 9.1　焦点在 x 轴的椭圆

它的标准方程是：

$$\frac{x^2}{a^2} + \frac{y^2}{b^2} = 1 \qquad (0 < b < a)$$

我们中学时就知道椭圆的面积公式是 πab，但是椭圆的周长是什么呢？似乎很多小白们都没有什么印象。周长公式当然存在，只不过稍微复杂一点：

$$s = \int_0^{2\pi} \sqrt{a^2 \sin^2 t + b^2 \cos^2 t}\, \mathrm{d}t$$

x 和 y 不见了，取而代之的是 t，这是怎么回事呢？解释清楚需要花一些时间，得从"曲线救国"的策略说起。

在新中国成立前的艰难岁月里，中国人民无力正面对抗外来入侵时，只好采取缓慢而间接的方式，从侧面迂回、牵制干扰，这就是曲线救国。

曲线救国有多种形式，鲁迅先生弃医从文，以唤醒沉睡的国人为己任，而不是直接拿起钢枪踏入战场，这是曲线救国；人们抵制日货，不去日本工厂干活，也是曲线救国。

再看椭圆周长公式，因为它很难用 x 和 y 直接表示，才必须引入一个特别的参数 t，这正是曲线救国策略。t 是个什么东西？它为什么能够救国呢？请接着往下看。

9.1 椭圆的周长

我们把椭圆的方程换一种方式表达：

$$\text{let}\quad \begin{cases} x = a\cos t \\ y = b\sin t \end{cases}$$

$$\frac{x^2}{a^2} + \frac{y^2}{b^2} = \cos^2 t + \sin^2 t = 1$$

先别管为什么这么替换，首先得承认这个等式是成立的。x 和 y 是无力解决问题的政府军，t 是神秘的爱国人士，他可以提供一些特别的情报。

如果把椭圆可看作一个顺时针运动的星球的星际轨道，那么神秘人士 t 就可以看作时间，有了时间，自然会想到位移，星球在 2π 时间内移动的距离不就是椭圆的周长吗？如图 9.2 所示。

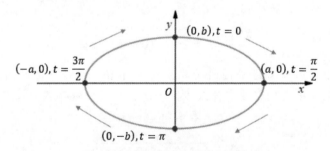

图 9.2 点在椭圆上顺时针运动

在微小的时间 $\mathrm{d}t$ 内，点移动的距离是一段微小的弧长：

$$\mathrm{d}s = \sqrt{\mathrm{d}x^2 + \mathrm{d}y^2}$$

注：弧长的相关介绍可参考第 6 章的相关内容。

累积弧长 $\mathrm{d}s$ 就可以得到椭圆的周长。问题是如何累积 $\mathrm{d}s$？积分的积分域又是什么？继续直接让政府军 x 和 y 去火拼，会发现敌人太强大，此路不通。换个思路，如果知道了点在圆上运动瞬时速度 $\mathrm{d}v$，那么 $\mathrm{d}v\mathrm{d}t$ 就是在微小的时间的位移：

$$\mathrm{d}v = \frac{\mathrm{d}s}{\mathrm{d}t} = \frac{\sqrt{\mathrm{d}x^2 + \mathrm{d}y^2}}{\mathrm{d}t} = \sqrt{\left(\frac{\mathrm{d}x}{\mathrm{d}t}\right)^2 + \left(\frac{\mathrm{d}y}{\mathrm{d}t}\right)^2}$$

这样一来就得到了 $\mathrm{d}s$ 的另一种表达：

$$\mathrm{d}s = \mathrm{d}v\mathrm{d}t = \sqrt{\left(\frac{\mathrm{d}x}{\mathrm{d}t}\right)^2 + \left(\frac{\mathrm{d}y}{\mathrm{d}t}\right)^2}\,\mathrm{d}t$$

点绕椭圆一周用了 2π 时间，把这段时间内的所有微小位移累积在一起就是椭圆的周长：

$$s = \int_0^{2\pi} \sqrt{\left(\frac{\mathrm{d}x}{\mathrm{d}t}\right)^2 + \left(\frac{\mathrm{d}y}{\mathrm{d}t}\right)^2}\,\mathrm{d}t$$

上式已经把对位移的积分转换成对时间的积分，神秘爱国人士已然加入进来。这个积分仍然需要进一步处理，去掉 $\mathrm{d}x$ 和 $\mathrm{d}y$，让政府军彻底退居二线：

$$x = a\cos t \Rightarrow \frac{\mathrm{d}x}{\mathrm{d}t} = -a\sin t \Rightarrow \mathrm{d}x = -a\sin t\,\mathrm{d}t$$

$$y = b\sin t \Rightarrow \frac{\mathrm{d}y}{\mathrm{d}t} = b\cos t \Rightarrow \mathrm{d}y = b\cos t\,\mathrm{d}t$$

$$s = \int_0^{2\pi} \sqrt{\left(\frac{\mathrm{d}x}{\mathrm{d}t}\right)^2 + \left(\frac{\mathrm{d}y}{\mathrm{d}t}\right)^2}\,\mathrm{d}t = \int_0^{2\pi} \sqrt{\left(\frac{-a\sin t\,\mathrm{d}t}{\mathrm{d}t}\right)^2 + \left(\frac{b\cos t\,\mathrm{d}t}{\mathrm{d}t}\right)^2}\,\mathrm{d}t$$

$$= \int_0^{2\pi} \sqrt{a^2\sin^2 t + b^2\cos^2 t}\,\mathrm{d}t$$

这就是最终的表达式，它是一个高等积分，没有可以用初等函数表示的原函数，所以这个式子也是最终的椭圆周长公式。

9.2　参数方程

我们已经能够表达出椭圆的周长，这种借用爱国人士 t 进行曲线救国的策略有一种更专业的名称——参数方程。

一般地，在平面直角坐标系中，如果曲线上任意一点的坐标 (x, y) 都是某个变数 t 的函数：

$$\begin{cases} x = x(t) \\ y = y(t) \end{cases}$$

并且对于 t 的每一个允许的取值，由方程组确定的点 (x, y) 都在这条曲线上，那么这个方程就叫作曲线的参数方程，联系变数 x 和 y 的变量 t 叫作参变数，简称参数。相对而言，直接给出点坐标间关系的方程叫普通方程。

在运动学中，参数通常是"时间"，而方程的结果是速度、位置等。用参数方程描述运动规律时，常常比用普通方程更为直接。对于解决求最大射程、最大高度、飞行时间或轨迹等一系列问题都比较理想。有些重要但较复杂的曲线，建立它们的普通方程比较困难，甚至不可能，但是借助参数方程却可以很容易表达。

在椭圆周长的例子中，$x = \cos t, y = \sin t$，虽然我们最终将它们联合在一起形成平面直角坐标系中的曲线，但这里的 x 和 y 分别代表两个不同的函数，我们不再认为 y 是 x 的函数。新的表达式通过 t 建立方程描述整个曲线，t 是没有出现在椭圆曲线上的另一个维度，所以我们将 t 想象成时间——点沿着椭圆跑，在不同的时间到达不同的位置。

在参数方程中，我们要抛开"y 是 x 的函数"的概念，这里 x 和 y 都是 t 的函数，即 $x = x(t), y = y(t)$，它们被赋予了不同的意义，x 不再是自变量，它也是函数。理解了这一点，就可以站在更高的层面看待问题。

9.3　直线

空间中两个平面的交集是一条直线，如果抛开平面，直线可以看作点匀速直线运动的轨迹，也可以用参数方程表示。

9.3.1　参数方程的表达

一个点在空间中匀速直线运动，它在 $t = 0$ 和 $t = 1$ 时刻经过

$Q_0 = (-1,2,2)$ 和 $Q_1 = (1,3,-1)$，$Q(t)$ 是该点关于时间 t 的函数，如图 9.3 所示。

点在 $t = 0$ 时刻的位置是 $Q_0 = Q(t_0) = (-1,2,2)$，$t = 1$ 时刻的位置是 $Q_1 = Q(t_1) = (1,3,-1)$，对于任意 t 时刻，Q 的位置是什么？如图 9.4 所示。

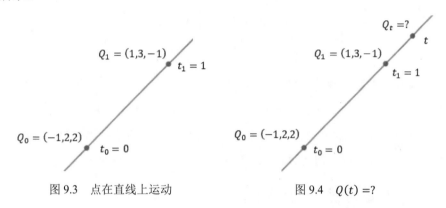

图 9.3 点在直线上运动　　　　图 9.4 $Q(t) =?$

为了回答这个问题，我们将直线转换为向量，如图 9.5 所示。

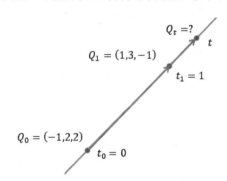

图 9.5 将直线转换为向量

由于是匀速运动，所以运动距离与时间成正比：

$$\frac{\overrightarrow{Q_0Q(t)}}{\overrightarrow{Q_0Q_1}} = \frac{t - t_0}{t_1 - t_0} = \frac{t - 0}{1 - 0} = t$$

$$\overrightarrow{Q_0Q(t)} = t\overrightarrow{Q_0Q_1}$$

随着时间的增长，向量也将增长。由于 $Q(t)$ 是空间中的点，所以设 $Q(t)$ 的参数方程是：

$$Q(t) = (x(t), y(t), z(t))$$

$$\overrightarrow{Q_0Q(t)} = \begin{bmatrix} x(t) + 1 \\ y(t) - 2 \\ z(t) - 2 \end{bmatrix}, \quad t\overrightarrow{Q_0Q_1} = t\begin{bmatrix} 1 - (-1) \\ 3 - 2 \\ -1 - 2 \end{bmatrix} = \begin{bmatrix} 2t \\ t \\ -3t \end{bmatrix}$$

$$\overrightarrow{Q_0Q(t)} = t\overrightarrow{Q_0Q_1} \Rightarrow$$

$$\begin{bmatrix} x(t) + 1 \\ y(t) - 2 \\ z(t) - 2 \end{bmatrix} = \begin{bmatrix} 2t \\ t \\ -3t \end{bmatrix} \Rightarrow \begin{bmatrix} x(t) \\ y(t) \\ z(t) \end{bmatrix} = \begin{bmatrix} 2t - 1 \\ t + 2 \\ -3t + 2 \end{bmatrix}$$

得到了参数方程也就能得到 $Q(t)$ 的位置：

$$Q(t) = (x(t), y(t), z(t)) = (2t - 1, t + 2, -3t + 2)$$

这也是该直线的参数方程，来源是 $\overrightarrow{Q_0Q(t)} = t\overrightarrow{Q_0Q_1}$。根据参数方程，如果 $t = 2$，则在该时刻 $Q(t) = Q(2) = (3, 4, -4)$。

9.3.2 参数方程的几何解释

如果二维空间内有两个点 $(2,1)$ 和 $(0,2)$，那么经过这两点的直线方程是什么？

两点可以确定一条直线，可以先计算斜率，再求出 $y = kx + b$。这种方式太老土，现在我们使用向量和参数方程来理解这个问题。在二维空间内有两个向量 $\boldsymbol{a}(2,1)$ 和 $\boldsymbol{b}(0,2)$，如图 9.6 所示。

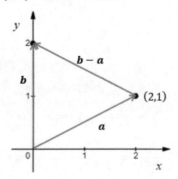

图 9.6 二维空间内的向量 $\boldsymbol{a}$ 和 $\boldsymbol{b}$

将 $\boldsymbol{b} - \boldsymbol{a}$ 的两端延长就是所求的直线，只要能够恰当地表示这条直线就好了。将 $\boldsymbol{b} - \boldsymbol{a}$ 的倍数设为 t，那么直线可以表示为：

$$L = b + t(b - a) = \begin{bmatrix} 0 \\ 2 \end{bmatrix} + t\left(\begin{bmatrix} 0 \\ 2 \end{bmatrix} - \begin{bmatrix} 2 \\ 1 \end{bmatrix}\right) = \begin{bmatrix} -2t \\ 2 + t \end{bmatrix}$$

其几何意义如图 9.7 所示。

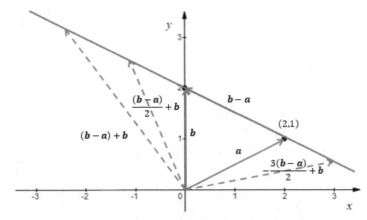

图 9.7　直线参数方程的几何意义

最后可以将直线转换成习惯的 x 和 y 的参数方程：

$$L = \begin{bmatrix} -2t \\ 2 + t \end{bmatrix} \Rightarrow \begin{cases} x = -2t \\ y = 2 + t \end{cases}$$

示例 9-1　两条直线的交点

下面的两条直线 L_1 和 L_2 是否相交？如果相交，其交点是什么？

$$L_1 = \begin{cases} x = 2 - t \\ y = 1 + t \end{cases}, \quad L_2 = \begin{cases} x = 2 + t \\ y = 4 + 2t \end{cases}$$

可以用以往的知识将参数方程转换为普通方程：

$$\begin{cases} L_1: y = -x + 3 \\ L_2: y = 2x \end{cases}$$

方程组有唯一解，$x = 1, y = 2$，两条直线相交于 (1,2)。

也可以直接用参数方程求解，如果两条直线相交，参数方程组有唯一解：

$$\begin{cases} x_{L1} = x_{L2} \\ y_{L1} = y_{L2} \end{cases} \Rightarrow \begin{cases} 2 - t_{L1} = 2 + t_{L2} \\ 1 + t_{L1} = 4 + 2t_{L2} \end{cases} \Rightarrow \begin{cases} t_{L1} = 1 \\ t_{L2} = -1 \end{cases}$$

将解代入参数方程：

$$L_1(t_{L1}) = \begin{cases} x = 2 - t_{L1} = 1 \\ y = 1 + t_{L1} = 2 \end{cases}, \quad L_2(t_{L2}) = \begin{cases} x = 2 + t_{L2} = 1 \\ y = 4 + 2t_{L2} = 2 \end{cases}$$

两条直线相交于 (1,2)。

9.3.3 直线与平面的关系

空间的两点 $Q_0 = (-1,2,2)$ 和 $Q_1 = (1,3,-1)$，对于平面 $x + 2y + 4z = 7$ 来说，它们的位置关系是什么？在平面的两侧还是一侧？是否在平面上？

将 Q_0 和 Q_1 代入平面方程：

$$-1 + 2 \times 2 + 4 \times 2 = 11 > 7$$

$$1 + 2 \times 3 + 4 \times (-1) = 3 < 7$$

由此可见，Q_0 和 Q_1 不在平面上，它们分属于平面两侧，向量 $\overrightarrow{Q_0Q_1}$ 将穿过平面，与平面有唯一的交点。这个交点又是什么呢？

9.3.1 节已经求得了过这两点的直线的参数方程 $Q(t) = (2t - 1, t + 2, -3t + 2)$，直线与平面的交点将满足：

$$(2t - 1) + 2(t + 2) + 4(-3t + 2) = 7$$

$$\Rightarrow \quad t = \frac{1}{2}, \quad Q(t) = \left(0, \frac{5}{2}, \frac{1}{2}\right)$$

将直线参数方程代入平面也可能出现有无数解或无解的情况，此时直线与平面没有唯一交点，直线可能在平面上或与平面平行。

9.4 摆线

摆线是一种有名的曲线，它描述了车辆在匀速直线运动时车轮上点的运动轨迹。P 是半径为 a 的车轮边缘上的一点，初始位置在原点，当车轮向右滚动后，P 点将随之转动，如图 9.8 所示。

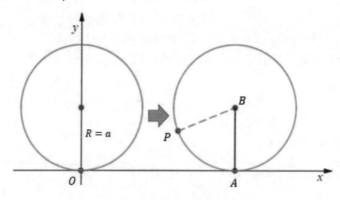

图 9.8　点 P 的运动

摆线很难用 x 和 y 的关系表达，这时候，参数方程的威力就凸显出来了。

9.4.1　摆线的参数方程

我们关注的问题是车轮滚动后 P 的轨迹，也就是 t 时刻 P 点的位置。设 P 点是位置关于时间的函数，用参数方程可以表示为 $P(t) = (x(t), y(t))$，

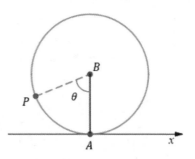

这意味着从时间的角度来表示位置，然而时间并非最好的参变量，因为 P 的轨迹是与时间无关的，即使车速变快，P 的运动轨迹也不会改变。如此看来，时间不是万金油，用 t 作为参数不仅不会救国，反而成了误国。

从滚动的车轮可以注意到，当车轮匀速运动时，P 的角度和时间成正比，如图 9.9 所示。

图 9.9　角度和时间成正比

θ 和运动时间成正比，如果 θ 超过 2π，则相当于开始了一个新的周期，对于角度的运算，3π 和 π 是相同的。由此，可以将时间替换为角度：

$$P(\theta) = (x(\theta), y(\theta))$$

使用车轮转动角度作为参变量将得到更简单的答案，车轮的转动如图 9.10 所示。

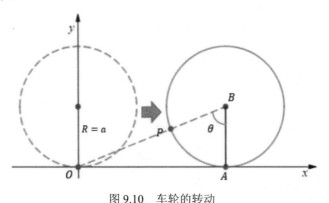

图 9.10　车轮的转动

如果用向量表示，则向量 $\overrightarrow{OP}$ 的参数方程就可以表示 P 点的运动轨迹：

$$\overrightarrow{OP} = \overrightarrow{OB} - \overrightarrow{PB} = \overrightarrow{OB} + \overrightarrow{BP} = \overrightarrow{OA} + \overrightarrow{AB} + \overrightarrow{BP}$$

注：向量是有方向的量，因此 $\overrightarrow{BP} = -\overrightarrow{PB}$。

其中 $\overrightarrow{AB} = (0, a)$ 是已知的，需要求出 $\overrightarrow{OA}$ 和 $\overrightarrow{BP}$。

先看 $\overrightarrow{OA}$。由于车轮是沿着地面转动的，且 P 的初始位置与 O 相同，所以在第一圈时，OA 的长度等于 PA 的弧长（我承认在画图时比较随意，看起来它们并不相等）：

$$|\overrightarrow{OA}| = 2\pi a \times \frac{\theta}{2\pi} = a\theta$$

实际上，无论第几圈，上式都成立。通过 OA 的长度，可以得出对应的向量：

$$\overrightarrow{OA} = \begin{bmatrix} a\theta \\ 0 \end{bmatrix}$$

现在只需要求出 $\overrightarrow{BP}$ 即可。这里并不需要知道点 B 和点 P 的坐标。由于向量只描述了大小和方向，所以向量和具体位置无关，因此可以将 $\overrightarrow{BP}$ 平移，使得 B 在原点，如图 9.11 所示。

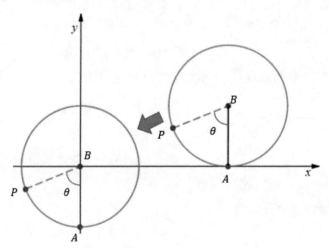

图 9.11　将 $\overrightarrow{BP}$ 平移

平移之后就容易多了：

$$|\overrightarrow{BP}| = a \Rightarrow \overrightarrow{BP} = \begin{bmatrix} -a\sin\theta \\ -a\cos\theta \end{bmatrix}$$

现在完成了所有铺垫，终于可以求得 $\overrightarrow{OP}$：

$$\vec{OP} = \vec{OA} + \vec{AB} + \vec{BP} = \begin{bmatrix} a\theta \\ 0 \end{bmatrix} + \begin{bmatrix} 0 \\ a \end{bmatrix} + \begin{bmatrix} -a\sin\theta \\ -a\cos\theta \end{bmatrix} = \begin{bmatrix} a(\theta - \sin\theta) \\ a(1 - \cos\theta) \end{bmatrix}$$

这就是最终答案，也就是摆线的参数方程，它可以借助角度 θ 描述摆线上的任意点。如果觉得写成 x 和 y 的形式更顺眼，摆线的参数方程也可以写成：

$$\begin{cases} x = a(\theta - \sin\theta) \\ y = a(1 - \cos\theta) \end{cases}$$

9.4.2 摆线的斜率

摆线上另一个值得关注的问题是，如果在 P 上做摆线的切线，切线的斜率是什么？

先看摆线的运动轨迹。当车轮滚动一圈后，点 P 回到 x 轴，开始进入下一个周期，如图 9.12 所示。

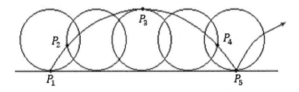

图 9.12 点 P 的轨迹曲线

切线的斜率是 $\mathrm{d}y/\mathrm{d}x$，在参数方程中 y 不是 x 的函数，所以无法直接对 y 求导，但是可以变通一下，对 θ 求导：

$$\frac{\mathrm{d}x}{\mathrm{d}\theta} = \frac{\mathrm{d}}{\mathrm{d}\theta} a(\theta - \sin\theta) = a(1 - \cos\theta)$$

$$\frac{\mathrm{d}y}{\mathrm{d}\theta} = \frac{\mathrm{d}}{\mathrm{d}\theta} a(1 - \cos\theta) = a\sin\theta$$

二者相除就可以得到 $\mathrm{d}y/\mathrm{d}x$：

$$\frac{\dfrac{\mathrm{d}y}{\mathrm{d}\theta}}{\dfrac{\mathrm{d}x}{\mathrm{d}\theta}} = \frac{\mathrm{d}y}{\mathrm{d}x} = \frac{a\sin\theta}{a(1 - \cos\theta)} = \frac{\sin\theta}{1 - \cos\theta}$$

这就是摆线上某一点上切线的斜率，当 $\theta = \pi/2$ 时：

$$\frac{\mathrm{d}y}{\mathrm{d}x} = \frac{\sin\theta}{1 - \cos\theta}\bigg|_{\theta=\frac{\pi}{2}} = \frac{1}{1 - 0} = 1$$

9.5 总结

1. 参数方程的一般形式：

$$\begin{cases} x = x(t) \\ y = y(t) \end{cases}$$

2. 直线参数方程的来源是：$\overrightarrow{Q_0 Q(t)} = t \overrightarrow{Q_0 Q_1}$

3. 摆线的参数方程：

$$\begin{cases} x = a(\theta - \sin\theta) \\ y = a(1 - \cos\theta) \end{cases}$$

第 10 章　超越直角坐标系

笛卡儿发明了直角坐标系，在代数和几何之间架起了一座桥梁，从此，几何概念和图形都可以用数来表示。直角坐标系包括平面直角坐标系和空间直角坐标系，它们都用最简单的方式标注了位置信息，它们如此平易近人，以至于一提起坐标系就自然想到了"直角"。

然而，对于一些特别的问题，在直角坐标系下处理就显得有点笨拙了，这个时候，不妨试试其他坐标系。

10.1　极坐标系

也许我们对极坐标并不陌生，很多时候，极坐标系可以使问题直观和清晰起来。可以把极坐标中的"极"想象成地球的北极点。现在，我们把北极圈的地图映射到平面直角坐标系内，如图 10.1 所示。

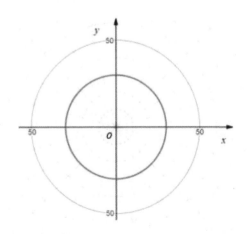

图 10.1　映射到平面直角坐标系的北极圈

原点就是北极点，每一个圆圈代表一条纬线，从原点 O 发出的射线代表经线。对于地球上的任意一点 M，都可以用 r 表示 OM 的长度，θ 表示 x 轴正方向与 OM 的夹角，这样一来，点 M 就可以用 r 和 θ 表示，如图 10.2 所示。

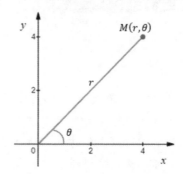

图 10.2　极坐标系上的任意一点

这种表示法就是极坐标表示法，它包括了两个部分——长度和角度。

可以看出，极坐标系仍未脱离原来的直角坐标系，仅仅是将直角坐标系上的点换了一种表示法，如果仍然用 x 和 y 表示 M，那么：

$$x = r\cos\theta$$

$$y = r\sin\theta$$

这就是将直角坐标系下的点转换为极坐标表示法的转换公式，此外还可以推导出：

$$r = \sqrt{x^2 + y^2}$$

$$\theta = \tan^{-1}\frac{y}{x}$$

10.1.1　极坐标表示法

在极坐标系中，函数不再用 x 和 y 表示，而是用 r 和 θ。

示例 10-1　用极坐标表示点

将点 $(x, y) = (1, -1)$ 转换为极坐标表示法。

使用转换公式很容易得出结论：

$$r = \sqrt{x^2 + y^2} = \sqrt{2}, \ \theta = \tan^{-1}\frac{y}{x} = \frac{7\pi}{4}$$

这也很容易从极坐标系的定义去理解，它表示 r 从 x 轴的正方向开始，

逆时针旋转 $7\pi/4$，如图 10.3 所示。

角度也有正负之分，$7\pi/4 = -\pi/4$，因此也得到了另一组答案：

$$r = \sqrt{2}, \ \theta = -\frac{\pi}{4}$$

这相当于 r 从 x 轴的正方向开始，顺时针旋转 $-\pi/4$，如图 10.4 所示。

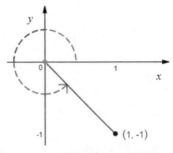

图 10.3　$r = \sqrt{2}, \theta = 7\pi/4$ 的几何解释　　图 10.4　$r = \sqrt{2}, \theta = -\pi/4$ 的几何解释

此外还有第 3 组答案：

$$r = -\sqrt{2}, \ \theta = \frac{3\pi}{4}$$

相当于 r 先逆时针旋转 $3\pi/4$，再向反方向延伸，如图 10.5 所示。

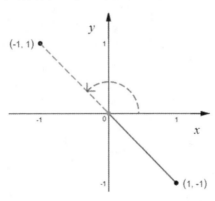

图 10.5　$r = -\sqrt{2}, \theta = 3\pi/4$ 的几何解释

示例 10-2　用极坐标表示直线

用极坐标表示直线 $y = 1$。

根据公式可以快速得出答案：

$$y = r\sin\theta = 1 \Rightarrow r = \frac{1}{\sin\theta}$$

r 是关于 θ 的函数，此外还必须知道 θ 的定义域，这需要借助看起来

没那么直观的图像，如图 10.6 所示。

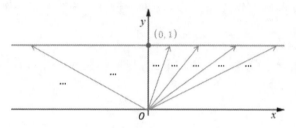

图 10.6　$r = 1/\sin\theta$ 的几何解释

图 10.6 中每个向量长度都可以用 r 表示，r 与 x 轴的正方向夹角是 θ，$r = 1/\sin\theta$ 呈扇形展开，因此可以知道 θ 的取值范围是 $0 \leqslant \theta \leqslant \pi$。

示例 10-3　用极坐标表示圆

在直角坐标系下的圆是 $x^2 + y^2 = a^2$，将其转换为极坐标。

还记得北极圈吗？极坐标天生就是用来表示圆的：

$$a = \sqrt{x^2 + y^2} = \sqrt{r^2\cos^2\theta + r^2\sin^2\theta} = \sqrt{r^2(\cos^2\theta + \sin^2\theta)} = r$$

可以用 $r = a$ 表示极坐标系下的圆，当 r 的取值范围是 $(-\infty, +\infty)$ 时，表示极坐标系下以原点为圆心的所有圆，如图 10.7 所示。

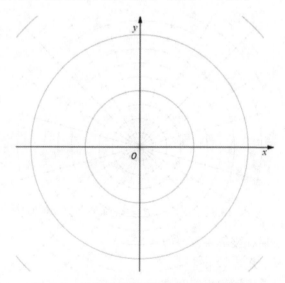

图 10.7　极坐标系下以原点为圆心的所有圆

示例 10-4　用极坐标表示曲线

用极坐标表示 $(x - a)^2 + y^2 = a^2$。

这是一个圆心并不在原点的圆，如图 10.8 所示。

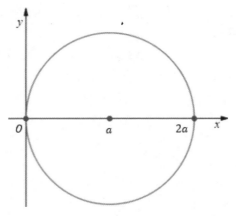

图 10.8　$(x-a)^2 + y^2 = a^2$ 的几何解释

可以直接套用极坐标转换用公式：

$$(r\cos\theta - a)^2 + (r\sin\theta)^2 = a^2$$

从某种程度来说，这样就可以结束了，然而我们希望更进一步，得到 r 关于 θ 的函数，所以还需要接着计算：

$$(r\cos\theta - a)^2 + (r\sin\theta)^2 = r^2\cos^2\theta + r^2\sin^2\theta - 2ar\cos\theta + a^2$$
$$= r^2 - 2ar\cos\theta + a^2 = a^2$$
$$\Rightarrow r^2 = 2ar\cos\theta \Rightarrow r = 2a\cos\theta$$

这个结果通过作图更容易理解，如图 10.9 所示。

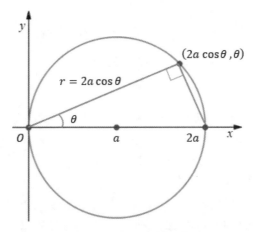

图 10.9　半圆的内接三角形

半圆的内接三角形都是直角三角形，$2a\cos\theta$ 是一条直角边，圆上的每一点都可以用$(2a\cos\theta,\theta)$ 表示。最后别忘了θ 的取值范围，少了这点，我们将无法对其进行积分。

当 $\theta=0$ 时，r 的一端在 $(2a,0)$ 点；点沿着圆逆时针转动，当 $\theta=\pi/2$ 时，r 在 $(0,0)$ 处，期间 r 扫过了上半圆，因此 θ 的取值范围是 $0\leqslant\theta\leqslant\pi/2$，如图 10.10 所示。

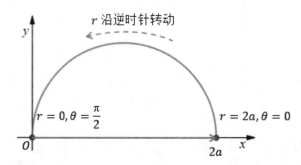

图 10.10　直角顶点扫过了上半圆

同理，当$-\pi/2\leqslant\theta\leqslant0$ 时，r 扫过了下半圆。最终，θ 的取值范围是 $-\pi/2\leqslant\theta\leqslant\pi/2$。

如果你觉得三角函数的计算比较麻烦，可以使用另一种方法——先计算，后代入：

$$(x-a)^2+y^2=x^2-2ax+a^2+y^2=a^2$$
$$x^2+y^2=2ax$$
$$r^2\cos^2\theta+r^2\sin^2\theta=2ar\cos\theta$$
$$r^2=2ar\cos\theta$$
$$r=2a\cos\theta$$

10.1.2　极坐标系的应用

一元函数的积分表示曲线和 x 轴围成的图形的面积，极坐标系扩展了这一能力，可以计算闭合曲线围成的图形的面积。

先来看看规则的圆形，一个半径为 r、夹角为 $\Delta\theta$ 的扇形如图 10.11 所示。

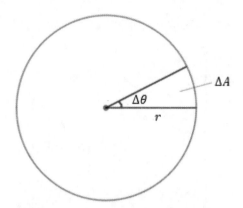

图 10.11 半径为 r、夹角为 $\Delta\theta$ 的扇形

在已知半径和夹角的情况下可求得扇形的面积 ΔA：

$$\Delta A = \pi r^2 \frac{\Delta\theta}{2\pi} = \frac{1}{2}r^2 \Delta\theta$$

如果用微积分的思想，当 $\Delta A \to 0$ 时，整个圆的面积就是 ΔA 的积分：

$$A = \int_0^{2\pi} \frac{1}{2}r^2 \mathrm{d}\theta = \pi r^2$$

这符合圆的面积公式。

如果求一个与 y 轴相切的不规则图形的面积呢？如图 10.12 所示。

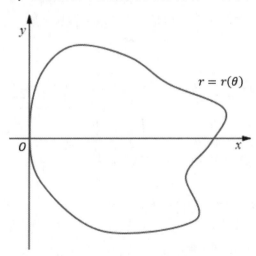

图 10.12 与 y 轴相切的不规则图形的面积

仍然是分而治之，利用黎曼和的思路对其进行切分，只不过这次不是切

割成小矩形，而是在极坐标系下切分成一个个小扇形，如图 10.13 所示。

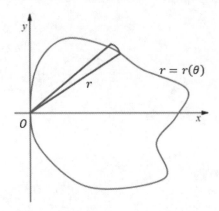

图 10.13　将图形切分成多个小扇形

每一块扇形的面积是 ΔA，当扇形的夹角 $\Delta\theta$ 很小时，可近似地得到小扇形的面积：

$$\Delta A \approx \pi r^2 \frac{\Delta\theta}{2\pi} = \frac{1}{2}r^2\Delta\theta$$

换成微分后可以将约等号变成直等号：

$$\mathrm{d}A = \frac{1}{2}r^2\mathrm{d}\theta$$

对于曲线内的任意扇形面积是在积分域上累加小扇形：

$$A_{\text{part}} = \int_{\theta1}^{\theta2} \frac{1}{2}r^2\mathrm{d}\theta$$

整个图形的面积是在 θ 的取值范围内累加所有小扇形：

$$A = \int_{-\frac{\pi}{2}}^{\frac{\pi}{2}} \frac{1}{2}r^2\mathrm{d}\theta$$

这就是极坐标下的面积公式，确切地说，是极坐标系下与 y 轴相切的图形的面积公式。

示例 10-5　计算 $r = 2a\cos\theta$的面积

如果过退化为直角坐标系，很容易看出是一个圆，可以直接计算面积：

$$r = 2a\cos\theta$$

$$r^2 = 2ar\cos\theta$$

$$r^2(\cos^2\theta + \sin^2\theta) = 2ar\cos\theta$$

$$r^2 \cos^2\theta + r^2 \sin^2\theta = 2ar\cos\theta$$

$$x^2 + y^2 = 2ax$$

$$x^2 - 2ax + y^2 = 0$$

$$x^2 - 2ax + a^2 + y^2 = a^2$$

$$(x-a)^2 + y^2 = a^2$$

问题是退化成直角坐标系的过程并不容易，需要一些技巧和三角函数运算。因此，还是直接使用极坐标比较容易 —— $r = 2a\cos\theta$ 恰好是半径为 a 的半圆的内接三角形的特性，如图 10.14 所示。

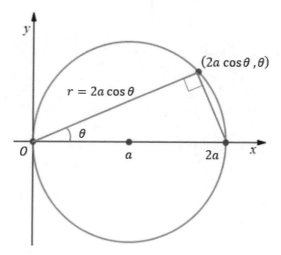

图 10.14　半圆的内接三角形

可以直接利用极坐标下的面积公式计算面积，得到期待的结果：

$$A = \int_{-\frac{\pi}{2}}^{\frac{\pi}{2}} \frac{1}{2} r^2 \mathrm{d}\theta = \int_{-\frac{\pi}{2}}^{\frac{\pi}{2}} \frac{1}{2} (2a\cos\theta)^2 \mathrm{d}\theta$$

$$= 2a^2 \underbrace{\int_{-\frac{\pi}{2}}^{\frac{\pi}{2}} \cos^2\theta\, \mathrm{d}\theta}_{\text{示例 5-13}} = 2a^2 \left(\frac{1}{2}\theta - \frac{1}{4}\sin 2\theta \right)\Bigg|_{-\frac{\pi}{2}}^{\frac{\pi}{2}} = \pi a^2$$

示例 10-6　计算 $r = |\sin 2\theta|$ 所围成图形的面积

为了更直观地计算面积，首先需要作图。作图过程可以直接交给计算机完成，如图 10.15 所示。

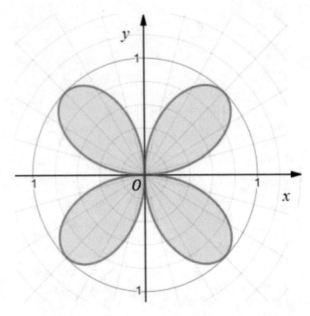

图 10.15 $r = |\sin 2\theta|$

这就是著名的四叶玫瑰函数，它的运动轨迹如图 10.16 所示。

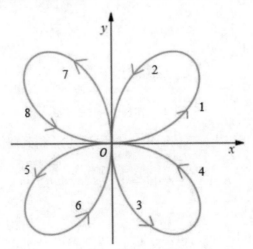

图 10.16 函数的运动轨迹

每个玫瑰花瓣的面积是一样的，都与 y 轴相切，只要计算一个花瓣的面积就可以求得总面积：

$$A = 4 \int_0^{\frac{\pi}{2}} \frac{1}{2} r^2 \mathrm{d}\theta = 4 \int_0^{\frac{\pi}{2}} \frac{1}{2} \sin^2 2\theta \, \mathrm{d}\theta = 2 \int_0^{\frac{\pi}{2}} \sin^2 2\theta \, \mathrm{d}\theta$$

$$\int \sin^2 2\theta \, \mathrm{d}\theta = \int \frac{1 - \cos 4\theta}{2} \, \mathrm{d}\theta = \int \frac{1}{2} \mathrm{d}\theta - \int \frac{\cos 4\theta}{2} \, \mathrm{d}\theta$$

$$= \frac{1}{2}\theta - \frac{1}{8}\sin 4\theta + C$$

$$A = 2\left(\frac{1}{2}\theta - \frac{1}{8}\sin 4\theta\right)\Big|_0^{\frac{\pi}{2}} = \frac{\pi}{2}$$

10.2　柱坐标系

三重积分由平面转移到空间，有时候，使用直角坐标系求解三重积分会过于复杂，这时候仍然可以考虑极坐标，只不过需要把平面上的极坐标上下拉伸，形成柱体，从而升级为更高版本的坐标系——柱坐标系。

10.2.1　什么是柱坐标系

简单地说，柱坐标系是指使用平面极坐标和 z 方向的距离来定义物体空间坐标的坐标系，它基本思想是在空间中建立一个点，用极坐标代替 x-y 坐标，用 (r, θ, z) 代替 (x, y, z)，如图 10.17 所示。

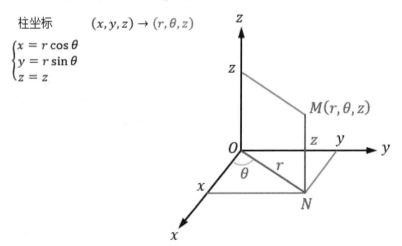

柱坐标　　　$(x, y, z) \rightarrow (r, \theta, z)$

$$\begin{cases} x = r\cos\theta \\ y = r\sin\theta \\ z = z \end{cases}$$

图 10.17　用柱坐标替换直角坐标

在柱坐标系中，微分将转换成：

$$\mathrm{d}z\mathrm{d}y\mathrm{d}x \to \mathrm{d}z r \mathrm{d}r \mathrm{d}\theta, \ \mathrm{d}x\mathrm{d}y\mathrm{d}z \to r\mathrm{d}r\mathrm{d}\theta \mathrm{d}z$$

10.2.2 简化三重积分

在 8.5.1 节中，我们见到了一个三重积分例子，两个曲面 $z = x^2 + y^2$ 和 $z = 4 - x^2 - y^2$ 围成的图形的体积：

$$V = \int_{-\sqrt{2}}^{\sqrt{2}} \int_{-\sqrt{2-x^2}}^{\sqrt{2-x^2}} \int_{x^2+y^2}^{4-x^2-y^2} \mathrm{d}z\mathrm{d}y\mathrm{d}x$$

由内而外逐一计算将会得到复杂的式子：

$$\int_{x^2+y^2}^{4-x^2-y^2} \mathrm{d}z = 4 - 2x^2 - 2y^2, \quad \int_{-\sqrt{2}}^{\sqrt{2}} \int_{-\sqrt{2-x^2}}^{\sqrt{2-x^2}} 4 - 2x^2 - 2y^2 \mathrm{d}y\, \mathrm{d}x = \cdots$$

现在改用柱坐标表示：

$$\int_{-\sqrt{2}}^{\sqrt{2}} \int_{-\sqrt{2-x^2}}^{\sqrt{2-x^2}} \int_{x^2+y^2}^{4-x^2-y^2} \mathrm{d}z\mathrm{d}y\mathrm{d}x = \iiint_R \mathrm{d}z r \mathrm{d}r \mathrm{d}\theta$$

需要确定的是积分域，图像在 $x\text{-}y$ 平面的投影是圆心在原点、半径为 $\sqrt{2}$ 的圆，如图 10.18 所示。

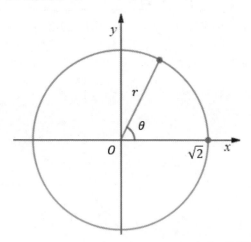

图 10.18　图像中 $x\text{-}y$ 平面的投影

对于圆来说，θ 的取值是 $0 \leqslant \theta \leqslant 2\pi$；$r$ 作为极坐标上的线段，可以

在圆内任意伸缩，它最远可以到达圆周上，值为 $\sqrt{2}$，最近龟缩到原点，值为 0：

$$0 \leqslant r \leqslant \sqrt{2}$$

在柱坐标系中，dz 的积分域需要根据 r 和 θ 确定，可以利用直角坐标和极坐标的转换公式确定 z 的取值范围：

$$x^2 + y^2 \leqslant z \leqslant 4 - x^2 - y^2$$

$$(r\cos^2\theta + r\sin^2\theta) \leqslant z \leqslant 4 - (r^2\cos^2\theta + r^2\sin^2\theta)$$

$$r^2 \leqslant z \leqslant 4 - r^2$$

现在，复杂的三重积分可以用相对简单的极坐标表示：

$$\int_{-\sqrt{2}}^{\sqrt{2}} \int_{-\sqrt{2-x^2}}^{\sqrt{2-x^2}} \int_{x^2+y^2}^{4-x^2-y^2} \mathrm{d}z\mathrm{d}y\mathrm{d}x = \int_0^{2\pi} \int_0^{\sqrt{2}} \int_{r^2}^{4-r^2} \mathrm{d}z\, r\, \mathrm{d}r\, \mathrm{d}\theta$$

依然是由内而外依次计算，但是这次可比原来的简单多了：

$$\int_{r^2}^{4-r^2} \mathrm{d}z = z\Big|_{z=r^2}^{z=4-r^2} = 4 - 2r^2$$

$$\int_0^{\sqrt{2}} (4 - 2r^2)r\mathrm{d}r = \left(2r^2 - \frac{1}{2}r^4\right)\Big|_{r=0}^{r=\sqrt{2}} = 2$$

$$\int_0^{2\pi} 2\mathrm{d}\theta = 2\theta\Big|_0^{2\pi} = 4\pi$$

10.2.3　柱坐标系的应用

柱坐标系的重要应用之一就是简化三重积分，这也使得计算体积变得简单了起来。

示例 10-7　曲面围成的体积

有两个曲面 $z = x^2 + y^2$ 和 $z = 2y$，二者围成曲了一个曲面，曲面体积是多少？

先交给计算机作图，如图 10.19 所示。

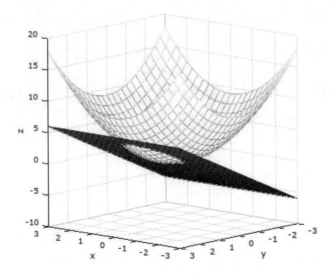

图 10.19　$z = x^2 + y^2$ 和 $z = 2y$ 围成的曲面

计算体积当然可以直接使用三重积分：

$$V = \iiint\limits_{R} \mathrm{d}z\mathrm{d}y\mathrm{d}x$$

在曲面中，z 的积分域很容易判断：

$$x^2 + y^2 \leqslant z \leqslant 2y$$

需要弄清楚的是 x 和 y 的取值范围，这可以通过旋转曲面，分析曲面在 x-y 坐标系的投影来判断，如图 10.20 所示。

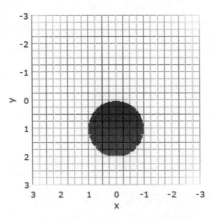

图 10.20　曲面在 x-y 坐标系的投影

看起来好像是个圆，这是个好兆头，但仍需要验证。根据 z 的积分域，可以进一步推导：

$$0 \leqslant x^2 + y^2 \leqslant z \leqslant 2y \Rightarrow x^2 + y^2 - 2y < 0 \ \Rightarrow x^2 + (y-1)^2 < 1$$

可见在 x-y 坐标系的投影的确是圆，它的半径是 1，圆心是 $(0,1)$。既然是圆，就可以转换成极坐标，如图 10.21 所示。

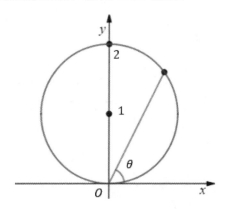

图 10.21　$x^2 + (y-1)^2 < 1$ 对应的极坐标

在极坐标中：

$$V = \iiint\limits_R \mathrm{d}z r \mathrm{d}r \mathrm{d}\theta, \ 0 \leqslant \theta \leqslant \pi$$

现在需要求得 z 和 r 的积分域，它们都可以由 z 的积分域得出：

$$x^2 + y^2 \leqslant z \leqslant 2y$$

$$\Rightarrow r^2 \leqslant z \leqslant 2r \sin\theta$$

$$\Rightarrow r \leqslant 2 \sin\theta$$

最终，我们得到了较为简单的极坐标积分：

$$\iiint\limits_R \mathrm{d}z r \mathrm{d}r \mathrm{d}\theta = \int_0^\pi \int_0^{2\sin\theta} \int_{r^2}^{2r\sin\theta} \mathrm{d}z\, r \mathrm{d}r \mathrm{d}\theta$$

剩下的就是积分计算了：

$$\int_{r^2}^{2r\sin\theta} \mathrm{d}z = 2r\sin\theta - r^2$$

$$\int_0^{2\sin\theta}(2r\sin\theta-r^2)r\mathrm{d}r=\left(\frac{2\sin\theta\,r^3}{3}-\frac{1}{4}r^4\right)\Big|_{r=0}^{r=2\sin\theta}=\frac{4}{3}\sin^4\theta$$

$$\underbrace{\int_0^\pi\frac{4}{3}\sin^4\theta\,\mathrm{d}\theta}_{参考示例\,5-15}=\frac{4}{3}\left(\frac{3}{8}\theta+\frac{1}{4}\sin2\theta+\frac{1}{32}\sin4\theta\right)\Big|_0^\pi=\frac{\pi}{2}$$

10.3　球坐标系

　　既然极坐标可以上下拉伸成柱,自然也可以揉搓成球,这就是球坐标系。球坐标系也是空间坐标系的一种,用以确定空间中点、线、面、体的位置,它以坐标原点为参考点,由方位角、仰角和距离构成。球坐标系在地理学、天文学中都有着广泛的应用。

10.3.1　什么是球坐标系

　　球坐标系是这样表示空间中一点的:用 ρ 表示点到原点的距离, $0\leqslant\rho\leqslant\infty$;在 $\rho\text{-}z$ 平面上,从 z 轴正半轴向 ρ 偏转的角度是 $\emptyset$, $0\leqslant\emptyset\leqslant\pi$;从 x 轴正半轴偏转到 $\rho\text{-}z$ 平面的角度是 θ, $0\leqslant\theta\leqslant2\pi$,如图 10.22 所示。

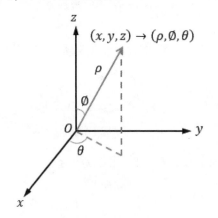

图 10.22　球坐标

　　如果固定了 $\rho=a$ 作为半径,通过转动 ρ 可以得到一个球面,这就是球坐标之所以被称为“球”的原因,如图 10.23 所示。$\emptyset$ 决定了 ρ 的南北朝向, $0\leqslant\emptyset\leqslant\pi/2$, ρ 朝北, $\pi/2\leqslant\emptyset\leqslant\pi$, ρ 朝南。

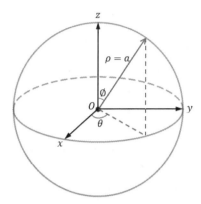

图 10.23 球坐标的"球"

可以将球坐标系看作地球，如图 10.24 所示。

对比地球的经纬度和球坐标系，发现 $\varnothing$ 和纬度相似，ρ 则是衡量点到南北极点的距离。当然，在具体度量上有所差别，地理上赤道是 0°纬线，然后向两极递增；球坐标的 $\varnothing$ 从北极点出发，向南极递增，球坐标系的赤道位置是 90°。θ 和经度类似，用来衡量东西方位，因此可将 x 轴正半轴的指向看作本初子午线，也就是 0°经线。由于球坐标中 θ 的取值是 $0 \leqslant \theta \leqslant 2\pi$，所以只有东经没有西经。

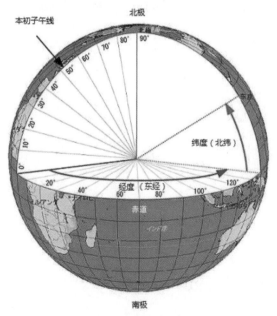

图 10.24 将球坐标系看作地球

也可以通过柱坐标来理解球坐标，如图 10.25 所示。

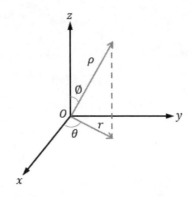

图 10.25　柱坐标和球坐标的关系

球坐标到柱坐标的互相转换相当于 r-z 平面的极坐标表示法：

$$r = \rho \sin \phi \text{，} z = \rho \cos \phi$$

$$x = r \cos \theta = \rho \sin \phi \cos \theta \text{，} y = r \sin \theta = \rho \sin \phi \sin \theta$$

$$\rho = \sqrt{r^2 + z^2} = \sqrt{x^2 + y^2 + z^2}$$

以上是球坐标系的所有公式，实际上只要记住图 10.25 就可以了。

如果 ρ 从原点出发绕 z 轴旋转，将形成一个圆锥体，如图 10.26 所示。

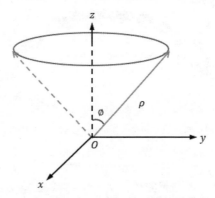

图 10.26　ρ 绕 z 轴旋转形成的圆锥体

当 $\phi = \pi/2$ 时，图 10.26 将变成高度为 0 的圆锥——x-y 平面的圆。

10.3.2　球坐标系的积分

想要计算三重积分，就需要知道体积积元 $\mathrm{d}V$，在球坐标系中 $\mathrm{d}V$ 需要

转换成 $d\rho d\emptyset d\theta$，那么三者的顺序应当是什么？

这实际上是在回答 ρ、$\emptyset$、θ 三者中用哪两个组成面积积元。答案是用 $d\emptyset d\theta$，如图 10.27 所示。

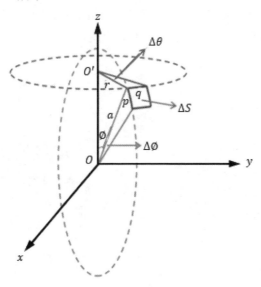

图 10.27　用 $d\emptyset d\theta$ 作为面积积元

ΔS 是空间中物体表面积的微小面积块，当 $\Delta\emptyset$ 和 $\Delta\theta$ 足够小时，ΔS 的两条边 p 和 q 可以看作以 O 和 O' 为圆心的互相垂直的两个圆上的微小弧长，如果两个圆的半径分别为 r 和 a，可以得到下面的结论：

$$p = 2\pi a\frac{\Delta\emptyset}{2\pi} = a\Delta\emptyset, \quad q = 2\pi r\frac{\Delta\theta}{2\pi} = r\Delta\theta = a\sin\emptyset\,\Delta\theta$$

$$\Delta S \approx pq = (a\Delta\emptyset)(a\sin\emptyset\,\Delta\theta) = a^2\sin\emptyset\,\Delta\theta\Delta\theta$$

$\Delta\rho$ 是 ΔV 的厚度积元，对于球坐标来说，$\rho = a$：

$$\Delta V = \Delta\rho\Delta S \approx \Delta\rho a^2\sin\emptyset\,\Delta\emptyset\Delta\theta = \rho^2\sin\emptyset\,\Delta\rho\Delta\emptyset\Delta\theta$$

当 $\Delta\rho$、$\Delta\emptyset$、$\Delta\theta$ 都趋近于 0 时，可以用微分将约等号变成直等号：

$$dV = \rho^2\sin\emptyset\,d\rho d\emptyset d\theta$$

最后用积分计算体积：

$$V = \iiint\limits_R dV = \iiint\limits_R \rho^2\sin\emptyset\,d\rho d\emptyset d\theta$$

这就是球坐标系下体积的公式。在实际应用的大多数情况下，按照 $d\rho d\emptyset d\theta$ 的顺序计算最为简单。

10.3.3　球坐标系的应用

同柱坐标系一样，球坐标系的目的也是简化三重积分。

示例 10-8　单位球和 $z = \sqrt{2}/2$ 围成的区域的体积

仍然是先作图，所求区域如图 10.28 所示。

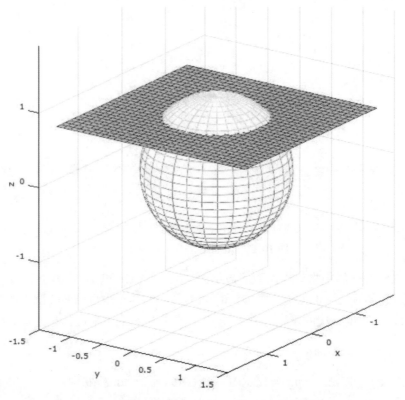

图 10.28　单位球和 $z = \sqrt{2}/2$ 所围的区域

出现了"球"的字样，自然首先考虑球坐标：

$$V = \iiint\limits_{R} \rho^2 \sin\phi \, \mathrm{d}\rho \mathrm{d}\phi \mathrm{d}\theta$$

问题仍然是积分域，如何确定 ρ、ϕ、θ 的取值范围。由于是球体，ρ 可以以原点为中心旋转一周，θ 的取值范围就是 $0 \leqslant \theta \leqslant 2\pi$。其余两个积元的取值范围通过球体的切面确定，如图 10.29 所示。

将球体沿 z 轴一分为二，形成两个对称的切面，只观察一个即可，这

相当于球体在 x-z 平面的投影。$\varnothing$ 是直角三角形的一角，随着 ρ 向 z 轴滑动，$\varnothing$ 的取值将是 $0 \leqslant \varnothing \leqslant \pi/4$。

　　无论 $\varnothing$ 怎样取值，ρ 的最大值都在球面上，所以 ρ 的最大值始终是 1。当 $\varnothing = 0$ 时，ρ 在 z 轴上，此时 ρ 的最小值是 $\sqrt{2}/2$，然而这里不能轻率地说 ρ 的积分域是 $\sqrt{2}/2 \leqslant \rho \leqslant 1$。回顾以往的知识，$\mathrm{d}\rho$ 是内积分，它的积分域更可能是用 $\varnothing$ 和 θ 表示的，如图 10.30 所示。

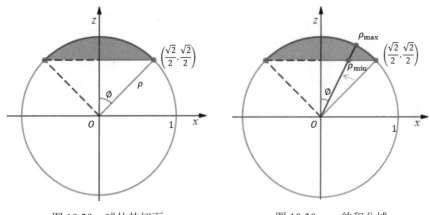

图 10.29　球体的切面　　　　　图 10.30　ρ 的积分域

　　ρ 向 z 轴方向旋转，此时 $\varnothing$ 减小，ρ 的最大值始终位于球面，最小值是 ρ 与平面的交点处，所以 ρ 与 $\varnothing$ 有关，通过球坐标的公式可知：

$$z = \rho_{\min} \cos \varnothing = \frac{\sqrt{2}}{2} \Rightarrow \rho_{\min} = \frac{\sqrt{2}}{2\cos\varnothing} = \frac{\sqrt{2}}{2} \sec \varnothing$$

ρ、$\varnothing$、θ 的取值范围就是积分的积分域：

$$V = \iiint\limits_R \mathrm{d}V = \int_0^{2\pi} \int_0^{\frac{\pi}{4}} \int_{\frac{\sqrt{2}}{2}\sec\varnothing}^{1} \rho^2 \sin\varnothing \, \mathrm{d}\rho \, \mathrm{d}\varnothing \, \mathrm{d}\theta$$

依然是由内而外逐一计算积分：

$$\int_{\frac{\sqrt{2}}{2}\sec\varnothing}^{1} \rho^2 \sin\varnothing \, \mathrm{d}\rho = \frac{\rho^3}{3}\sin\varnothing \Big|_{\rho=\frac{\sqrt{2}}{2}\sec\varnothing}^{\rho=1} = \frac{1}{3}\sin\varnothing - \frac{\sqrt{2}}{12}\sin\varnothing\sec^3\varnothing$$

$$\int_0^{\frac{\pi}{4}} \frac{1}{3}\sin\varnothing - \frac{1}{3}\sin\varnothing\frac{\sqrt{2}}{4}\sec^3\varnothing \mathrm{d}\varnothing = \frac{1}{3}\int_0^{\frac{\pi}{4}}\sin\varnothing \, \mathrm{d}\varnothing - \frac{\sqrt{2}}{12}\underbrace{\int_0^{\frac{\pi}{4}}\sin\varnothing\sec^3\varnothing \mathrm{d}\varnothing}$$

参考示例 5-18

$$= \left(-\frac{1}{3}\cos\phi - \frac{\sqrt{2}}{12}\frac{\tan^2\phi}{2} \right)\Bigg|_0^{\frac{\pi}{4}} = \frac{1}{3} - \frac{5\sqrt{2}}{24}$$

$$\int_0^{2\pi} \frac{1}{3} - \frac{5\sqrt{2}}{24}\,\mathrm{d}\theta = \left(\frac{1}{3} - \frac{5\sqrt{2}}{24} \right)\Bigg|_0^{2\pi} = \frac{2\pi}{3} - \frac{5\sqrt{2}\pi}{12}$$

$$V = \frac{2\pi}{3} - \frac{5\sqrt{2}\pi}{12}$$

示例 10-9　体积和平均距离

立体区域 D 是圆心在 $(0,0,1)$ 的单位圆的上半球，计算 D 的体积和原点到 D 的平均距离。

先作图，如图 10.31 所示。

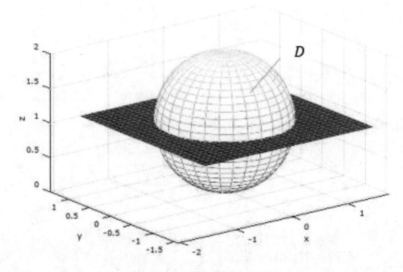

图 10.31　单位球的上半球

可以直接根据球的体积公式计算：

$$V_D = \frac{4}{3}\pi r^3 \times \frac{1}{2} = \frac{2}{3}\pi$$

现在尝试使用积分去计算。和示例 10-8 一样，很容易确定 θ 的积分域是 $0 \leqslant \theta \leqslant 2\pi$，通过 x-z 坐标系的切面判断 ϕ 的积分域，如图 10.32 所示。

可以看出，ϕ 取值范围是 $0 \leqslant \phi \leqslant \pi/4$。$\rho$ 沿着 z 轴的正方向旋转，它

的取值范围如图 10.33 所示。

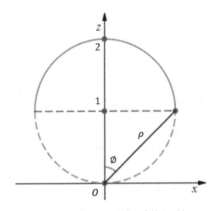
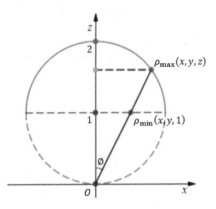

图 10.32 x-z 坐标系的切面   图 10.33 ρ 的积分域

ρ 的积分上下限都不固定，它们随着 $\emptyset$ 的改变而改变，在 $\rho_{\min}$ 点处：

$$z = 1 = \rho\cos\emptyset \Rightarrow \rho = \frac{1}{\cos\emptyset} = \sec\emptyset$$

现在的问题是如何求得 ρ 的积分上限？ρ 的最大值在球上，求解方式是通过已知条件和球坐标的公式，让 ρ 变成 θ 和 $\emptyset$ 的函数，这需要从单位球的方程开始：

$$x^2 + y^2 + (z-1)^2 = (\rho\sin\emptyset\cos\theta)^2 + (\rho\sin\emptyset\sin\theta)^2 + (\rho\cos\emptyset - 1)^2$$

$$= \rho^2\sin^2\emptyset\underbrace{(\cos^2\theta + \sin^2\theta)}_{1} + \rho^2\cos^2\emptyset - 2\rho\cos\emptyset + 1$$

$$= \rho^2\sin^2\emptyset + \rho^2\cos^2\emptyset - 2\rho\cos\emptyset + 1$$

$$= \rho^2(\sin^2\emptyset + \cos^2\emptyset) - 2\rho\cos\emptyset + 1$$

$$= \rho^2 - 2\rho\cos\emptyset + 1$$

$$= 1$$

$$\rho^2 - 2\rho\cos\emptyset + 1 = 1 \Rightarrow \rho = 2\cos\emptyset$$

最终：

$$V_D = \int_0^{2\pi}\int_0^{\frac{\pi}{4}}\int_{\sec\emptyset}^{2\cos\emptyset} \rho^2\sin\emptyset\,\mathrm{d}\rho\,\mathrm{d}\emptyset\,\mathrm{d}\theta$$

又是一个冗长的三角替换，分步计算如下：

$$\int_{\sec\emptyset}^{2\cos\emptyset} \rho^2 \sin\emptyset\, d\rho = \frac{1}{3}\rho^3 \sin\emptyset\bigg|_{\rho=\sec\emptyset}^{\rho=2\cos\emptyset} = \frac{1}{3}(8\cos^3\emptyset \sin\emptyset - \sec^3\emptyset \sin\emptyset)$$

$$\int \frac{1}{3}(8\cos^3\emptyset \sin\emptyset - \sec^3\emptyset \sin\emptyset)d\emptyset$$

$$= \frac{1}{3}\left(8\int \cos^3\emptyset \sin\emptyset\, d\emptyset - \int \tan\emptyset \sec^2 d\emptyset\right)$$

$$= \frac{1}{3}\left(8\int -\cos^3\emptyset\, d\cos\emptyset - \int \tan\emptyset\, d\tan\emptyset\right)$$

$$= \frac{1}{3}\left(-2\cos^4\emptyset - \frac{\tan^2\emptyset}{2}\right) + C$$

$$\frac{1}{3}\left(-2\cos^4\emptyset - \frac{\tan^2\emptyset}{2}\right)\bigg|_0^{\frac{\pi}{4}} = \frac{1}{3}\left(-2\left(\frac{\sqrt{2}}{2}\right)^4 - \frac{1^2}{2}\right) - \left[-2(1)^4 - \frac{0^2}{2}\right] = \frac{1}{3}$$

$$V_D = \int_0^{2\pi} \frac{1}{3}d\theta = \frac{2}{3}\pi$$

三重积分的均值与二重积分类似，距离的均值相当于在 D 区域内对 ρ 进行积分：

$$\overline{D} = \frac{1}{V_D}\iiint_D \rho\, dv = \frac{3\pi}{2}\int_0^{2\pi}\int_0^{\frac{\pi}{4}}\int_{\sec\emptyset}^{2\cos\emptyset} \rho^3 \sin\emptyset\, d\rho\, d\emptyset\, d\theta$$

注：关于二重积的均值，可参考 8.4.2 节。

10.4 总结

1. 平面极坐标系：

$$x = r\cos\theta,\ y = r\sin\theta$$

$$r = \sqrt{x^2 + y^2},\ \theta = \tan^{-1}\frac{y}{x}$$

2. 空间柱坐标系：

$$x = r\cos\theta,\ y = r\sin\theta,\ z = z$$

$$V = \iiint\limits_{R} \mathrm{d}z r \mathrm{d}r \mathrm{d}\theta$$

3. 空间球坐标系:

$$r = \rho \sin \varnothing$$

$$z = \rho \cos \varnothing \,,\ x = r \cos \theta = \rho \sin \varnothing \cos \theta \,,\ y = r \sin \theta = \rho \sin \varnothing \sin \theta$$

$$\rho = \sqrt{r^2 + z^2} = \sqrt{x^2 + y^2 + z^2}$$

$$V = \iiint\limits_{R} \rho^2 \sin \varnothing \, \mathrm{d}\rho \mathrm{d}\varnothing \mathrm{d}\theta$$

第11章 梯度下降

在本书开头我曾提到做培训时碰到的一些程序老手，对于他们来说，处理业务逻辑是专长，数学却是短板，而机器学习的培训往往又讲了大量的数学理论，所以才使大家感到很困惑。后来，我用了一个月的时间，每晚为大家补充一些数学知识，这才使程序员们又开始讨论起机器学习。

回想整个培训过程，最初的困惑正是由"梯度下降"开始的……

11.1 梯度

欲理解梯度下降必先理解梯度。

"梯度"一词有时也叫斜度，是一个曲面沿着给定方向的倾斜程度。梯度是一个向量，一个函数在某点的梯度，表示该函数在该点处沿着梯度方向变化最快，变化率最大，即函数在这一点处沿着梯度方向的导数能够取得最大值。可以把梯度想象成爬山，梯度方向就是坡度最陡峭的方向，如图 11.1 所示。

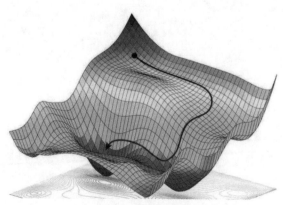

图 11.1　梯度示意图

11.1.1　梯度的定义

梯度的数学定义很简单，如果有一个曲面 $w = w(x, y, z)$，设 ∇w 是一个综合了 w 所有偏导数的向量：

$$\nabla w = \langle \frac{\partial w}{\partial x}, \frac{\partial w}{\partial y}, \frac{\partial w}{\partial z} \rangle$$

∇w 就是梯度向量，简称梯度。对于在函数 w 定义域上的任意 x、y、z，都可以得到一个对应的梯度向量，所以也说 $\nabla w(x_0, y_0, z_0)$ 是 w 在点 (x_0, y_0, z_0) 上的梯度。

注：在单变量的实值函数中，某点的梯度就是该点的导数，表示曲线在该点处切线的斜率。

11.1.2　梯度垂直于等值面

梯度的一个重要性质是：如果函数 w 的值是一个常数，则梯度向量垂直于原函数的等值面。

在平面直角坐标系中存在圆的方程 $w(x, y) = x^2 + y^2 = C$，w 的梯度是：

$$\nabla w = \langle \frac{\partial w}{\partial x}, \frac{\partial w}{\partial y} \rangle = \nabla w = \langle 2x, 2y \rangle$$

在 $w(x, y)$ 中，无论 x 和 y 在定义域内怎样变化，都有 $w(x, y) = C$，因此我们说 w 是一个等值面，确切地说，是一个二维空间的等值面。如果在等值面上的任意一点 (x, y) 做梯度向量，则梯度的终点是 $(3x, 3y)$，梯度垂直于等值面，如图 11.2 所示。

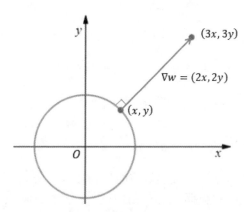

图 11.2　梯度垂直于等值面

对于多元函数也是如此，此时梯度是垂直于函数等值面的空间向量。

先来看三维空间内的线性方程，假设 w 的等值面是常数 C：

$$w(x, y, z) = a_1 x + a_2 y + a_3 z = C$$

w 是一个平面，此时 w 的梯度是：

$$\nabla w = \langle \frac{\partial w}{\partial x}, \frac{\partial w}{\partial y}, \frac{\partial w}{\partial z} \rangle = \langle a_1, a_2, a_3 \rangle$$

w 平面的法向量也是 $\langle a_1, a_2, a_3 \rangle$，所以对于平面来说，法向量就是梯度向量。

注：平面法向量可参考 1.6.3 节的相关内容。

对于更复杂的三元函数，可以用等高线图来表示梯度垂直于等值面，每个梯度都垂直于相应的等高线，如图 11.3 所示。

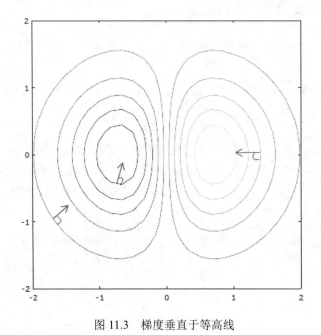

图 11.3　梯度垂直于等高线

11.1.3　垂直的原因

"梯度向量垂直于原函数的等值面"为什么会成立呢？

假设空间函数的等值面 $w(x, y, z) = C$ 是一个曲面，x、y、z 用参数方程表示，$x = x(t), y = y(t), z = z(t)$，等值面上的一条曲线向量是 $\vec{r} = r(t)$，

如图 11.4 所示。

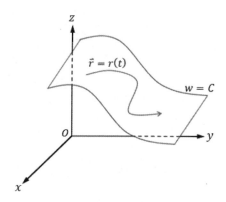

图 11.4　等值面上的曲线向量

如果把等值面上的曲线向量 $\vec{r}$ 看成位移，参数 t 看成时间，则位移对应的速度向量是：

$$\vec{v} = \frac{\mathrm{d}\vec{r}}{\mathrm{d}t} = \langle \frac{\mathrm{d}x}{\mathrm{d}t}, \frac{\mathrm{d}y}{\mathrm{d}t}, \frac{\mathrm{d}z}{\mathrm{d}t} \rangle$$

如果点在 $\vec{r}$ 上移动，在任意一点上的速度向量 $\vec{v}$ 都和曲线 $\vec{r}$ 相切，这正是导数 $\mathrm{d}\vec{r}/\mathrm{d}t$ 的含义；由于 $\vec{r}$ 在 w 上，所以速度向量 $\vec{v}$ 与曲面 w 也相切，如图 11.5 所示。

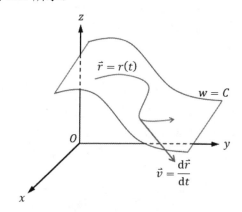

图 11.5　$\vec{v}$ 与 w 相切

链式法则告诉我们，w 关于 t 的导数是由 w 的梯度向量和速度向量的点积决定的：

$$\frac{\mathrm{d}w}{\mathrm{d}t} = \langle w_x \frac{\mathrm{d}x}{\mathrm{d}t}, w_y \frac{\mathrm{d}y}{\mathrm{d}t}, w_z \frac{\mathrm{d}z}{\mathrm{d}t} \rangle = \nabla w \cdot \frac{\mathrm{d}\vec{r}}{\mathrm{d}t} = \nabla w \cdot \vec{v}$$

由于 w 是等值面，所以：

$$\nabla w \cdot \vec{v} = \frac{\mathrm{d}w}{\mathrm{d}t} = \frac{\mathrm{d}C}{\mathrm{d}t} = 0$$

向量的点积为 0，意味着两个向量垂直，即 $\nabla w \perp \vec{v}$。如果 P 是 w 上的一点，所有以点 P 为起点的任意方向的速度向量 $\vec{v}$ 将共同组成一个平面，这个平面就是曲面 w 在点 P 的切平面，如图 11.6 所示。

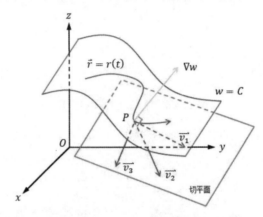

图 11.6　在点 P 处的切平面

∇w 垂直于每一个速度向量 $\vec{v}$，所以 ∇w 也垂直于这些速度向量所在的切平面，这也意味着 ∇w 在点 P 与等值面 w 垂直。

11.1.4　找出切平面

从 11.1.3 节的论述可知，梯度向量垂直于函数在某点的等值面，等同于梯度垂直于在该点处的切平面，梯度向量就是这个切平面的法向量。由此，我们可以根据某点的梯度求得函数在该点处的切平面。

示例 11-1　找出 $x^2 + y^2 - z^2 = 4$ 在 $(2, 1, 1)$ 处的切平面

先计算梯度：

$$\nabla w = \langle \frac{\partial w}{\partial x}, \frac{\partial w}{\partial y}, \frac{\partial w}{\partial z} \rangle = \langle 2x, 2y, -2z \rangle$$

$$\nabla w(2,1,1) = \langle 4, 2, -2 \rangle$$

$\langle 4, 2, -2 \rangle$ 也是切平面的法向量，根据法向量可以得到切平面：

$$4x + 2y - 2z = C$$

将 $(2, 1, 1)$ 代入切平面后，得到 $C = 8$，最终的切平面是：

$$4x + 2y - 2z = 8$$

$$\Rightarrow 2x + y - z = 4$$

图 11.7 中的平面就是这个不怎么好看的切平面。

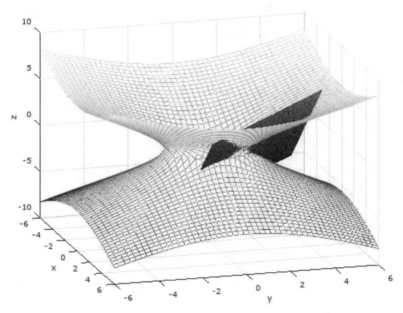

图 11.7　$x^2 + y^2 - z^2 = 4$ 在 $(2,1,1)$ 处的切平面

示例 11-2　求 $z = x^3 + 3xy^2$ 在 $(1, 2, 13)$ 处的切平面

函数更复杂了？不要被它骗了，实际上就是下面的函数：

$$w(x, y, z) = x^3 + 3xy^2 - z = 0$$

这就与示例 11-1 一样了：

$$\nabla w = \langle \frac{\partial w}{\partial x}, \frac{\partial w}{\partial y}, \frac{\partial w}{\partial z} \rangle = \langle 3x^2 + 3y^2, 6xy, -1 \rangle$$

$$\nabla w(1,2,13) = \langle 15, 12, -1 \rangle$$

切平面的法向量是 $\langle 15, 12, -1 \rangle$，切平面是 $15x + 12y - z = C$。代入 $(1,2,13)$，$C = 26$。

也可以根据点积求得切平面。$(1,2,13)$ 在切平面上，(x, y, z) 由是切平面上的点，所以切平面上的一个向量是 $\langle x - 1, y - 2, z - 13 \rangle$。由于法向量与切平面上的所有向量垂直，所以：

$$\langle 15, 12, -1 \rangle \cdot \langle x - 1, y - 2, z - 13 \rangle = 0$$

这将得到相同的切平面：

$$15x + 12y - z = 26$$

示例 11-3　求 $x^3 + 2xy + y^2 = 9$ 在 $(1,2)$ 处的切线

这是二维空间内的一条复杂曲线，求切线的方法和切平面一致：

$$\nabla w = \langle \frac{\partial w}{\partial x}, \frac{\partial w}{\partial y} \rangle = \langle 3x^2 + 2y, 2x + 2y \rangle$$

$$\nabla w(1,2) = \langle 7,6 \rangle$$

切线是 $7x + 6y = C$。代入 $(1,2)$，$C = 19$，最终求得切线：

$$7x + 6y = 19$$

曲线和切线组成的复杂图形如图 11.8 所示。

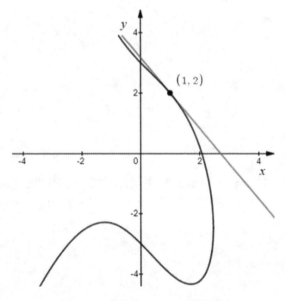

图 11.8　曲线在 $(1,2)$ 处的切线

11.2　方向导数

方向导数是梯度的重要应用。

$w = w(x,y)$ 的偏导 w_x 和 w_y 衡量了点沿着 x 轴和 y 轴方向移动时 w 的变化，如果点在其他方向移动呢？是否在任意方向上都有一个导数呢？

答案是肯定的，这就是方向导数。

11.2.1　方向导数的几何意义

对于 $w(x, y)$ 来说，偏导的几何意义是曲面在 x 轴或 y 轴方向的垂直平面上交线的斜率，类似地，方向导数就是某一方向上垂直平面与曲面交线在该方向的斜率，如图 11.9 所示。

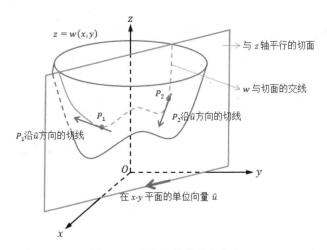

图 11.9　方向导数的几何意义

P_1、 P_2 是 w 与其切面交线上的两点，$\hat{u}$ 是位于切面与 $x\text{-}y$ 平面交线上的单位向量，P_1、 P_2 沿着 $\hat{u}$ 方向切线的斜率就是这两点在 $\hat{u}$ 方向上的方向导数。

11.2.2　计算方向导数

点沿着 x 轴或 y 轴移动会产生一系列向量，如果沿着其他方向——例如某个单位向量 $\hat{u}$ 的方向——移动会如何呢？也就是给出一个单位向量 $\hat{u}$，沿着 $\hat{u}$ 的方向移动，函数值的变化有多快？比如 $z = w(x, y)$ 是一个多元函数，在某点 (x_0, y_0, z_0) 处开始，沿着单位向量 $\hat{u}$ 做一系列运动，如图 11.10 所示。

问题：当 w 上的对应点沿着 $\hat{u}$ 的方向变化时，函数 w 的值变化得有多快？

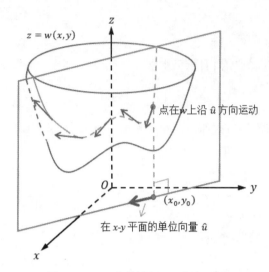

图 11.10 w 上的点沿 $\hat{u}$ 方向运动

先来看看直线的轨迹。如果以单位速度沿着 $\hat{u}$ 的方向运动，设 s 是运动的距离，轨迹向量 $\vec{r}$ 是点运动的轨迹，因为在单位时间内的运动轨迹是直线，所以 $s = |\vec{r}|$。现在设轨迹向量 $\vec{r}$ 是关于运动距离的函数，$\vec{r} = r(s)$，那么 $\vec{r}$ 在单位时间的变化率就是单位向量 $\hat{u}$，也就是说 $\vec{r}$ 的导数 $\mathrm{d}\vec{r}/\mathrm{d}s = \hat{u}$。

我们真正关注的是沿着 $\vec{r}$ 的方向运动时，w 的变化率是什么？也就是说，从一点开始，沿着某个方向（不一定是 x 或 y 的方向，可以是任意方向，比如 $\vec{r}$ 的方向）改变变量，它的方向导数是什么？也就是在该方向上，$\mathrm{d}w/\mathrm{d}s =?$

注：可以这样理解 $\mathrm{d}w/\mathrm{d}s$，$\mathrm{d}w/\mathrm{d}x$ 是 w 上的点沿 x 运动时 w 的变化率，$\mathrm{d}w/\mathrm{d}s$ 是 w 上的点沿 s 运动时 w 的变化率。

$\hat{u}$ 是和 $\vec{r}$ 同向的单位向量，现在将 $\hat{u}$ 作为下标代入 $\mathrm{d}w/\mathrm{d}s$，表示沿 $\hat{u}$ 方向移动的导数：

$$\left.\frac{\mathrm{d}w}{\mathrm{d}s}\right|_{\hat{u}} = \nabla w \cdot \frac{\mathrm{d}\vec{r}}{\mathrm{d}s} = \nabla w \cdot \hat{u}$$

这就是在 $\hat{u}$ 方向上的方向导数公式，它相当于梯度 ∇w 在 $\hat{u}$ 方向上的分量，或者说 w 在 $\hat{u}$ 方向上的梯度。

注：s 没有方向，$\mathrm{d}\vec{r}/\mathrm{d}s$ 才有方向。关于点积与分量的关系可参考 1.4.4 节。

如果把 $\hat{u}$ 写成两个 x 和 y 方向的分量，$\hat{u} = \langle a, b \rangle$，则方向导数可以进一步计算：

$$\frac{\mathrm{d}w}{\mathrm{d}s}\Big|_{\hat{u}} = \nabla w \cdot \hat{u} = \langle \frac{\partial w}{\partial x}, \frac{\partial w}{\partial y} \rangle \cdot \langle a, b \rangle = \frac{\partial w}{\partial x} a + \frac{\partial w}{\partial y} b$$

这个计算过程可以解释坐标轴方向的方向导数，例如 x 轴方向的方向导数，等于梯度在 x 轴方向的单位向量。设 x 轴方向的单位向量是 $\hat{\imath}$，则：

$$\frac{\mathrm{d}w}{\mathrm{d}s}\Big|_{\hat{\imath}} = \nabla w \cdot \hat{\imath} = \langle \frac{\partial w}{\partial x}, \frac{\partial w}{\partial y} \rangle \cdot \langle 1, 0 \rangle = \frac{\partial w}{\partial x}$$

x 轴方向的方向导数就是 w 上的点沿着 x 轴某一方向运动的时 w 的变化率。

根据点积的定义，两个向量的点积等于这两个向量模的乘积乘以二者的夹角余弦，这可以得到方向导数的第二个公式：

$$\frac{\mathrm{d}w}{\mathrm{d}s}\Big|_{\hat{u}} = \nabla w \cdot \hat{u} = |\nabla w||\hat{u}|\cos\theta = |\nabla w| \cos\theta$$

最终，在某一单位向量方向的方向导数可以总结为：

$$\frac{\mathrm{d}w}{\mathrm{d}s}\Big|_{\hat{u}} = \nabla w \cdot \hat{u} = |\nabla w| \cos\theta$$

示例 11-4　计算函数在 P 点处 v 方向的梯度

（1）$f(x, y) = x^2 y + xy^2$，$P = (-1, 2)$，$\vec{v} = \langle 3, 4 \rangle$

（2）$f(x, y, z) = \sqrt{x^2 + y^2 + z^2}$，$P = (2, 6, -3)$，$\vec{v} = \langle 1, 1, 1 \rangle$

（3）$f(w, x, y, z) = wx + wy + wz + xy + xz + yz$，
　　$P = (2, 0, -1 -1)$，$\hat{v} = \langle 1, -1, 1, -1 \rangle$

（1）$f(x, y) = x^2 y + xy^2$，$P = (-1, 2)$，$\vec{v} = \langle 3, 4 \rangle$

$$\nabla f(x, y) = \langle \frac{\partial f}{\partial x}, \frac{\partial f}{\partial y} \rangle = \langle 2xy + y^2, x^2 + 2xy \rangle$$

$$\vec{u} = \frac{\vec{v}}{|\vec{v}|} = \frac{\langle 3, 4 \rangle}{\sqrt{3^2 + 4^2}} = \langle \frac{3}{5}, \frac{4}{5} \rangle$$

$$\frac{\mathrm{d}f}{\mathrm{d}s}\Big|_{\vec{u}} = \nabla f(-1, 2) \cdot \vec{u} = \langle 0, -3 \rangle \cdot \langle \frac{3}{5}, \frac{4}{5} \rangle = -\frac{12}{5}$$

（2）$f(x, y, z) = \sqrt{x^2 + y^2 + z^2}$，$P = (2, 6, -3)$，$\vec{v} = \langle 1, 1, 1 \rangle$

首先计算一下 f_x，似乎有些混乱，如果把 y, z 看成常量就清晰多了：

$$f = \sqrt{x^2 + a^2 + b^2} = (x^2 + a^2 + b^2)^{\frac{1}{2}}$$

$$u = x^2 + a^2 + b^2$$

$$\frac{\mathrm{d}f}{\mathrm{d}x} = \frac{\mathrm{d}f}{\mathrm{d}u}\frac{\mathrm{d}u}{\mathrm{d}x} = \frac{1}{2}u^{-\frac{1}{2}} \times 2x = \frac{x}{\sqrt{u}} = \frac{x}{\sqrt{x^2 + a^2 + b^2}}$$

用 y 和 z 替换 a 和 b，就得到 f 关于 x 的偏导，同理可得 f_x 和 f_z：

$$\nabla f(x,y,z) = \langle f_x, f_y, f_z \rangle = \langle \frac{x}{\sqrt{x^2 + y^2 + z^2}}, \frac{y}{\sqrt{x^2 + y^2 + z^2}}, \frac{z}{\sqrt{x^2 + y^2 + z^2}} \rangle$$

$$\vec{u} = \frac{\vec{v}}{|\vec{v}|} = \frac{\langle 1,1,1 \rangle}{\sqrt{1^2 + 1^2 + 1^2}} = \frac{\sqrt{3}}{3}\langle 1,1,1 \rangle$$

$$\frac{\mathrm{d}f}{\mathrm{d}s}\bigg|_{\vec{u}} = \nabla f(2,6,-3) \cdot \vec{u} = \langle \frac{2}{7}, \frac{6}{7}, -\frac{3}{7} \rangle \cdot \frac{\sqrt{3}}{3}\langle 1,1,1 \rangle = \frac{5\sqrt{3}}{21}$$

（3） $f(w,x,y,z) = wx + wy + wz + xy + xz + yz$，$P = (2,0,-1-1)$，

$\vec{v} = \langle 1,-1,1,-1 \rangle$

$$\nabla f(w,x,y,z) = \langle \frac{\partial f}{\partial w}, \frac{\partial f}{\partial x}, \frac{\partial f}{\partial y}, \frac{\partial f}{\partial z} \rangle$$

$$= \langle x + y + z, w + y + z, w + x + z, w + x + y \rangle$$

$$\nabla f(2,0,-1,-1) = \langle -2,0,1,1 \rangle$$

$$\vec{u} = \frac{\vec{v}}{|\vec{v}|} = \frac{\langle 1,-1,1,-1 \rangle}{\sqrt{1^2 + (-1)^2 + 1^2 + (-1)^2}} = \frac{1}{2}\langle 1,-1,1,-1 \rangle$$

$$\frac{\mathrm{d}f}{\mathrm{d}s}\bigg|_{\vec{u}} = \nabla f(2,0,-1,-1) \cdot \vec{u} = \langle -2,0,1,1 \rangle \cdot \frac{1}{2}\langle 1,-1,1,-1 \rangle = -1$$

11.3 梯度的意义

梯度告诉了我们什么呢？

方向导数计算了梯度在 $\hat{u}$ 方向上的分量，让我们试着找出 w 在哪个方向上变化得最快，哪个方向上变化得最慢或者根本不变。

由于已知函数 w 和 w 上的一点，所以梯度是已知的，不确定的是方向，根据方向导数的公式可以得到以下结论：

$$\frac{\mathrm{d}w}{\mathrm{d}s}\bigg|_{\hat{u}} = |\nabla w|\cos\theta$$

$$\text{when} \quad \cos\theta = 1 \Rightarrow \left.\frac{dw}{ds}\right|_{\hat{u}} = |\nabla w| \quad \text{是最大值，} \theta = 0$$

$$\text{when} \quad \cos\theta = -1 \Rightarrow \left.\frac{dw}{ds}\right|_{\hat{u}} = -|\nabla w| \quad \text{是最小值，} \theta = \pi,$$

$$\text{when} \quad \cos\theta = 0 \Rightarrow \left.\frac{dw}{ds}\right|_{\hat{u}} = 0, \quad \theta = \frac{\pi}{2}$$

由此得到了梯度的一种理解：

- ⬐ 梯度的正方向是在给定点处令 w 的值增加得最快的方向，或者说在给定点处朝梯度方向运动，w 的值将变化得最剧烈；w 在梯度方正方向的变化率（斜率）等于梯度的模长。
- ⬐ 梯度的反方向，w 的值减小得最快。
- ⬐ 梯度垂直的方向，也就是与等值面相切的方向，w 不变。

如果把 w 看作大山，w 上的给定点是爬山者站立的位置，那么梯度方向就是上山时最陡峭的地方，梯度的反方向就是下山时最陡峭的地方，梯度垂直方向就是站立点的等高线。对于在等高线上的某一点来说，梯度垂直于该点所在的等高线，梯度的正方向总是指向相邻最大等高线的方向，如图 11.11 所示。

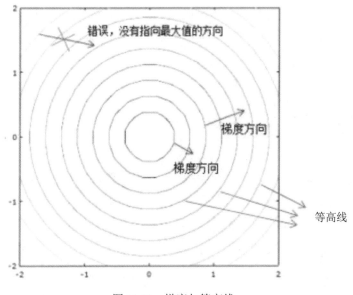

图 11.11　梯度与等高线

11.4　梯度下降算法

铺垫已经全部完成了，终于可以看看梯度下降算法究竟是怎么回事。

在求解机器学习算法的模型参数时，梯度下降（Gradient Descent）是最常采用的方法之一。梯度下降是迭代法的一种，在求解损失函数的最小值时，可以通过梯度下降法来一步步地迭代求解，最终得到最小化的损失函数和模型参数。反过来，如果我们需要求解损失函数的最大值，就需要用梯度上升法来迭代了。

11.4.1　梯度下降的原理

现在有一个二元函数 $w(x,y) = (x-10)^2 + (y-10)^2$，它的梯度是：

$$\nabla w(x,y) = \langle \frac{\partial w}{\partial x}, \frac{\partial w}{\partial y} \rangle = \langle 2x-20, 2y-20 \rangle$$

如果在 w 上选取一点 (x_n, y_n)，那么 w 沿着梯度下降方向，在 x 方向上的变化率就是 x 轴上的方向导数的负值：

$$-\frac{\partial w}{\partial x}\bigg|_{\substack{x=x_n \\ y=y_n}} = -w_x(x_n, y_n)$$

知道了变化率，自然就能推测出变化。自变量的下一个值 x_{n+1} 沿着梯度下降方向的变化是：

$$x_{n+1} \approx x_n - \frac{\partial w}{\partial x}\bigg|_{\substack{x=x_n \\ y=y_n}}$$

反复迭代，在达到临界点时，就可求得 w 在极小值时的 x；同理也可求得在极小值时的 y，如图 11.12 所示。

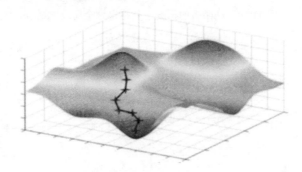

图 11.12　梯度下降示意图

可以发现，根据初始值的不同，梯度下降不一定能够找到全局的最优解，有可能是一个局部最优解，如图 11.13 所示。

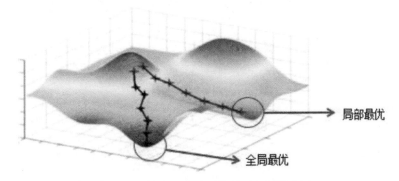

图 11.13　梯度下降时可能得到局部最优解

当然，如果是凸函数，梯度下降一定会得到全局最优解，如图 11.14 所示。

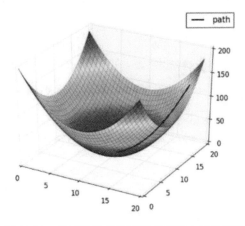

图 11.14　凸函数的梯度下降将得到全局最优解

11.4.2　学习率

梯度下降的一个问题在于效率低下，由于要求 x_n 与 x_{n+1} 的间隔非常小，所以需要相当次数的迭代才能收敛（损失函数达到最小值）。为了提升效率，实际应用中梯度下降法增加了"学习率"的概念：

$$x_{n+1} \approx x_n - \alpha \frac{\partial w}{\partial x}\bigg|_{\substack{x=x_n \\ y=y_n}}$$

上式中的 α 就是学习率，也称为"步长"。梯度下降算法每次迭代，都会受到学习率 α 的影响。对 x 的偏导指明了变化的方向是梯度沿 x 轴的方向，而学习率则指明变化的步伐，步长越小，前进越慢，步长越大，前进越快，如图 11.15 所示。

实际上每迭代一次，就可以更换一个新的 α，只是为了方便才用一个。如果 α 太小，迭代将十分缓慢，如图 11.16 所示。

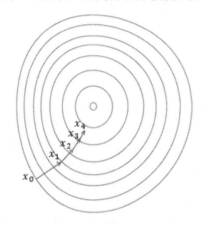

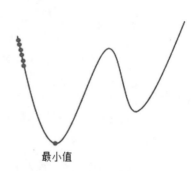

图 11.15　步长越小，前进越慢　　　　图 11.16　步长太小导致迭代缓慢

反之，如果 α 较大，可能错过最小值，如图 11.17 所示。

在更坏的情况下，步长过大可能会导致每次迭代不但不会减小损失函数，反而会越过最小值导致无法收敛，如图 11.18 所示。

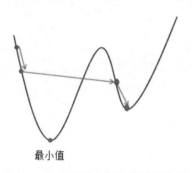

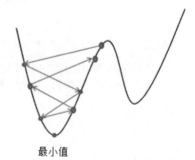

图 11.17　步长过大导致错过最小值　　　图 11.18　步长过大导致无法收敛

根据经验，可以从以下几个数值开始试验 α 的值，0.001、0.003、0.006、0.01、0.03、0.06、0.1、0.3、0.6、1……

α 初始值可以设置为 0.001，不符合预期则用 0.003 代替，不符合预期再用 0.006 替代……直至找到最合适的 α。寻找的方法是对这些不同的 α 值绘制损失函数 $J(\theta)$ 随迭代次数变化的曲线，然后选择看上去能够使 $J(\theta)$ 快速下降的一个 α 值。在实际应用中，可以通过作图观察 $J(\theta)$ 和迭代次数的变化，从而判断 α 的取值，如图 11.19～图 11.21 所示。

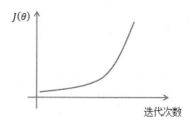

图 11.19　$J(\theta)$ 和迭代次数的关系 1　　图 11.20　$J(\theta)$ 和迭代次数的关系 2

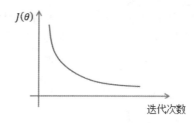

图 11.21　$J(\theta)$ 和迭代次数的关系 3

可以发现图 11.19 和图 11.20 两种情况下 $J(\theta)$ 的迭代都不是正确的，图 11.21 是正确的。

- ➥ 图 11.19，$J(\theta)$ 的值随着迭代次数的增加变得越来越大，说明越过了最小值（图 11.17 的情况），应该选择较小的 α。

- ➥ 图 11.20，$J(\theta)$ 的曲线先下降，然后上升，接着又下降，然后又上升，如此往复（图 11.18 的情况）。通常选取较小的 α。

- ➥ 图 11.21 是正确的，$J(\theta)$ 随着迭代次数增加而呈收敛态势，迭代次数越多，$J(\theta)$ 越小。

11.4.3　批量梯度下降

设 $h_\theta(x)$ 是线性回归的假设函数，其中 $x_0 = 1$，θ 是权重：

$$h_\theta(x) = \theta_0 x_0 + \theta_1 x_1 + \theta_2 x_2 + \cdots + \theta_n x_n = \sum_{i=0}^{n} \theta_i x_i$$

注：θ 的初始值可以全部定义为 1。

对于给定的训练集，目标是找到最佳的 $h_\theta(x)$ 以拟合最多数据。对此，机器学习的策略是使损失函数 $J(\theta)$ 达到最小。如果全部预测正确，则 $J(\theta) = 0$。我们选择平方和损失函数作为 $J(\theta)$：

$$J(\theta) = \frac{1}{2m} \sum_{i=i}^{m} \left(h_\theta\left(x^{(i)}\right) - y^{(i)} \right)^2$$

上式表示共有 m 个训练样本，y 表示实际结果，上标表示第 i 个训练样本，$h_\theta\left(x^{(i)}\right) - y^{(i)}$ 表示在训练集的第 i 个样本中，预测结果与实际结果的差值，差值越小，说明预测越接近真实结果。

假设 $m = 1$，即仅有一个训练样本，此时：

$$J(\theta) = \frac{1}{2} \sum_{i=i}^{1} \left(h_\theta\left(x^{(i)}\right) - y^{(i)} \right)^2 = \frac{1}{2} \left(h_\theta\left(x^{(1)}\right) - y^{(1)} \right)^2$$

为了方便起见，当 $m = 1$ 时去掉 x 和 y 的上标：

$$J(\theta) = \frac{1}{2} (h_\theta(x) - y)^2$$

我们的目标是使 $J(\theta)$ 达到最小。在监督学习中，x 和 y 已知，此时的 θ 即为所求参数，根据梯度下降法：

$$\theta_j := \theta_j - \alpha \frac{\partial}{\partial \theta_j} J(\theta)$$

注：在等号前加个冒号表示是计算机中的表达式。

对于第一个权重：

$$\theta_1 := \theta_1 - \alpha \frac{\partial}{\partial \theta_1} J(\theta) = \theta_1 - \alpha \frac{\partial}{\partial \theta_1} \left(\frac{1}{2} (h_\theta(x) - y)^2 \right)$$

根据链式求导法则计算偏导：

$$\text{let} \quad u = h_\theta(x) - y$$

$$\frac{\partial}{\partial \theta_1} J(\theta) = \frac{\mathrm{d}}{\mathrm{d}u} \left(\frac{1}{2} u^2 \right) \frac{\partial}{\partial \theta_1} (h_\theta(x) - y) = u \frac{\partial}{\partial \theta_1} (\theta_0 x_0 + \theta_1 x_1 + \cdots + \theta_n x_n - y)$$

后面的偏导看着唬人，其实很简单，除了 $\theta_1 x_1$ 之外其他都看作常量，相当于：

$$\frac{\partial}{\partial \theta_1} \left(C_0 + \theta_1 x_1 + \cdots + C_n - C_y \right) = \frac{\partial}{\partial \theta_1} (\theta_1 x_1 + C) = x_1$$

这样就可以继续向下计算：

$$\frac{\partial}{\partial \theta_1} J(\theta) = ux_1 = (h_\theta(x) - y)x_1$$

根据梯度下降法，可以通过迭代求得 θ_1：

$$\theta_1 := \theta_1 - \alpha \frac{\partial}{\partial \theta_1} J(\theta) = \theta_1 - \alpha(h_\theta(x) - y)x_1$$

推广至 m 个训练样本，θ_1 的梯度下降迭代表达式为：

$$\theta_1 := \theta_1 - \alpha \frac{\partial}{\partial \theta_1} J(\theta) = \theta_1 - \alpha \frac{1}{2m} \sum_{i=1}^{m} (h_\theta(x^{(i)}) - y^{(i)})x_1^{(i)}$$

这对于任意权重都适用：

$$\theta_j := \theta_j - \alpha \frac{\partial}{\partial \theta_j} J(\theta) = \theta_j - \alpha \frac{1}{2m} \sum_{i=1}^{m} (h_\theta(x^{(i)}) - y^{(i)})x_j^{(i)}$$

如果令 θ 是 n 维向量，可将上式化简：

$$\theta = \langle \theta_0, \theta_1, \cdots, \theta_n \rangle, \ \nabla_\theta J = \langle \frac{\partial J}{\partial \theta_0}, \frac{\partial J}{\partial \theta_1}, \cdots, \frac{\partial J}{\partial \theta_n} \rangle$$

$$\theta := \theta - \alpha \nabla_\theta J$$

如果用矩阵表示，梯度下降可以得到更简洁的结果：

$$x = \begin{bmatrix} x_0^{(1)} & x_1^{(1)} & x_2^{(1)} & \cdots & x_n^{(1)} \\ x_0^{(2)} & x_1^{(2)} & x_2^{(2)} & \cdots & x_n^{(2)} \\ \vdots & \vdots & \vdots & & \vdots \\ x_0^{(m)} & x_1^{(m)} & x_2^{(m)} & \cdots & x_n^{(m)} \end{bmatrix}, \ \theta = \begin{bmatrix} \theta_0 \\ \theta_1 \\ \theta_2 \\ \vdots \\ \theta_n \end{bmatrix}, \ y = \begin{bmatrix} y^{(1)} \\ y^{(2)} \\ \vdots \\ y^{(m)} \end{bmatrix}$$

$$\theta := \theta - \frac{\alpha}{2m} x^{\mathrm{T}}(x\theta - y)$$

在实践中，可以通过设置迭代次数停止迭代，也可以通过设置阈值停止迭代。当梯度下降到一定数值后，每次迭代的变化将会很小，只要变化小于该阈值就停止迭代，此时得到的结果近似于最优解。在新一轮的迭代中，由于 θ 已经得到了更新，所以应当使用新的 h_θ。

上面对于 θ 的求解过程就是批量梯度下降法，之所以叫"批量"，是因为每一次迭代都要遍历所有训练样本，这显然不适用于训练样本数量极多的情况，于是人们提出了随机梯度下降。

11.4.4　随机梯度下降

随机梯度下降法其实和批量梯度下降法原理类似，区别在与求梯度时没有使用所有 m 个样本的数据，而是每次仅仅选取第 i 个随机样本来求梯度：

$$\theta_j := \theta_j - \alpha\big(h_\theta(x^{(i)}) - y^{(i)}\big)x_j^{(i)}$$

i 不是定值，在每次迭代时都重新选取。随机梯度下降法速度比批量梯度下降快了很多，但是对于每次迭代，$J(\theta)$ 有可能变大或变小，但总体趋势接近全局最优解，如图 11.22 所示。

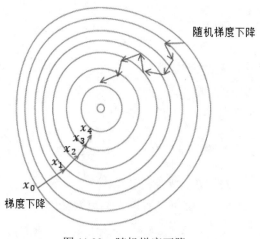

图 11.22　随机梯度下降

11.4.5　小批量梯度下降

小批量梯度下降法是批量梯度下降法和随机梯度下降法的折中，对于 m 个样本，我们采用其中的 k 个来迭代，$1 < k < m$，一般可以取 $k = 10$：

$$\theta_j := \theta_j - \alpha\frac{1}{2k}\sum_{i=1}^{k=10}\big(h_\theta(x^{(i)}) - y^{(i)}\big)x_j^{(i)}$$

11.5　超越梯度下降

除了梯度下降之外，还有更高级的优化方法，比如共轭梯度法

（Conjugate Gradient）、BFGS（变尺度法）、L-BFGS（限制变尺度法）等，弄清楚它们的原理将是一个十分漫长的过程，超出了本书的范围，有兴趣的读者可以自行查阅相关资料。

11.6 总结

1. 梯度是一个向量，一个函数在某点的梯度，表示该函数在这一点处沿着梯度方向能够取得最大值。

$$\nabla w = \langle \frac{\partial w}{\partial x}, \frac{\partial w}{\partial y}, \frac{\partial w}{\partial z} \rangle$$

2. 如果函数 w 的值是一个常数，则梯度向量垂直于原函数的等值面。

3. 方向导数衡量了函数在某一单位向量方向上的变化：

$$\frac{\mathrm{d}w}{\mathrm{d}s}\Big|_{\hat{u}} = \nabla w \cdot \hat{u} = |\nabla w| \cos \theta$$

4. 沿着梯度下降的方向，函数变化得最快。

5. 梯度下降的原理：

$$x_{n+1} \approx x_n - \frac{\partial w}{\partial x}\Big|_{\substack{x=x_n \\ y=y_n}}$$

6. 机器学习中的梯度下降：

$$\theta := \theta - \frac{\alpha}{m} x^{\mathrm{T}}(x\theta - y)$$

第12章 误差与近似

2006 年 2 月 23 日晚，在都灵冬奥会自由式滑雪男子空中技巧决赛中，中国选手韩晓鹏以 250.77 分力挫群雄，以完美的两个动作获得了该项目的金牌，这也是中国在冬奥会上的第一枚自由式滑雪项目金牌。

自由式滑雪空中技巧的分数由 3 部分组成，其中起跳 2 分，空中动作 5 分，落地 3 分，共有 5 名裁判依次按照这 3 部分打分。某个运动员在完成一个动作后的分数表如图 12.1 所示。

裁判序号	①	②	③	④	⑤	
起跳	1.5	1.6	1.9	1.7	1.7	5
空中动作	4.3	4.2	4.3	4.4	4.6	13
落地	2.4	2.3	2.3	2.2	2.5	7
满分	30 × DD					
裁判分数	5 + 13 + 7 = 25					
运动员总分	25 × DD					

图 12.1　裁判评分表

裁判计算分数时，需要将起跳、空中动作、落地 3 部分中的最高分和最低分去掉（也就是我们经常在比赛中听到的"去掉一个最高分，去掉一个最低分"），剩下的分数相加再乘以该动作的难度系数（Degree of Difficulty，DD）后得到这名运动员本次空中技巧的总分。

为什么需要 5 位裁判？去掉最高分和最低分又是什么意思？这需要用一个很长的故事来解释，故事的开头就从误差说起。

12.1　误差

　　"误差"一词源于测量，是一个量的观测值或计算值与其真实值之间的差异，也称为偏差。我们在初中物理中学过，误差不是错误，误差处处存在。确实如此，比如用直尺测量一本书的厚度，可能得到的结果如图 12.2 所示。

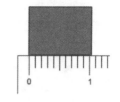

图 12.2　测量书的厚度

　　最终结果在 1cm～1.1cm 之间，究竟是多少？说不清楚，可能恰巧是 1.03，也可能是一个无限不循环小数。似乎是刻度不够精确导致了误差，这没错，但工具的精确性只是引起误差的众多原因之一，误差的成因还有很多种。

12.1.1　误差的成因

　　在测量书的厚度时，工具的精确性造成了误差，除此之外还有其他因素，你是用什么方法让书的边缘对准零刻度的？能否保证对准了零刻度？从观测上，即使是同一个人，从不同的角度也可能得到不同的数值。环境因素也会导致误差，同一个物体，在湿度不同的情况下质量会有所差别；也会由于温度的不同而产生热胀冷缩，从而导致体积的差异。很多时候，误差又是人们故意为之，比如常用的"保留小数点后两位数字"。

12.1.2　误差限

　　误差无处不在且不可避免，但并非不可接受，只要将误差控制在合理的范围内即可，这个范围称为误差限。真实值落在误差限之内就算合理，如图 12.3 所示。

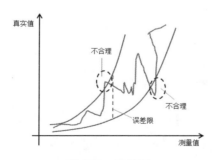

图 12.3　误差限

随着测量值的不同，误差限可能会产生变化，多大的误差限才算合理呢？这个要视具体问题而定，比如测量跑道的长度，少了 1 米都不可原谅，但是对于测量北京到上海的距离，即使少 1 千米也没那么严重。怎样定义误差限完全取决于需求，只要你觉得范围合理就好。

12.1.3 减小误差的方法

尽管误差可以接受，但它对喜欢追求精确的人们来说仍是个大敌。对于这个消灭不了的敌人，我们的应对策略是尽可能将其减小。

如果用 ε 表示误差，X 表示测量值，L 表示真实值，那么误差可以这样定义：

$$\varepsilon = X - L$$

很明显，ε 有正有负，有时也称为绝对误差。

注：除了绝对误差外，还有相对误差、引用误差、标称误差、基值误差等，这里只讨论绝对误差。

我们不讨论如何通过提升仪器的精确度或改进测量方法去减小误差，只讨论数学方案。来看自由式滑雪空中技巧的比赛，对于打分的项目，仅用 1 个裁判肯定是不靠谱的，再公正的裁判也会不自觉地对自己国家的选手有所偏向，所以需要由多个来自不同国家的裁判一起打分。如果运动员的真实分数是 L，裁判们的测量值是 X，那么 5 个裁判将得到 5 个误差：

$$\varepsilon_1 = |X_1 - L|, \quad \varepsilon_2 = |X_2 - L|, \quad \cdots, \quad \varepsilon_5 = |X_5 - L|$$

注：取绝对值是为了让所有误差都是正数，便于接下来的说明。

由于误差有正有负，从统计来看，正负各半，所以 5 个裁判的总误差是：

$$\varepsilon_1 + \varepsilon_2 + \varepsilon_3 - \varepsilon_4 - \varepsilon_5$$

假设所有裁判的误差限都是 μ，且每个裁判的打分都能落在误差限内，即 $0 \leqslant \varepsilon_i \leqslant |\mu|$，那么：

$$\varepsilon_1 + \varepsilon_2 + \varepsilon_3 - \varepsilon_4 - \varepsilon_5 \leqslant |\varepsilon_1 - \varepsilon_4| + |\varepsilon_2 - \varepsilon_5| + |\varepsilon_3| \leqslant |\mu| + |\mu| + |\mu| = 3|\mu|$$

取平均值，现在的误差限变成：

$$\frac{3}{5}|\mu|$$

这可比原来的误差限 μ 小多了。误差限缩小了，误差的波动范围自然也就缩小了，看来增加高水平的裁判人数可以有效减小误差。

空中技巧的分数表中还去掉了最高分和最低分，按照之前的逻辑，在去掉两个分数后，裁判的误差限将变成 $2|\mu|/3$，这个结果大于 $3|\mu|/5$，为什么要这么做呢？为了弄清楚原因，我们来看另一个例子。

经常有人嘲讽用平均值计算人均 GDP 的方式："张家有财一千万，九个邻居穷光蛋，平均一算，家家都是百万"。张千万远远富过邻居们，由于他抬高了平均值，本应该挂上重点扶贫标签的村子反而变成了先进典型。回到自由滑雪空中技巧，如果把打分最高的裁判看成张千万，就不难理解去掉最高分的意义。去掉最低分也与此类似，相当于去掉了拖社会主义后腿的那个。类似"去掉最高分和最低分"的例子还有很多，比如我们计算国内 50 英寸液晶电视的均价，你不能再把"双十一"打折时候的价格也算进去。

12.2　近似

在误差限内的误差是可以接受的，比如北京到上海的航空距离是 1213 千米，直接省略了小数点后面的数字；国际田联规定，100 米的跑道，误差需要控制在 1 厘米之内，有很高的精确度……这些类数字都指向一个与误差相关的词——近似。

近似并非依靠经验的估算，计算近似值有一套完整的数学方法，下面就来看看这些神奇的方法。

12.2.1　线性近似

线性近似也叫线性逼近，是最常用的计算近似值的方法。它大概是这么说的，如果小汽车的行驶距离 $f(t)$ 是距离关于时间 t 的函数，假设我们知道小汽车在 t_0 时刻的行驶距离 $f(t_0)$，那么可以通过 t_0 近似地计算出小汽车在接近 t_0 的 t 时刻行驶的距离，如图 12.4 所示。

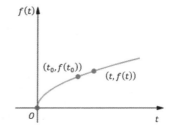

图 12.4　小汽车在接近 t_0 的 t 时刻行驶的距离

线性近似的计算公式来源于导数，把上面的 t 换成比较习惯的 x，根据导数的定义：

$$f'(x) = \lim_{\Delta x \to 0} \frac{f(x_0 + \Delta x) - f(x_0)}{\Delta x} = \lim_{x \to x_0} \frac{f(x) - f(x_0)}{x - x_0}$$

将左右两边同时乘以 $(x - x_0)$ 并去掉极限符号：

$$f'(x)(x - x_0) \approx f(x) - f(x_0)$$

$$f(x) \approx f'(x)(x - x_0) + f(x_0)$$

这就是线性近似的公式了。当 $x \approx x_0 = 0$ 时：

$$f(x) \approx f'(0)(x) + f(0)$$

由于线性近似计算的是 x_0 附近的近似值，所以 x_0 被称为基点。在讨论近似时，只有指定基点才有意义，也就是指明是在谁附近的近似。线性近似的几何意义是，$f(x)$ 在 x_0 的切线近似于原函数的曲线，如图 12.5 所示。

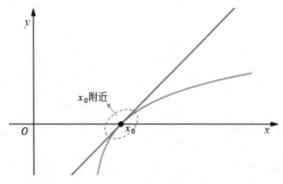

图 12.5　线性近似的几何意义

在 x_0 点附近，曲线近似于直线，x 越接近 x_0，二者的近似度越高；x 越远离 x_0，曲线和直线的差距越大。当然，如果基点不同，切线的斜率也不同，所以近似值也不同。以 $f(x) = (1 + x)^2$ 为例，它的导数是 $2 + 2x$，$f(x)$ 在 $x_0 = 0$ 处的切线的斜率是 $2 + 2x_0 = 2$，切线是 $y = 2x + 1$，$f(x)$ 在 $x_0 = 0$ 处的近似如图 12.6 所示。

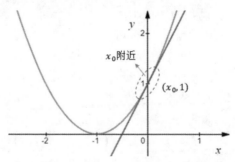

图 12.6　$(1 + x)^2$ 在 $x_0 = 0$ 处的近似

表 12.1 是一些常用函数在基点 $x_0 = 0$ 处的线性近似。

表 12.1　常用函数的线性近似

$f(x)$	$f'(x)$	$f'(0)$	$f(0)$	$f'(0)(x) + f(0)$
$\sin x$	$\cos x$	1	0	x
$\cos x$	$-\sin x$	0	1	1
e^x	e^x	1	1	$x + 1$
$\ln(1+x)$	$1/(1+x)$	1	0	x
$(1+x)^n$	$n(1+x)^{n-1}$	n	1	$nx + 1$

图 12.7～图 12.11 是表 12.1 中函数的曲线，可以更直观地看出在基点 $x_0 = 0$ 处线性近似的几何意义。

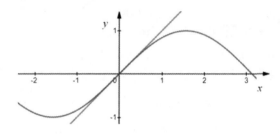

图 12.7　$\sin x \approx x$ 的几何意义

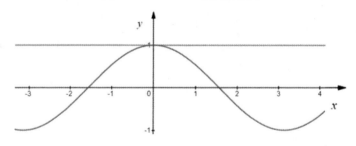

图 12.8　$\cos x \approx 1$ 的几何意义

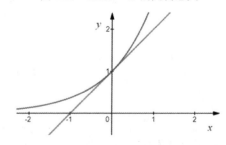

图 12.9　$e^x \approx x + 1$ 的几何意义

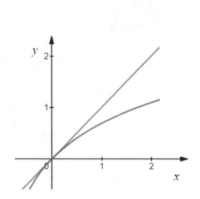 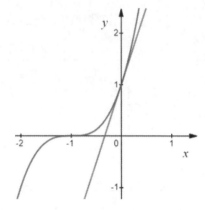

图 12.10　$\ln(1+x) \approx x$ 的几何意义　　图 12.11　$(1+x)^3 \approx 3x+1$ 的几何意义

下面通过一个实际例子看看如何使用线性近似。

示例 12-1　使用线性近似计算 $\ln(1.1) \approx$?

设 $f(x) = \ln(1+x)$，当 $x = 0.1$ 时，$f(0.1) = \ln(1+x) = \ln(1.1)$。取基点 $x_0 = 0$，我们认为 $x = 0.1$ 接近 x_0，根据表 12.1 中的线性近似：

$$f(x) \approx f'(0)(x) + f(0) = x = 0.1$$

最终求得 $\ln(1.1) \approx 0.1$。通过计算器可算得 $\ln(1.1) \approx 0.0953101798$ 04325，非常接近 0.1。

至于 0.1 是否接近于 0，这是个极其主观的判断，要视具体问题而定。某些时候，0.1 可能距离 0 很远，比如在世界地图上，0.1 厘米可能横跨一个小型城市；另一些时候，10 也可能距离 0 很近，比如北京到上海的航空距离是 1213 千米，少个 10 千米也没那么严重。

12.2.2　二阶近似

二阶近似在线性近似的基础上更进一步，把二阶导数也考虑了进去，它比线性近似更为精确。

当 $x \approx x_0$ 时：

$$f(x) \approx f'(x_0)(x - x_0) + f(x_0) + \frac{f''(x_0)(x - x_0)^2}{2}$$

当 $x \approx x_0 = 0$ 时：

$$f(x) \approx f'(0)(x) + f(0) + \frac{f''(0)x^2}{2}$$

二阶近似的几何意义是最接近原函数的抛物线。以 $f(x) = \ln(1 + x)$ 为例：

$$f'(x) = \frac{1}{1 + x} \qquad f''(x) = -\frac{1}{(1 + x)^2}$$

根据公式，在 $x \approx x_0 = 0$ 处：

$$\ln(1 + x) \approx f'(0)(x) + f(0) + \frac{f''(0)x^2}{2} = x + 0 - \frac{x^2}{2} = x - \frac{x^2}{2}$$

曲线如图 12.12 所示。

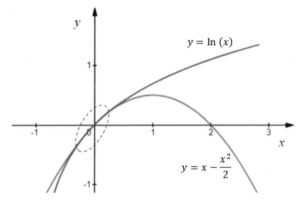

图 12.12　$\ln(1 + x)$ 在 $x_0 = 0$ 处的二阶近似

可以用这个结论计算示例 12-1，设 $x = 0.1 \approx x_0 = 0$，$\ln(1.1)$ 在二阶近似下的值：

$$\ln(1 + x) \approx x - \frac{x^2}{2} = 0.1 - \frac{0.01}{2} = 0.095$$

这个结果比线性近似的值 0.1 更接近 0.095310179804325。

二阶近似的几何意义是最接近曲线的抛物线，如果原曲线本身就是抛物线，则二阶近似就是原曲线本身，例如原函数是 $f(x) = a + bx + cx^2$：

$$f'(x) = b + 2cx, \ f''(x) = 2c$$

在 $x \approx x_0 = 0$ 处：

$$f(x) \approx f'(0)(x) + f(0) + \frac{f''(0)x^2}{2} = bx + a + cx^2$$

这恰好等于原函数，当然，仅当 $f(x) = a + bx + cx^2$ 时才能如此精确。表 12.2 是一些常用函数及它们的二阶近似。

表 12.2　常用函数的二阶近似

$f(x)$	$f'(x)$	$f''(x)$	$f'(0)(x) + f(0) + \dfrac{f''(0)x^2}{2}$
$\sin x$	$\cos x$	$-\sin x$	x
$\cos x$	$-\sin x$	$-\cos x$	$1 - x^2/2$
e^x	e^x	e^x	$1 + x + x^2/2$
$\ln(1+x)$	$1/(1+x)$	$-1/(1+x)^2$	$x - x^2/2$
$(1+x)^n$	$n(1+x)^{n-1}$	$n(n-1)(1+x)^{n-2}$	$n + nx + n(n-1)x^2/2$

图 12.13～图 12.16 是表 12.2 中的函数在基点 $x_0 = 0$ 处的二阶近似的几何意义。

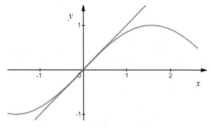

图 12.13　$\sin x \approx x$ 的几何意义

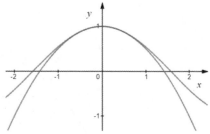

图 12.14　$\cos x \approx 1 - x^2/2$ 的几何意义

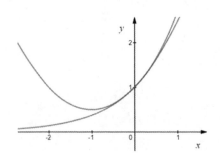

图 12.15　$e^x \approx 1 + x + x^2/2$ 的几何意义

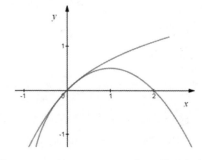

图 12.16　$\ln(1+x) \approx x - x^2/2$ 的几何意义

12.2.3　微分法

微分法是一种利用微分的定义求解近似值的方法，直接看示例。

示例 12-2　$\sqrt[3]{64.1}$ =?

设 $y = \sqrt[3]{x}$，当 $x = 64$ 时，$y = 4$，0.1 相对于 64 足够小了，令 $\mathrm{d}x =$

0.1，$x + \mathrm{d}x = 64.1$，代入微分公式：

$$\mathrm{d}y = y'\mathrm{d}x = \left(\sqrt[3]{x}\right)'\mathrm{d}x = \frac{1}{3}x^{-\frac{2}{3}}\mathrm{d}x = \frac{1}{3}64^{-\frac{2}{3}} \times 0.1 = 0.002$$

$$\sqrt[3]{64.1} \approx y + \mathrm{d}y = 4 + 0.002 = 4.002$$

示例也可以用线性近似法求解。设 $f(x) = \sqrt[3]{x}, x_0 = 64$，根据线性近似公式：

$$f(x) \approx f'(x)(\,x - x_0) + f(x_0) = \frac{1}{3}x^{-\frac{2}{3}}(\,x - x_0) + f(x_0)$$

$$f(64.1) \approx \frac{1}{3}64^{-\frac{2}{3}} \times (64.1 - 64) + f(64) \approx 0.002 + 4 = 4.002$$

两种方法的结果相同。当 $x \to x_0$ 时，结合线性近似公式和微分公式：

$$f(x) \approx \underbrace{f'(x)}_{\mathrm{d}y/\mathrm{d}x}\underbrace{(x - x_0)}_{\mathrm{d}x} + f(x_0) = \frac{\mathrm{d}y}{\mathrm{d}x}\mathrm{d}x + f(x_0) = \mathrm{d}y + f(x_0)$$

可以看出，线性近似实际上是微分的一种应用。

12.3　泰勒公式

泰勒公式是另一种计算近似值的方法，它是一个用函数某点的信息描述在该点附近取值的公式。如果函数足够平滑，在已知函数在某一点的各阶导数值的情况之下，泰勒公式可以用这些导数值做系数构建一个多项式来逼近函数在这一点的邻域中的值，如果你愿意，这个多项式可以没完没了。

相比线性近似和二阶近似，泰勒公式要更复杂得、更精确，应用也更加广泛。

12.3.1　泰勒级数

如果 $f(x)$ 在 x_0 处具有任意阶导数，那么泰勒公式是这样的：

$$f(x) = f(x_0) + (x - x_0)f'(x_0) + (x - x_0)^2\frac{f''(x_0)}{2!} + \cdots$$

$$= \sum_{n=0}^{\infty} \frac{f^{(n)}(x_0)}{n!}(x - x_0)^n$$

上式中的幂级数称为 $f(x)$ 在 x_0 点的泰勒级数。当 $x_0 = 0$ 时，$f(x)$

的泰勒级数是：

$$f(x) = f(0) + f'(0)x + \frac{f''(0)}{2!}x^2 + \cdots = \sum_{n=0}^{\infty} \frac{f^{(n)}(0)}{n!}x^n$$

泰勒级数是一种特殊的幂级数，幂级数是这样定义的：

$$a_0 + a_1x + a_2x^2 + a_3x^3 + \cdots + a_nx^n = \sum_{n=0}^{\infty} a_nx^n$$

实际上，在泰勒级数我们重新定义了 a_n：

$$a_n = \frac{f^{(n)}(0)}{n!}$$

来看看 a_n 是怎么得到的。先设置一个无穷级数 $f(x)$：

$$f(x) = a_0 + a_1x + a_2x^2 + a_3x^3 + \cdots$$

再对 $f(x)$ 反复求导：

$$f(x) = a_0 + a_1x + a_2x^2 + a_3x^3 + \cdots$$
$$f'(x) = a_1 + 2a_2x + 3a_3x^2 + 4a_4x^3 + \cdots$$
$$f''(x) = 2a_2 + 2 \times 3a_3x + 3 \times 4a_4x^2 + \cdots$$
$$f'''(x) = 2 \times 3a_3 + 2 \times 3 \times 4a_4x + 3 \times 4 \times 5a_5x^2 + \cdots$$

$$\cdots$$

以三阶导数为例：

$$f'''(0) = 2 \times 3a_3$$
$$a_3 = \frac{f'''(0)}{1 \times 2 \times 3} = \frac{f'''(0)}{3!}$$

推广到 n 阶导数：

$$a_n = \frac{f^n(0)}{1 \times 2 \times 3 \times 4 \times \cdots \times (n-1) \times n} = \frac{f^n(0)}{n!}$$

泰勒公式成立的条件是 x 处于收敛半径 R 的内部，即 $x < |R|$。收敛半径是 x 的一段连续的取值范围，在收敛半径内，幂级数是收敛的；在收敛半径外，幂级数是发散的；如果 $|x| = R$，幂级数的收敛性不确定。所谓在幂级数中收敛半径中收敛，就是当 $x < |R|$ 时，必然有 $|a_nx^n| \to 0$，其判断条件是：

$$\lim_{n \to \infty} \left| \frac{a_{n+1} x^{n+1}}{a_n x^n} \right| < 1$$

将收敛半径看作一个圆，只有当 x 的取值点在圆内时，幂级数才是收敛的，当然，圆可以无穷大。

12.3.2　泰勒公式的应用

来看一个泰勒公式的应用。假设一个小偷盗取了一辆汽车，他在高速公路上沿着一个方向行驶，车辆的位移 s 是关于时间 t 的函数。警方接到报案后马上调取监控，得知在零点（$t = 0$ 时刻）小偷距离车辆丢失地点的位移是 s_0。现在的时间是 0:30，警方想要在前方设卡，从而能在凌晨 1 点拦住小偷，应该在哪里设卡呢？

我们知道车辆在 0 点时的位移是 s_0，现在想要知道凌晨 1 点时车辆的位置，如图 12.17 所示。

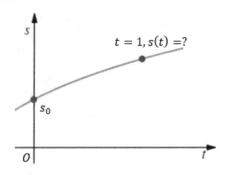

图 12.17　汽车在凌晨 1 点时的位移

可以直接使用泰勒公式：

$$t_0 = 0, \ t = 1, \ s(t_0) = s_0$$

$$s(t) \approx s(0) + s'(0)t + \frac{s''(0)t^2}{2!} + \frac{s'''(0)t^3}{3!} + \cdots$$

泰勒公式可以无限展开，展开得越多，越逼近真实值，并且越到后面的项，对结果的影响越小，所以通常只展开到二阶导数：

$$s(1) \approx s_0 + s'(0) + \frac{s''(0)}{2!}$$

这就是最终结果，在此处设卡最有可能在第一时间拦住小偷，前提是小偷不会在 0:30—1:00 期间猛然加速。

12.3.3　泰勒展开

如果一个函数有连续导数，那么这个函数就可以使用泰勒公式展开。

$f(x) = e^x$ 是一个可以用泰勒公式展开的例子，下面是 e^x 在 $x = 0$ 处的泰勒展开：

$$f'(x) = e^x, \ f''(x) = e^x, \ f'''(x) = e^x, \ \cdots, \ f^n(x) = e^x$$

$$e^x = \sum_{n=0}^{\infty} \frac{f^{(n)}(0)}{n!} x^n = \sum_{n=0}^{\infty} \frac{1}{n!} x^n$$

当 $x = 1$ 时，还附带得到了 e 的解释：

$$e^1 = e = 1 + 1 + \frac{1}{2!} + \frac{1}{3!} + \frac{1}{4!} + \cdots + \frac{1}{n!}$$

再来看正弦和余弦在 $\theta = 0$ 处的三阶泰勒展开：

$$\sin\theta \approx \sin 0 + \theta\cos 0 + \left(\frac{-\theta^2 \sin 0}{2!}\right) + \left(\frac{-\theta^3 \cos 0}{3!}\right) = \theta - \frac{\theta^3}{6}$$

$$\cos\theta \approx \cos 0 + (-\theta\sin 0) + \left(\frac{-\theta^2 \cos 0}{2!}\right) + \left(\frac{\theta^3 \sin 0}{3!}\right) = 1 - \frac{\theta^2}{2}$$

12.3.4　化质为量

我们使用一个很难处理的积分解释泰勒展开的意义，对正态分布进行积分：

$$\int e^{-x^2} dx = ?$$

常规的方法很难处理。现在，由于被积函数与 e^x 相似，我们又已经知道 e^x 的展开式，所以可以进行下面的变换：

$$e^t = 1 + t + \frac{t^2}{2!} + \frac{t^3}{3!} + \cdots$$

$$\stackrel{t=-x^2}{\Longrightarrow} \ e^{-x^2} = 1 - x^2 + \frac{x^4}{2!} - \frac{x^6}{3!} + \frac{x^8}{4!} - \cdots$$

将 e^{-x^2} 左右两侧同时积分：

$$\int e^{-x^2} dx = \int \left(1 - x^2 + \frac{x^4}{2!} - \frac{x^6}{3!} + \frac{x^8}{4!} - \cdots \right) dx$$

很容易计算右侧的每一项积分。

这个例子展示了幂级数展开的意义——把质的困难转化成量的复杂。展开前求解函数的值很困难，展开后是幂级数，虽然有很多很多项，但是每一项都是幂函数，都很容易求解，于是，只要对展开后的函数求和，就能得到展开前的函数的值。

12.3.5　多元函数的泰勒展开

泰勒公式也可以推广到多元函数，二元函数 $f(x,y)$ 也可以在 (x_0, y_0) 处开展开，展开形式与一元函数类似，只不过导数变成了偏导，$f(x,y)$ 的一阶泰勒展开式是：

$$f(x,y) \approx f(x_0, y_0) + (x - x_0)f_x(x_0, y_0) + (y - y_0)f_y(x_0, y_0)$$

$f(x,y)$ 的高阶导数可以分为 4 个子式，以二阶导数为例，$f(x,y)$ 的二阶导数共有包括混合偏导在内的 4 个函数：

$$f_{xx} \qquad f_{xy} \qquad f_{yx} \qquad f_{yy}$$

由此得到了二阶泰勒展开式：

$$f(x,y) \approx f(x_0, y_0) + (x - x_0)f_x(x_0, y_0) + (y - y_0)f_y(x_0, y_0)$$
$$+ \frac{1}{2!}(x - x_0)^2 f_{xx}(x_0, y_0)$$
$$+ \frac{1}{2!}(x - x_0)(y - y_0) f_{xy}(x_0, y_0)$$
$$+ \frac{1}{2!}(x - x_0)(y - y_0) f_{yx}(x_0, y_0)$$
$$+ \frac{1}{2!}(y - y_0)^2 f_{yy}(x_0, y_0)$$

其中混合偏导的系数 $(x - x_0, y - y_0)$ 也是混合的。

有时候，为了强调偏导的阶数，也会加上撇号：

$$f(x,y) \approx f(x_0, y_0) + (x - x_0)f_x'(x_0, y_0) + (y - y_0)f_y'(x_0, y_0)$$

$$+\frac{1}{2!}(x-x_0)^2 f_{xx}''(x_0,y_0)$$

$$+\frac{1}{2!}(x-x_0)(y-y_0)f_{xy}''(x_0,y_0)$$

$$+\frac{1}{2!}(x-x_0)(y-y_0)f_{yx}''(x_0,y_0)$$

$$+\frac{1}{2!}(y-y_0)^2 f_{yy}''(x_0,y_0)$$

类似地，n 阶偏导有 2^n 个函数，其系数也相应地变化。由于越往后展开对整体的影响越小，所以在大多数时候只需要二阶展开。

泰勒展开也可以推广到更多元函数，$f(x_1,x_2,\cdots,x_n)$ 在 $\left(x_1^{(0)},x_2^{(0)},\cdots,x_n^{(0)}\right)$ 处的二阶泰勒展开式：

$$f(x_1,x_2,\cdots,x_n) \approx f\left(x_1^{(0)},x_2^{(0)},\cdots,x_n^{(0)}\right)$$

$$+\sum_{i=1}^{n}\left(x_i-x_i^{(0)}\right)f_{x_i}'\left(x_1^{(0)},x_2^{(0)},\cdots,x_n^{(0)}\right)$$

$$+\frac{1}{2!}\sum_{i=1}^{n}\sum_{j=1}^{n}\left(x_i-x_i^{(0)}\right)\left(x_j-x_j^{(0)}\right)f_{x_i x_j}''\left(x_1^{(0)},x_2^{(0)},\cdots,x_n^{(0)}\right)$$

12.4 物理单位引发的问题

物理单位在误差和近似中都起着重要作用，不同的物理量之间的单位也不同，当这些单位间存在关联时，稍不留神就会引发错误，这可比误差严重多了。

在示例 5-27 中，我们用壳层法计算了坩埚的容积，最终得到：

$$V=\int_0^{\sqrt{a}}2\pi(ax-x^3)\mathrm{d}x$$

如果坩埚深度是 1m，代入公式得到 $\pi/2(\mathrm{m}^3)$。现在将 1m 换成 100cm，因为高度是一样的，所以我们期待得到同样的结果，但是代入公式后，最终得到 $10000\pi/2(\mathrm{cm}^3)=0.01\pi/2(\mathrm{m}^3)$，相差了 100 倍！

这下有意思了。问题出在哪呢？

仔细观察最终结果，积分的上限是 $\sqrt{a}$。$\sqrt{1\mathrm{m}} = 1\mathrm{m}$，$\sqrt{100\mathrm{cm}} = 10\mathrm{cm}$，不同的单位得到了不同的结果。实际上这个公式违背了比例原则——将所求问题数学化的同时并没有考虑到物理学中的单位关联。

在不同的单位制下，各个物理量用单位来表示也会不同，以至于起不到预期的"统一各单位"的效果。这就好比说猎豹的速度是 100 km/h，现在要换算 m/s，必须要经过相应的变化才能适用（1m/s=3.6km/h，1km/h=0.2777778m/s），这些问题伪装得很好，稍不留神就会谬以千里，甚至得到可笑的结论，在实际应用中应当特别注意。

12.5　总结

1．误差是一个量的观测值或计算值与其真实值之间的差异，也称为偏差。

2．减小误差限是降低误差的有效方案。

3．线性近似：

$$f(x) \approx f'(x)(x - x_0) + f(x_0)$$

4．二阶近似：

$$f(x) \approx f'(x_0)(x - x_0) + f(x_0) + \frac{f''(x_0)(x - x_0)^2}{2}$$

5．微分法：

$$\mathrm{d}y \approx y'\mathrm{d}x$$

6．泰勒公式：

$$f(x) = \sum_{n=0}^{\infty} \frac{f^{(n)}(x_0)}{n!}(x - x_0)^n$$

第13章 牛顿法

在一次 code review 会议上，一位同事展示了一段他不理解的 C++ 代码：

```
01    const float EPS = 0.00001;
02    double sqrt(doublex){
03        if(x == 0)
04            return 0;
05        double result = x;
06        double lastValue;
07        do{
08            lastValue = result;
09            result = result/2.0f + x/2.0f/result;
10        }while(abs(result - lastValue) > EPS);
11        return result;
12    }
```

sqrt()函数是求平方根，并且运行得很好。虽然展示者能够看懂每一行代码，但不知道为什么要这么写，不明白第 9 行那个神奇的 2.0 是什么意思。

现在看起来，不懂数学都没法快乐地阅读代码了。这段计算平方根的代码实际上用到了一个寻找近似的方法——牛顿法。

牛顿法（Newton's method）也叫牛顿迭代法，它是牛顿于 17 世纪提出的一种在实数域和复数域上近似求解值的方法。

13.1 牛顿法的一般过程

我们用求 $\sqrt{5}$ 的近似值说明牛顿法的一般过程。

首先令 $f(x) = x^2 - 5$，这是标准步骤，取得一个新函数。再令该函数为 0，这样原问题就可以看作是解方程 $x^2 - 5 = 0$。$f(x)$ 是一个抛物线，如图 13.1 所示。

抛物线与 x 轴正方向的交点就是方程的解，它比 2 稍大一点。

在 $x = 2$ 的点 $(2, -1)$ 处对 $f(x)$ 作切线，切线方程是 $y = kx + b$，斜率 k 是 $f(x)$ 在 $x = 2$ 处的导数，即

$$f'(x) = 2x, \ k = f'(2) = 2 \times 2 = 4$$

将 $(2, -1)$ 代入切线 $y = 4x + b$ 后得到截距 $b = -9$，切线如图 13.2 所示。

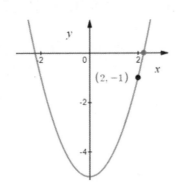

图 13.1　$f(x) = x^2 - 5$ 的曲线　　图 13.2　$f(x)$ 与 $y = 4x - 9$ 相切于 $(2, -1)$

设 $f(x)$ 与 x 轴正半轴的交点是 x，与切线 $y = 4x - 9$ 的切点是 (x_0, y_0)，切线与 x 轴的交点是 x_1，x_1 在 x 的右侧，如图 13.3 所示。

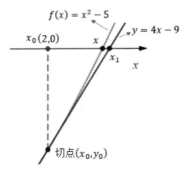

图 13.3　x、x_0、x_1 三点的位置

由于 x_1 贴近 x，所以只要求得 x_1 就能近似地表示 x。求解 x_1 的方法之一是找出过 (x_0, y_0) 的切线，之后计算切线与 x 轴的交点。设切线的斜率是 k_1，根据斜率的公式：

$$k_1 = \frac{y_1 - y_0}{x_1 - x_0} = \frac{-y_0}{x_1 - x_0}$$

$$\Rightarrow x_1 = x_0 - \frac{y_0}{k_1} = x_0 - \frac{f(x_0)}{k_1}$$

该切线的斜率正是 $f(x)$ 在 x_0 处导数的定义，因此：

$$x_1 = x_0 - \frac{f(x_0)}{k_1} = x_0 - \frac{f(x_0)}{f'(x_0)} = x_0 - \frac{x_0^2 - 5}{2x_0} = \frac{9}{4}$$
$$= 2.25 \qquad ①$$

这样一来就找到了 x 的近似解 x_1，然而 x_1 还没达到标准，我们还想让它更贴近真实值一点。由于 x_1 比 x_0 更贴近 x，所以这次选取 $(x_1, f(x_1))$ 作切线，新切线与 x 轴的交点 x_2 比原来的 x_1 更贴近 x，如图 13.4 所示。

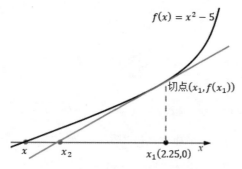

$$f(x) = x^2 - 5$$

切点 $(x_1, f(x_1))$

x x_2 $x_1(2.25,0)$ x

图 13.4 x_2 比 x_1 更贴近 x

与①类似：

$$x_2 = x_1 - \frac{f(x_1)}{f'(x_1)} = x_1 - \frac{x_1^2 - 5}{2x_1} = \frac{161}{72} \approx 2.361$$

计算器上计算 $\sqrt{5}$ 的结果是 $2.236\,067$，x_2 的值已经与之相当接近。

重复上面的步骤，每一次迭代的结果都将更接近真实值：

$$x_{n+1} = x_n - \frac{f(x_n)}{f'(x_n)}$$

这就是牛顿迭代法的一般过程。

13.2　code review 的答案

了解了牛顿法后就不难理解 code review 上的代码，这段代码其实是在使用牛顿法计算平方根，过程是这样的：

$$\text{let}\quad f(x) = x^2 - a = 0$$

$$f'(x) = 2x$$

$$x_{n+1} = x_n - \frac{f(x_n)}{f'(x_n)} = x_n - \frac{x_n^2 - a}{2x_n} = \frac{2x_n^2 - (x_n^2 - a)}{2x_n} = \frac{x_n^2 + a}{2x_n} = \frac{x_n}{2} + \frac{a}{2x_n}$$

现在可以和第 11 行代码对应上了。

13.3　牛顿法的注意事项

牛顿法几乎可以求解所有方程，但它仍然有一些限制。

在使用牛顿法时，需要用 x_0 作为迭代基数，x_0 如何选择呢？可以参考的是：x_0 要在 x 附近，它是一个较为接近真实解的值。这要凭经验和感觉，没有其他太好的办法。

实际上，如果 x_0 和 x 的差距过大，可能会产生一些问题。以计算 $\sqrt{5}$ 为例，如果选择 $x_0 = 0$，则 $f'(0) = 0$，根本没法迭代；如果选择 $x_0 = -2$，结果将偏向于 $-2.360\,67$，如图 13.5 所示。

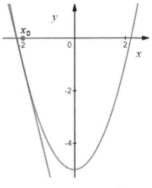

图 13.5　选择了错误的 x_0

设第 n 次迭代的误差是 $E_n = |x - x_n|$，那么需要满足 $E_{n+1} < E_n$。如果选择和计算都正确，误差缩小的速度将非常快。

13.4　从泰勒公式看牛顿法

12.3 节提到了泰勒展开式，它是一种计算近似值的方法，是一个用函数某点的信息描述函数在该点附近取值的公式，这与牛顿法有些相似。

把 $f(x)$ 在 x_0 的某邻域内用泰勒公式展开：

$$f(x) = f(x_0) + f'(x_0)(x - x_0) + \frac{f''(x_0)}{2!}(x - x_0)^2 + \cdots$$

$$= \sum_{n=0}^{\infty} \frac{f^{(n)}(x_0)}{n!}(x - x_0)^n$$

如果仅取线性部分并令其等于 0，即：

$$f(x_0) + f'(x_0)(x - x_0) = 0$$

将进一步得到：

$$f(x_0) + f'(x_0)x - f'(x_0)x_0 = 0$$

$$x = \frac{f'(x_0)x_0 - f(x_0)}{f'(x_0)} = x_0 - \frac{f(x_0)}{f'(x_0)}$$

反复迭代就是牛顿法的公式。

13.5　解方程

解方程 $2\cos x = 3x$。

先作图，画出 $y = 2\cos x$ 和 $y = 3x$ 的曲线，如图 13.6 所示。

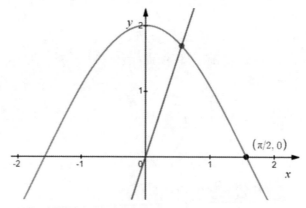

图 13.6　$y = 2\cos x$ 和 $y = 3x$ 的曲线

两条曲线相交于一点，方程存在唯一解。这个唯一解似乎没什么特征，用初等数学的知识似乎也无法求解，好在有牛顿法。

根据牛顿法，先设置 $f(x)$：

$$f(x) = 2\cos x - 3x = 0$$

$$f'(x) = -2\sin x - 3$$

两条曲线交点的位置似乎是 $\pi/6$ 附近，所以选择 $\pi/6$ 作为 x_0，根据牛顿迭代法：

$$x_1 = x_0 - \frac{f(x_0)}{f'(x_0)} = \frac{\pi}{6} - \frac{2\cos\left(\frac{\pi}{6}\right) - \frac{3\pi}{6}}{-2\sin\left(\frac{\pi}{6}\right) - 3} \approx 0.564$$

$$x_2 = x_1 - \frac{f(x_1)}{f'(x_1)} \approx 0.563$$

第 2 次迭代与第 1 次迭代的差距已经非常微小，可以说 x_2 就是最终的近似解。

13.6　开立方根

求 $\sqrt[3]{64.1} \approx ?$。

首先将问题转换为方程：

$$f(x) = x^3 - 64.1 = 0$$

由于 $4^3 = 64$，所以选择 $x_0 = 4$，根据牛顿法：

$$f'(x) = 3x^2$$

$$x_1 = x_0 - \frac{f(x_0)}{f'(x_0)} = 4 - \frac{f(4)}{f'(4)} = 4 + \frac{0.1}{48} \approx 4.0021$$

计算机上的结果是 4.002082249204809，第 1 次迭代就已经相当接近真实值。

13.7　向牛顿致敬

牛顿是近代科学的先驱者，他的智商是 290，一个苹果都能砸出万有引力定律。

在力学上，牛顿阐明了动量和角动量守恒的原理，提出了牛顿三大运动定律，它们和万有引力定律奠定了此后三个世纪里物理世界的科学观点，并成为无数中学生的噩梦。牛顿通过论证开普勒行星运动定律与自己提出的引力理论间的一致性，展示了地面物体与天体的运动都遵循着相同的自然定律，为日心说提供了强有力的理论支持。

在天文学上，牛顿创造了反射望远镜。他还用万有引力原理说明了潮汐的各种现象，指出潮汐的大小不但同月球的位置有关，而且同太阳的方位有关。牛顿还预言了地球不是正球体。

在哲学上，牛顿的哲学思想基本属于自发的唯物主义，他承认时间、空间的客观存在。

在经济学上，牛顿提出金本位制度。这是一种以黄金为本位币的货币制度，当不同国家使用金本位时，国家之间的汇率由它们各自货币的含金量之比——金平价来决定。

在数学上，我们已经见识过牛顿的微积分，他与莱布尼茨共同分享了微积分学的荣誉。

在《达·芬奇密码》中，牛顿也曾经是郇山隐修会的会长，牛顿之墓成为追寻圣杯的重要线索。

最后，向伟大的牛顿致敬！

13.8　总结

1. 牛顿法的公式：

$$x_{n+1} = x_n - \frac{f(x_n)}{f'(x_n)}$$

2. 使用牛顿法时需要注意迭代基数 x_0 的选取。
3. 牛顿法实际上等价于泰勒展开式的线性部分。

第14章　无解之解

　　我的家乡的市中心有一座邮政大楼，小时候，那可是全市最高的建筑。每到整点，楼顶的大钟都会奏起《松花江上》，即使相隔很远也能听见。当时我对大楼的高度充满好奇，经常想着怎样用直尺去测量，但是大楼那么高，用直尺怎么测量呢？初中学习了方程组和几何后，我想到了一种有效的方案，终于可以用直尺测量高楼了。

　　测量方法是：找到一根木棍插在地上，在视线中，当木棍顶端正好遮住楼顶时，记录下我所处的位置到木棍的距离 x_1；再用另一根木棍以同样的方法记下另一个距离 x_2，如图 14.1 所示。

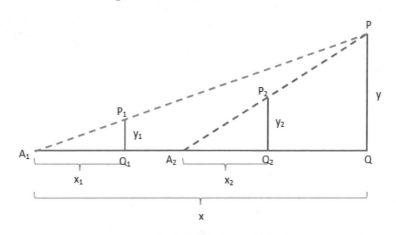

图 14.1　邮政大楼高度的计算模型

　　y 是大楼高度，A_1 和 A_2 是两次测量时所处的位置，x_1 和 x_2 是两次观测点到木棍的距离，y_1 和 y_2 是两根木棍的高度。因为测量时我是趴在地上的，所以假设我的观测点的高度是 0。由于我在测量时距离邮政大楼很远，所以 A_1Q 和 A_2Q 的长度未知。通过相似三角形可以建立一个方程组：

$$\text{let} \quad A_1Q = x, \quad PQ = y$$

$$\begin{cases} \triangle A_1Q_1P_1 \backsim \triangle A_1QP \\ \triangle A_2Q_2P_2 \backsim \triangle A_2QP \end{cases} \Rightarrow \begin{cases} \dfrac{x_1}{x} = \dfrac{y_1}{y} \\ \dfrac{x_2}{x - A_1A_2} = \dfrac{y_2}{y} \end{cases}$$

两个方程，两个未知数，有唯一解，这下可以知道邮政大楼的高度了！

注：方程中仅有 x 和 y 是未知的，其余都是已知量，x_1、x_2、y_1、y_2 在上文中已经说明；A_1A_2 是两次观测点的距离，可以通过测量得到。

14.1 无解的方程

过了几天，为了在同学面前显摆，我又去测量了一次邮政大楼。奇怪的是，这次得到的 y 值和原来相差很大。第一感觉是量错了，所以进行了第二次测量，得到了另一组不同的数据，也因此得到了新的 y 值。测量继续进行……一共记录了 10 次测量结果，如表 14.1 所示。

表 14.1　测量数据

测 量 次 数	x_2的值	x_1的值	y_2的值	y_1的值	A_1A_2的值
1	$x_1^{(1)}$	$x_2^{(1)}$	$y_1^{(1)}$	$y_2^{(1)}$	$a^{(1)}$
2	$x_1^{(2)}$	$x_2^{(2)}$	$y_1^{(2)}$	$y_2^{(2)}$	$a^{(2)}$
3	$x_1^{(3)}$	$x_2^{(3)}$	$y_1^{(3)}$	$y_2^{(3)}$	$a^{(3)}$
...	...	...	...	...	...
10	$x_1^{(10)}$	$x_2^{(10)}$	$y_1^{(10)}$	$y_2^{(10)}$	$a^{(10)}$

因为工具粗糙且视角略有差别，每一组的数据都不同。最终我得到了 10 个二元一次方程组：

$$\begin{cases} \dfrac{x_1^{(1)}}{x} = \dfrac{y_1^{(1)}}{y} \\ \dfrac{x_2^{(1)}}{x - a^{(1)}} = \dfrac{y_2^{(1)}}{y} \end{cases}, \begin{cases} \dfrac{x_1^{(2)}}{x} = \dfrac{y_1^{(2)}}{y} \\ \dfrac{x_2^{(2)}}{x - a^{(2)}} = \dfrac{y_2^{(2)}}{y} \end{cases}, \cdots, \begin{cases} \dfrac{x_1^{(10)}}{x} = \dfrac{y_1^{(10)}}{y} \\ \dfrac{x_2^{(10)}}{x - a^{(10)}} = \dfrac{y_2^{(10)}}{y} \end{cases}$$

进一步可以转换成一个有 20 个方程的方程组：

$$\begin{cases} y = \dfrac{y_1^{(1)}}{x_1^{(1)}} x \\[2mm] y = \dfrac{y_2^{(1)}}{x_2^{(1)}} x - \dfrac{a^{(1)} y_2^{(1)}}{x_2^{(1)}} \\[1mm] \quad\vdots \\[1mm] y = \dfrac{y_1^{(10)}}{x_1^{(10)}} x \\[2mm] y = \dfrac{y_2^{(10)}}{x_2^{(10)}} x - \dfrac{a^{(10)} y_2^{(10)}}{x_2^{(10)}} \end{cases} \Rightarrow \begin{cases} y = k_1 x + b_1 \\ y = k_2 x + b_2 \\ \quad\vdots \\ y = k_{20} x + b_{20} \end{cases}$$

这下有意思了，20 个方程，2 个未知数，其中任意两个方程都有唯一解，任意三个方程都无解。在当时，这个变态的方程组已经远远超出了我的理解，所以我得出结论——此类数学没有实用性！

14.2　约等方程组

随着时间的流逝，无解的方程被渐渐遗忘，邮政大楼依旧矗立在那里，伴随着不变的高度，还有不变的《松花江上》……

大学学习了微积分，我第一次体会到数学的神奇，后来研究机器学习，更加体会到数学的重要性。终于有一天，我想起了家乡的邮政大楼。

问题的关键是，测量存在误差，每次测量的结果都是邮政大楼的近似值，这就导致等式方程实际上是约等：

$$\begin{cases} y \approx k_1 x + b_1 \\ y \approx k_2 x + b_2 \\ \quad\vdots \\ y \approx k_{20} x + b_{20} \end{cases}$$

大多数时候，数学的推理是基于全等，我们可以通过 $a = b$、$b = c$ 推出 $a = c$，这在约等中是否成立呢？答案是否定的。举一个实际的例子，向一个容积是一升的水杯中倒水，第 1 次差 100 毫升倒满，第 2 次溢出 100 毫升。从结果看，两次都和满水状态相差 100 毫升，但是二者状况者之间却相差 200 毫升。从状态看，一次是"亏损"，一次是"盈余"，两者状况截然相反，再让二者约等就不合逻辑了。如果用数字举例，四舍五入，$1 \approx 1.4$，

$1.4 \approx 1.45$，$1.45 \approx 1.5$，$1.5 \approx 2$，最后的结论是 $1 \approx 2$。那么根据该逻辑，可以推出 1 约等于任意数。

14.3 最小误差

现在看来，约等方程组不能按照直等方程组的方法求解，如果换个思路的话，是否可以寻找到一组 x 和 y，使得所有方程的左右两侧都尽最大可能相等呢？答案是肯定的。这在机器学习中就是常见的数据拟合。思路是：既然每个测量都存在误差，那么 y 的真实值实际上是计算值加误差，即

$$\begin{cases} y = (k_1x + b_1) + \varepsilon_1 \\ y = (k_2x + b_2) + \varepsilon_2 \\ \quad\quad\quad \vdots \\ y = (k_nx + b_n) + \varepsilon_n \end{cases}$$

这里用 ε_i 表示误差。现在，需要寻找一组合适的 x 和 y，使得所有方程中的 ε_i 都尽可能小，这相当于让总体的误差最小：

$$\min_{x,y}\left(\varepsilon = \sum_{i=1}^{n}\varepsilon_i = \sum_{i=1}^{n} y - (k_ix + b_i) \right)$$

因为 ε_i 有正有负，取绝对值又变成了非凸函数，所以为了简化，将各项取平方：

$$\sum_{i=1}^{n}\left(y - (k_ix + b_i)\right)^2$$

在机器学习中，上式也被称为平方和损失函数，利用这个损失函数找到最佳模型参数的策略就是最小二乘法。

14.4 最小二乘法

最小二乘法（又称最小平方法）是一种数学优化技术，它通过最小化误差的平方和，寻找数据的最佳函数匹配。最小二乘法常用于机器学习的回归分析中。一元线性回归是回归分析中最简单的一种，有一个自变量和一个因变量，能够根据一系列训练数据 $(x^{(1)}, y^{(1)}), (x^{(2)}, y^{(2)}), \cdots, (x^{(n)}, y^{(n)})$ 找出

一条最佳拟合直线 $y = ax + b$，用这条直线作为模型，近似地表示 x 和 y 的关系，从而对新鲜样本进行预测。图 14.2 是一条典型的拟合直线。

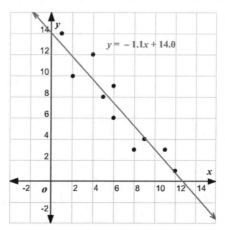

图 14.2　线性回归的数据拟合

14.4.1　微积分解释

对于一个二元函数来说，最小二乘法的计算公式如下：

$$J(a,b) = \sum_{i=1}^{n} \left(y^{(i)} - (ax^{(i)} + b)\right)^2$$

$$\min_{a,b} J(a,b)$$

这里 $J(a,b)$ 是关于 a 和 b 的函数，$x^{(i)}$ 和 $y^{(i)}$ 的上标表示第 i 次的测量数据，是已知量，如果把它扩展成方程组的形式，就可以直观地看出它所表达的含义：

$$\begin{cases} \varepsilon_1^2 = \left(y^{(1)} - (ax^{(1)} + b)\right)^2 \\ \varepsilon_2^2 = \left(y^{(2)} - (ax^{(2)} + b)\right)^2 \\ \qquad\qquad \vdots \\ \varepsilon_n^2 = \left(y^{(n)} - (ax^{(n)} + b)\right)^2 \end{cases}$$

$$J(a,b) = \varepsilon_1^2 + \varepsilon_2^2 + \cdots + \varepsilon_n^2$$

我们的目标是找出一组合适的 a 和 b，使得它们对于整体能够有最小的误差。

把 $x^{(i)}$ 和 $y^{(i)}$ 代入到最小二乘法的公式中，就得到了一个关于 a 和

b 的函数 $J(a,b)$。计算思路是通过寻找临界点（也就是 $J(a,b)$ 的偏导等于 0 的点），使得 $J(a,b)$ 最小化：

$$\begin{cases} \dfrac{\partial J}{\partial a} = \sum_{i=1}^{n} 2\left(y^{(i)} - \left(ax^{(i)} + b\right)\right)\left(-x^{(i)}\right) = 0 \\ \dfrac{\partial J}{\partial b} = \sum_{i=1}^{n} 2\left(y^{(i)} - \left(ax^{(i)} + b\right)\right)(-1) = 0 \end{cases}$$

$$\Rightarrow \begin{cases} \sum_{i=1}^{n} \left(x^{(i)^2}a + x^{(i)}b - x^{(i)}y^{(i)}\right) = 0 \\ \sum_{i=1}^{n} \left(x^{(i)}a + b - y^{(i)}\right) = 0 \end{cases}$$

$$\Rightarrow \begin{cases} \left(\sum_{i=1}^{n} x^{(i)^2}\right)a + \left(\sum_{i=1}^{n} x^{(i)}\right)b = \sum_{i=1}^{n} x^{(i)}y^{(i)} \\ \left(\sum_{i=1}^{n} x^{(i)}\right)a + \sum_{i=1}^{n} b = \sum_{i=1}^{n} y^{(i)} \end{cases}$$

这就是最终的方程组，两个方程，两个未知数，方程组有唯一解。从方程组中可以看到，如果数据集不同，求出的 a 和 b 也不同，也就是最终的模型不同。

注：这里的 x 和 y 是已知数，a 和 b 是未知数。每组数据都有不同的 x 和 y，所以 $y^{(i)} \neq y^{(j)}$，$\sum_{i=1}^{n} y^{(i)} \neq ny^{(i)}$。

14.4.2 线性代数解释

完整的解释需要从向量在子空间的投影说起，涉及列空间、零空间、正交性、误差向量等诸多概念。先把所有点通过假设函数联立成一个方程组：

$$\begin{cases} ax^{(1)} + b = y^{(1)} \\ ax^{(2)} + b = y^{(2)} \\ \vdots \\ ax^{(n)} + b = y^{(n)} \end{cases}$$

再把方程组改写成矩阵的形式：

$$\begin{bmatrix} x^{(1)} & 1 \\ x^{(2)} & 1 \\ \vdots & \vdots \\ x^{(n)} & 1 \end{bmatrix} \begin{bmatrix} a \\ b \end{bmatrix} = \begin{bmatrix} y^{(1)} \\ y^{(1)} \\ \vdots \\ y^{(n)} \end{bmatrix}$$

$$\boldsymbol{A} \qquad \boldsymbol{x} \qquad \boldsymbol{b}$$

这就相当于把方程组转换为简单的 $\boldsymbol{Ax} = \boldsymbol{b}$。由于是约等方程，所以实际上是 $\boldsymbol{Ax} \approx \boldsymbol{b}$。等式两侧同时乘以 $\boldsymbol{A}^{-1}$ 就可以求得 $\boldsymbol{x}$：

$$\boldsymbol{A}^{-1}\boldsymbol{Ax} = \boldsymbol{A}^{-1}\boldsymbol{b}$$

$$\boldsymbol{x} = \boldsymbol{A}^{-1}\boldsymbol{b}$$

问题是 $\boldsymbol{A}$ 不是方阵，它是一个长方矩阵，不存在逆矩阵，所以要想办法把 $\boldsymbol{A}$ 变成正方形。解决的办法是等式两侧同时乘 $\boldsymbol{A}$ 的转置，这样一来 $\boldsymbol{A}^{\mathrm{T}}\boldsymbol{A}$ 就变成了 $n \times n$ 矩阵：

$$\boldsymbol{A}^{\mathrm{T}}\boldsymbol{Ax} = \boldsymbol{A}^{\mathrm{T}}\boldsymbol{b}$$

$$\boldsymbol{x} = (\boldsymbol{A}^{\mathrm{T}}\boldsymbol{A})^{-1}\boldsymbol{A}^{\mathrm{T}}\boldsymbol{b}$$

继续化简：

$$\boldsymbol{x} = (\boldsymbol{A}^{\mathrm{T}}\boldsymbol{A})^{-1}\boldsymbol{A}^{\mathrm{T}}\boldsymbol{b} = \boldsymbol{A}^{-1}(\boldsymbol{A}^{\mathrm{T}})^{-1}\boldsymbol{A}^{\mathrm{T}}\boldsymbol{b} = \boldsymbol{A}^{-1}\boldsymbol{b}$$

此式一看就是错的，$\boldsymbol{A}$ 不是方阵，$\boldsymbol{A}$ 不存在逆矩阵，$\boldsymbol{A}^{\mathrm{T}}\boldsymbol{A}$ 才有逆矩阵，所以一定要抑制住冲动，这里根本不能进行化简。

最小二乘法的几何意义是所有点到分类直线的距离最小，如图 14.3 所示。

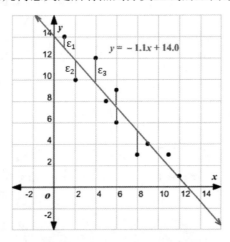

图 14.3　最小二乘法的几何意义

注：最小二乘法中"点到分类直线的距离"指的是函数距离而不是几何距离。

最后的问题是 $A^T A$ 是否是可逆的？

如果 A 的各列线性无关，$A^T A$ 就是可逆的。在实际拟合中，每个列代表的含义都不同，比如在房价预测中，第 1 列代表房屋面积，第 2 列代表房间数，第 3 列代表楼层数，这就几乎可以确定 A 的各列一定是线性无关的。

14.4.3　数据拟合

假设有 $(0，1) (2，1) (3，4)$ 三个样本点，现在尝试使用直线 $y = ax + b$ 对它们进行拟合，这条直线的具体模型是什么？

数据点的分布如图 14.4 所示。

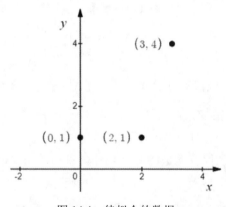

图 14.4　待拟合的数据

通过给出的三点可以建立一个方程组：

$$\begin{cases} 0a + b = 1 \\ 2a + b = 1 \\ 3a + b = 4 \end{cases}$$

三个方程两个未知数，这是个无解的方程组，说明三点并不在同一条直线上，我们需要寻找一条能够使三点误差之和达到最小的直线。最小二乘法的计算过程如下：

$$J(a,b) = \sum_{i=1}^{3} \left(y^{(i)} - \left(x^{(i)}a + b \right) \right)^2$$

$$
\begin{cases}
\dfrac{\partial J}{\partial a} = \displaystyle\sum_{i=1}^{3} 2\left(y^{(i)} - \left(x^{(i)}a + b\right)\right)\left(-x^i\right) = 0 \\[4mm]
\dfrac{\partial J}{\partial b} = \displaystyle\sum_{i=1}^{3} 2\left(y^{(i)} - \left(x^{(i)}a + b\right)\right)(-1) = 0
\end{cases}
$$

$$
\Rightarrow
\begin{cases}
\left(\displaystyle\sum_{i=1}^{3} x^{(i)^2}\right)a + \left(\displaystyle\sum_{i=1}^{3} x^{(i)}\right)b = \displaystyle\sum_{i=1}^{3} x^{(i)}y^{(i)} \\[4mm]
\left(\displaystyle\sum_{i=1}^{3} x^{(i)}\right)a + \displaystyle\sum_{i=1}^{3} b = \displaystyle\sum_{i=1}^{3} y^{(i)}
\end{cases}
$$

代入数据：

$$
\begin{cases}
(0^2 + 2^2 + 3^2)a + (0 + 2 + 3)b = 0 \times 1 + 2 \times 1 + 3 \times 4 \\
(0 + 2 + 3)a + 3b = 1 + 1 + 4
\end{cases}
$$

$$
\Rightarrow
\begin{cases}
13a + 5b = 14 \\
5a + 3b = 6
\end{cases}
\Rightarrow
\begin{cases}
a = \dfrac{6}{7} \\[3mm]
b = \dfrac{4}{7}
\end{cases}
$$

最佳拟合的直线是 $y = 6x/7 + 4/7$，如图 14.5 所示。

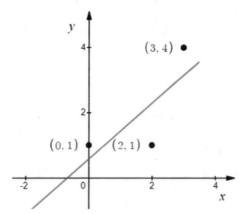

图 14.5　最佳拟合的直线

如果用矩阵法求解将会更加方便，将方程组转换为 $\boldsymbol{Ax} = \boldsymbol{b}$ 的形式：

$$
\begin{cases}
0a + b = 1 \\
2a + b = 1 \\
3a + b = 4
\end{cases}
\Rightarrow
\begin{bmatrix} 0 & 1 \\ 2 & 1 \\ 3 & 1 \end{bmatrix}
\begin{bmatrix} a \\ b \end{bmatrix}
=
\begin{bmatrix} 1 \\ 1 \\ 4 \end{bmatrix}
$$

$$
\quad\quad \boldsymbol{A} \quad\quad \boldsymbol{x} \quad\quad \boldsymbol{b}
$$

这就可以根据矩阵法直接求解：

$$x = (A^\mathrm{T}A)^{-1}A^\mathrm{T}b$$

这里就交给计算机好了：

```
01    import numpy as np
02
03    A = np.mat('0 1; 2 1; 3 1')
04    b = np.mat('1;1;4')
05
06    x = np.dot(np.dot(np.dot(A.T, A) ** (-1), A.T), b)
07    print(x)
```

最终将求得：

$$x = \begin{bmatrix} 0.85714286 \\ 0.57142857 \end{bmatrix}$$

这个结果就是 6/7 和 4/7 的小数形式。

现在更改一下需求，将数据拟合为曲线 $y = ax^2 + bx + c$。把三点代入假设函数，得到一个方程组：

$$\begin{cases} 0a + 0b + c = 1 \\ 4a + 2b + c = 1 \\ 9a + 3b + c = 4 \end{cases}$$

这个方程组有唯一解：

$$\begin{cases} a = 1 \\ b = -2 \\ c = 1 \end{cases}$$

即便如此，我们仍然想用最小二乘法的思路求解。先使用微积分的思路计算：

$$J(a, b, c) = \sum_{i=1}^{n} \left(y^{(i)} - \left(x^{(i)^2}a + x^{(i)}b + c \right) \right)^2$$

$$\begin{cases} \dfrac{\partial J}{\partial a} = \sum_{i=1}^{n} 2\left(y^{(i)} - \left(x^{(i)^2}a + x^{(i)}b + c \right) \right)\left(-x^{(i)^2} \right) = 0 \\[2mm] \dfrac{\partial J}{\partial b} = \sum_{i=1}^{n} 2\left(y^{(i)} - \left(x^{(i)^2}a + x^{(i)}b + c \right) \right)\left(-x^{(i)} \right) = 0 \\[2mm] \dfrac{\partial J}{\partial c} = \sum_{i=1}^{n} 2\left(y^{(i)} - \left(x^{(i)^2}a + x^{(i)}b + c \right) \right)(-1) = 0 \end{cases}$$

$$\Rightarrow \begin{cases} a\sum\limits_{i=1}^{n} x^{(i)4} + b\sum\limits_{i=1}^{n} x^{(i)3} = \sum\limits_{i=1}^{n} x^{(i)2}y^{(i)} - c\sum\limits_{i=1}^{n} x^{(i)2} \\ a\sum\limits_{i=1}^{n} x^{(i)3} + b\sum\limits_{i=1}^{n} x^{(i)2} = \sum\limits_{i=1}^{n} x^{(i)}y^{(i)} - c\sum\limits_{i=1}^{n} x^{(i)} \\ a\sum\limits_{i=1}^{n} x^{(i)2} + b\sum\limits_{i=1}^{n} x^{(i)} = \sum\limits_{i=1}^{n} y^{(i)} - nc \end{cases}$$

代入数据后可求解：

$$\begin{cases} 97a + 35b + 13c = 40 \\ 35a + 13b + 5c = 14 \\ 13a + 5b + 3c = 6 \end{cases} \Rightarrow \begin{cases} a = 1 \\ b = -2 \\ c = 1 \end{cases}$$

拟合曲线是 $y = x^2 - 2x + 1$，三个点全部在曲线上，最小误差是 0，如图 14.6 所示。

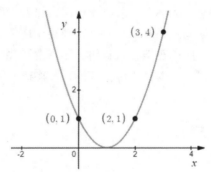

图 14.6　最佳拟合的曲线

同样地也可以使用矩阵法，将三点代入假设函数，得到一个矩阵方程：

$$\underset{A}{\begin{bmatrix} 0 & 0 & 1 \\ 4 & 2 & 1 \\ 9 & 3 & 1 \end{bmatrix}} \underset{x}{\begin{bmatrix} a \\ b \\ c \end{bmatrix}} = \underset{b}{\begin{bmatrix} 1 \\ 1 \\ 4 \end{bmatrix}}$$

$$x = (A^{\mathrm{T}}A)^{-1}A^{\mathrm{T}}b = \begin{bmatrix} 1 \\ -2 \\ 1 \end{bmatrix}$$

14.5　离群数据

有一个重要因素会严重影响数据拟合，这就是离群数据，如图 14.7 所示。

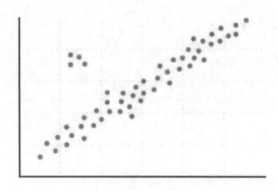

图 14.7　离群数据

从图 14.7 中可以看出，一部分数据点极不合群，它们远离了大部队，会拉低整体的平均值。这样的数据在统计学中称为离群量，也叫逸出量，在数据分析中称为数据噪声。实际上，数据噪声很常见，比如预测某个大都市里电视机的价格走势，如果把"双十一"或店铺周年庆的价格也统计在内，就会严重影响预测结果，所以在拟合数据时，还需要预先去除数据噪声。关于如何去除噪声，已经超出了本书的讨论范围，有兴趣的读者可自行查阅相关资料。

14.6　总结

1. 最小二乘法的微积分计算公式：

$$J(a,b) = \sum_{i=1}^{n} \left(y^{(i)} - (ax^{(i)} + b) \right)^2$$

$$\min_{a,b} J(a,b)$$

$$\begin{cases} \dfrac{\partial J}{\partial a} = 0 \\ \dfrac{\partial J}{\partial b} = 0 \end{cases}$$

2. 最小二乘法的线性代数计算公式：

$$x = (A^{\mathrm{T}}A)^{-1}A^{\mathrm{T}}b$$

第 15 章　极大与极小

星期一早上，上班族寻找最快的地铁线路；到站后，寻找离公司最近的出口；到达办公大楼时，选择离自己最近的电梯；午饭时间到了，点最适合自己的外卖……在这一系列过程中，我们始终在做出选择，无论是下意识的还是有意的，都是在选择最有利于自己的，至少是自认为最好的选择。

"最值"的概念容易理解，它强调的是全局；"极值"与之相对应，它强调的是局部。本章讲述的是如何使用数学方法寻找极值。

15.1　极值

极值是这样定义的，当函数在其定义域某一点的值大于该点周围任何点的值时，称函数在该点有极大值；当函数在其定义域某一点的值小于该点周围任何点的值时，称函数在该点有极小值。如果用图形解释，当我们在极大值点上，向任何方向移动输入点都会减小函数值；当我们在极小值点上，向任何方向移动输入点都会增加函数值，如图 15.1 所示。

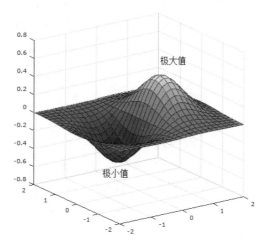

图 15.1　极大值与极小值

从定义上可以看出，极值是一个局部概念，可以说极值是函数在某个区间内的最值。极大值和极小值也被称为局部最大值和局部最小值，至于是否是全局最值就不一定了。

一个函数可能有多个极值，如图 15.2 所示，B、C、D、E 均为极值点，其中 B、D 为极大值，C、E 为极小值。

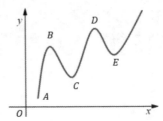

图 15.2　B、C、D、E 均为极值点

极值还有一条极值定律：如果实函数 $f(x)$ 在 $a \leqslant x \leqslant b$ 内是连续函数，则在 $a \leqslant x \leqslant b$ 内至少存在两点 x_1 和 x_2，对于任意 $x \in [a, b]$，恒有 $f(x_1) \leqslant f(x) \leqslant f(x_2)$。

注：极值定律是：如果实函数 $f(x)$ 在 $a \leqslant x \leqslant b$ 内是连续的，则它在 $[a, b]$ 区间内一定存在至少一个最大值和一个最小值呢。

极值定律进一步强调了极值的局部概念。

15.2　临界点和鞍点

极值的概念来自数学应用中的最大/最小值问题。根据极值定律，定义在一个有界闭区域上的每一个连续函数都必定能达到它的最大值和最小值。问题在于，要如何确定函数在哪些点处能够达到最大值或最小值？

在回答这个问题之前，要先了解另外两个概念——临界点和鞍点。

15.2.1　临界点

先说结论再看为什么。

极值点只能在边界点、不可导的点或导数为 0 的点上取得，其中导数为0的点就称为函数的临界点，也叫驻点。

假设有一个一元数 $f(x) = 3x - x^3$，它的曲线如图 15.3 所示。

在整个定义域上，函数值存在无限远端，所以函数在整个定义域

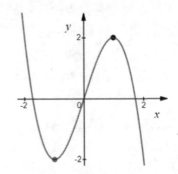

图 15.3　$f(x) = 3x - x^3$ 的函数曲线

上不存在最值，然而根据极值的概念，函数在某一区域内存在一个极大值和一个极小值，在临界点上函数的导数为 0：

$$f'(x) = 3 - 3x^2 = 0$$

最终可解得 $x = \pm 1$，$f(x)$ 的临界点是 $(-1,-2)$ 和 $(1,2)$。在经过这两个临界点后，f' 的符号改变，$f(x)$ 的递增或递减发生变化，这也正是极值点的定义，因此，临界点是极值点的候选点。

对于多元函数 f，临界点满足 f 所有自变量的偏导都同时为 0。以下面的二元函数为例，看看它的临界点。

示例 15-1 $f(x,y) = x^2 - 2xy + 3y^2$ 的临界点

临界点是所有自变量的偏导都同时为 0 的点：

$$\begin{cases} \dfrac{\partial f}{\partial x} = 2x - 2y = 0 \\ \dfrac{\partial f}{\partial y} = 6y - 2x = 0 \end{cases}$$

$$\begin{cases} x = 0 \\ y = 0 \end{cases}$$

该函数只有一个临界点 $(0,0)$，并且该临界点是极小值点，如图 15.4 所示。

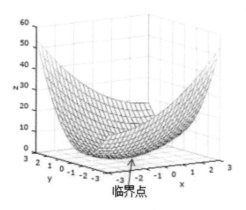

图 15.4 $x^2 - 2xy + 3y^2$ 的临界点

15.2.2 鞍点

由于极值点只能在函数边界、不可导的点或导数为 0 的点上取得，大多数时候，临界点都成为求解极值点的关键。现在的问题是，临界点未必是极

值点，比如 $y = x^3$，如图 15.5 所示。

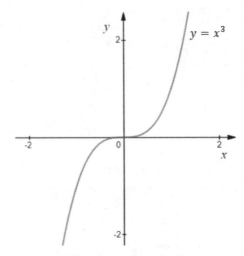

图 15.5　临界点未必是极值点

$y = x^3$ 的临界点 (0,0) 就不是极值点，因为临界点两侧的导数符号相同，函数的增减性却未发生变化。

这种不是极值点的临界点称为鞍点，在一元函数中也被称为拐点。鞍点的称呼来自二元函数 $z = y^2 - x^2$ 的图像，它像马鞍一样，如图 15.6 所示。

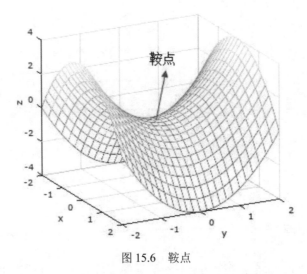

图 15.6　鞍点

在图 15.6 的鞍点处，沿 y 轴方向朝两边移动，函数值会减小；沿 x 轴方向朝两边移动，函数值会增大。

15.3　一元函数的极值类型

现在回到最初的问题——如何寻找极值。虽然有了临界点作为判断依据，但依然有两个问题悬而未决，一个是鞍点会随时混淆视听，另一个是，当临界点是极值点时，如何判断极值是极大值还是极小值？

作图是个好办法，但并不是一个轻松的过程。另一个办法是，由于极值的候选点只有几个，所以只需要互相比较一下，最大的就是极大值点，最小的就是极小值点。此外还有一个正统的办法——利用二阶导数判断极值。

对于一元函数来说，如果二阶导数大于 0，临界点是极小值；如果二阶导数小于 0，临界点是极大值；如果二阶导数等于 0，临界点既不是极大值也不是极小值。这可以用泰勒展开式去理解，$f(x)$ 在 x_0 处的二阶泰勒展开式是：

$$f(x) = f(x_0) + (x - x_0)f'(x_0) + (x - x_0)^2 \frac{f''(x_0)}{2!}$$

如果 x_0 是临界点，则意味着该点的导数是 0，即 $f'(x_0)$，上式变成了：

$$f(x) = f(x_0) + \frac{(x - x_0)^2}{2!} f''(x_0)$$

于是可以得出结论：

$$\text{if} \quad f''(x_0) > 0, \text{ then } \quad \frac{(x - x_0)^2}{2!} f''(x_0) > 0, \ f(x_0) < f(x)$$

$$\text{if} \quad f''(x_0) < 0, \text{ then } \quad \frac{(x - x_0)^2}{2!} f''(x_0) < 0, \ f(x_0) > f(x)$$

$$\text{if} \quad f''(x_0) = 0, \text{ then } \quad \frac{(x - x_0)^2}{2!} f''(x_0) = 0, \ f(x_0) = f(x)$$

- ➥ 如果 $f(x_0)$ 的二阶导数大于 0，则 $f(x_0)$ 加上一个大于 0 的数得到 $f(x)$，意味着 $f(x_0) < f(x)$，即临界点小于附近的点，此时临界点是极小值。

- ➥ 如果 $f(x_0)$ 的二阶导数小于 0，则 $f(x_0)$ 加上一个小于 0 的数得到 $f(x)$，意味着$f(x_0) > f(x)$，即临界点大于附近的点，此时临界点是极大值。

➘ 如果 $f(x_0)$ 的二阶导数等于 0，意味着 $f(x_0) = f(x)$，临界点既不是极大值也不是极小值。

15.4 多元函数的极值类型

最直观的办法是仍然通过作图寻找，在图中可以很容易地找到极值，比如 $z = xe^{-x^2 - y^2}$ 的极值，如图 15.7 所示。

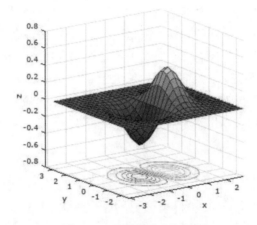

图 15.7 通过作图寻找极值

很明显凹凸处就是极值。等高线图同样可以很容易找到极值，如图 15.8 所示。

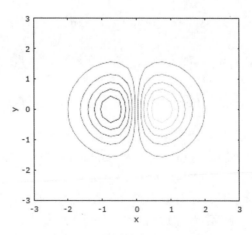

图 15.8 通过等高线寻找极值

在等高线图中，极大值和极小值看起来是一样的，需要读出等高线上的数值：极小值周围，函数值向外递增；极大值周围，函数值向外递减。

作图法虽然很直观，但它的缺点也同样明显——二元函数通常很难作图，更多元的函数甚至无法作图，这就需要使用更高级的方法，它的前期准备将涉及海森矩阵。

15.4.1 海森矩阵

在 12.3.5 小节中提到过多元函数的泰勒展开式，$f(x_1, x_2, \cdots, x_n)$ 在 $\left(x_1^{(0)}, x_2^{(0)}, \cdots, x_n^{(0)}\right)$ 处的二阶泰勒展开式：

$$
f(x_1, x_2, \ldots, x_n) \approx f\left(x_1^{(0)}, x_2^{(0)}, \cdots, x_n^{(0)}\right)
$$

$$
+ \sum_{i=1}^n \left(x_i - x_i^{(0)}\right) f_{x_i}\left(x_1^{(0)}, x_2^{(0)}, \cdots, x_n^{(0)}\right)
$$

$$
+ \frac{1}{2!} \sum_{i=1}^n \sum_{j=1}^n \left(x_i - x_i^{(0)}\right)\left(x_j - x_j^{(0)}\right) f_{x_i x_j}\left(x_1^{(0)}, x_2^{(0)}, \cdots, x_n^{(0)}\right)
$$

我们希望把这个过于烦琐的展开式改写成较为简单的矩阵形式。首先需要设置一些新变量：

$$
x = \begin{bmatrix} x_1 \\ x_2 \\ \vdots \\ x_n \end{bmatrix}, \quad x^{(0)} = \begin{bmatrix} x_1^{(0)} \\ x_2^{(0)} \\ \vdots \\ x_n^{(0)} \end{bmatrix}
$$

$$
f(x) = f(x_1, x_2, \cdots, x_n), \quad f(x^{(0)}) = f\left(x_1^{(0)}, x_2^{(0)}, \cdots, x_n^{(0)}\right)
$$

用 $\nabla f(x^{(0)})$ 表示 $f(x)$ 在 $x^{(0)}$ 的梯度：

$$
\nabla f(x^{(0)}) = \begin{bmatrix} f_{x_1}(x^{(0)}) \\ f_{x_2}(x^{(0)}) \\ \vdots \\ f_{x_n}(x^{(0)}) \end{bmatrix}
$$

然后用新定义的变量表示泰勒展开式：

$$
f(x) \approx f(x^{(0)}) + \left[x - x^{(0)}\right]^{\mathrm{T}} \nabla f(x^{(0)})
$$

$$+ \frac{1}{2!}\left[x - x^{(0)}\right]^{\mathrm{T}}\begin{bmatrix} f_{x_1 x_1}(x^{(0)}) & f_{x_1 x_2}(x^{(0)}) & \cdots & f_{x_1 x_n}(x^{(0)}) \\ f_{x_2 x_1}(x^{(0)}) & f_{x_2 x_2}(x^{(0)}) & \cdots & f_{x_2 x_n}(x^{(0)}) \\ \vdots & \vdots & & \vdots \\ f_{x_n x_1}(x^{(0)}) & f_{x_n x_2}(x^{(0)}) & \cdots & f_{x_n x_n}(x^{(0)}) \end{bmatrix}\left[x - x^{(0)}\right]$$

把中间那个复杂的 n 阶方阵用 $\boldsymbol{H}$ 代替：

$$\boldsymbol{H}(x^{(0)}) = \begin{bmatrix} f_{x_1 x_1}(x^{(0)}) & f_{x_1 x_2}(x^{(0)}) & \cdots & f_{x_1 x_n}(x^{(0)}) \\ f_{x_2 x_1}(x^{(0)}) & f_{x_2 x_2}(x^{(0)}) & \cdots & f_{x_2 x_n}(x^{(0)}) \\ \vdots & \vdots & & \vdots \\ f_{x_n x_1}(x^{(0)}) & f_{x_n x_2}(x^{(0)}) & \cdots & f_{x_n x_n}(x^{(0)}) \end{bmatrix}$$

最终，多元函数的二阶泰勒展开式可以写成：

$$f(x) \approx f(x^{(0)}) + \left[x - x^{(0)}\right]^{\mathrm{T}}\nabla f(x^{(0)}) + \frac{1}{2!}\left[x - x^{(0)}\right]^{\mathrm{T}}\boldsymbol{H}(x^{(0)})\left[x - x^{(0)}\right]$$

$\boldsymbol{H}$ 就是传说中的 Hessian Matrix，被翻译成海森矩阵或黑塞矩阵，它是一个二阶导方阵。更多的时候，我们看到的是用莱布尼茨的方法表达海森矩阵：

$$\boldsymbol{H}(x) = \begin{bmatrix} \dfrac{\partial^2 f}{\partial x_1^2} & \dfrac{\partial^2 f}{\partial x_1 \partial x_2} & \cdots & \dfrac{\partial^2 f}{\partial x_1 \partial x_n} \\ \dfrac{\partial^2 f}{\partial x_2 \partial x_1} & \dfrac{\partial^2 f}{\partial x_2^2} & \cdots & \dfrac{\partial^2 f}{\partial x_2 \partial x_n} \\ \vdots & \vdots & & \vdots \\ \dfrac{\partial^2 f}{\partial x_n \partial x_1} & \dfrac{\partial^2 f}{\partial x_n \partial x_2} & \cdots & \dfrac{\partial^2 f}{\partial x_n^2} \end{bmatrix}$$

15.4.2　极大值还是极小值

假设 $x^{(0)}$ 是临界点，泰勒公式在 $x^{(0)}$ 处展开时，由于临界点上各个变量的一阶导数全部为 0（临界点的定义），即 $\nabla f(x^{(0)}) = 0$，所以 $f(x)$ 的展开式可以化简为：

$$f(x) \approx f(x^{(0)}) + \frac{1}{2!}\left[x - x^{(0)}\right]^{\mathrm{T}}\boldsymbol{H}(x^{(0)})\left[x - x^{(0)}\right]$$

$$\text{let}\quad X = \left[x - x^{(0)}\right],\ H = \boldsymbol{H}(x^{(0)})$$

$$\text{then}\quad f(x) = f(x^{(0)}) + \frac{1}{2!}X^{\mathrm{T}}\boldsymbol{H}X$$

这下极值的判定法就和单变量函数一致了：

$$\text{if}\quad X^{\mathrm{T}}HX > 0,\ \text{then}\quad f\!\left(x^{(0)}\right) < f(\mathrm{x})$$

$$\text{if}\quad X^{\mathrm{T}}HX < 0,\ \text{then}\quad f\!\left(x^{(0)}\right) > f(\mathrm{x})$$

$$\text{if}\quad X^{\mathrm{T}}HX = 0,\ \text{then}\quad f(\mathrm{x}^{(0)}) = f(\mathrm{x})$$

↘ 如果 $X^{\mathrm{T}}HX > 0$，$f\!\left(x^{(0)}\right)$ 加上一个大于 0 的数等于 $f(x)$，意味着 $f\!\left(x^{(0)}\right) < f(x)$，即临界点小于附近的点，此时临界点是极小值。

↘ 如果 $X^{\mathrm{T}}HX < 0$，$f\!\left(x^{(0)}\right)$ 加上一个小于 0 的数等于 $f(x)$，意味着 $f\!\left(x^{(0)}\right) > f(x)$，即临界点大于附近的点，此时临界点是极大值。

↘ 如果 $X^{\mathrm{T}}HX = 0$，意味着 $f\!\left(x^{(0)}\right) = f(x)$，临界点既不是极大值也不是极小值。

注：关于利用 $X^{\mathrm{T}}HX$ 判断临界点是极大值还是极小值，更有效的方法是判断 H 是正定矩阵还是负定矩阵。由于篇幅限制，本书不讨论矩阵的正定性，有兴趣的读者可以参阅线性代数的相关资料。

15.5　极值的应用

15.5.1　绳子的问题

很多情况下，极值问题会以文字叙述的形式出现，下面是一个关于绳子的问题。

将一段长为 1 米的绳子剪成两段，每段围成一个正方形，这两个正方形的最大面积之和是多少？

利用初等代数知识，设其中一段绳长为 x 米，则另一段是 $1-x$，隐含约束是 $0 < x < 1$，两个正方形的面积之和：

$$A = \left(\frac{x}{4}\right)^2 + \left(\frac{1-x}{4}\right)^2$$

先检查边界值，x 的两个边界是 0 和 1：

$$\text{if}\quad x \to 0^+,\ \text{then}\quad A \to \frac{1}{16}$$

$$\text{if}\quad x \to 1^-,\ \text{then}\quad A \to \frac{1}{16}$$

注：这里的 $x \to 0^+$ 表示 x 从正方向趋近 0；$x \to 1^-$ 表示 x 从负方向趋近 1。

开始寻找临界点：

$$A = \frac{x^2}{16} + \left(\frac{1}{16} - \frac{x}{8} + \frac{x^2}{16} \right) = \frac{x^2}{8} - \frac{x}{8} + \frac{1}{16}$$

$$\frac{\mathrm{d}A}{\mathrm{d}x} = \left(\frac{x^2}{8} \right)' - \left(\frac{x}{8} \right)' + \left(\frac{1}{16} \right)' = \frac{x}{4} - \frac{1}{8} = 0$$

$$\Rightarrow x = \frac{1}{2}, \quad A\left(\frac{1}{2} \right) = \frac{1}{32}$$

唯一的临界点 $x = 1/2$，临界值是 $1/32$。由于知道 A 是一条抛物线，所以可以确定临界值是最小值。A 的最大值应当在抛物线两端，根据 x 的定义域，极限值是 $1/16$。$A(x)$ 的曲线如图 15.9 所示。

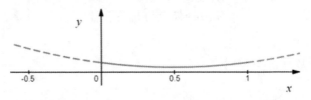

图 15.9　$A(x)$ 的曲线

在分成两段的绳子中，其中一段绳子越短，两个正方形的面积之和越大；当其中一段绳子接近 0 时，两个正方形最大面积之和的极限是 $1/16$。

15.5.2　最省料的木箱

有一个固定容积的无顶盖的盒子，盒子的底部是正方形，怎样分配底面积和高度才能使盒子的表面积最小呢？

先定义数学模型，设盒子的底边为 x，高为 y，如图 15.10 所示。

图 15.10　固定容积的盒子

可以很容易地写出表面积的表达式：

$$A = x^2 + 4xy$$

如果直接寻找临界点，将得到下面的结果：

$$\nabla A = \left\langle \frac{\partial A}{\partial x}, \frac{\partial A}{\partial y} \right\rangle = \langle 2x + 4y, 4x \rangle = \langle 0,0 \rangle$$

$$\begin{cases} x = 0 \\ y = 0 \end{cases}$$

$A(0,0) = 0$ 肯定不是正确的最终结果，表面积再怎么着也不可能是 0。

鉴于这个曲面并不复杂，我们可以使用作图法看看 A 的图像，如图 15.11 所示。

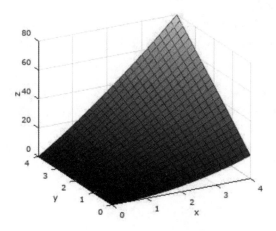

图 15.11　$x^2 + 4xy$ 的图像

就函数 $x^2 + 4xy$ 而言，极值确实是 0，但拿到实际问题当中就不对了，原因是我们忽略了另一个限制条件——固定的体积。因此，需要换一种方式表达在面积中同时包含体积的表达式。由于体积 V 固定，可以将 y 用 x 表示：

$$V = x^2 y \Rightarrow y = \frac{V}{x^2}$$

$$A = x^2 + 4xy = x^2 + 4x \frac{V}{x^2} = x^2 + \frac{4V}{x}$$

这里隐含的条件是 $0 < x < \infty$，先来看边界值：

$$\text{if} \quad x \to 0^+, \text{ then} \quad A \to \infty$$

$$\text{if} \quad x \to \infty, \text{ then} \quad A \to \infty$$

表面积不可能是无穷大，边界值也没有指望；不可导的点是 $x = 0$，也已经被否定过；最后寻求临界点。由于 $A(x,y) = x^2 + 4V/x$ 中已经没有变量 y，所以临界点相当于对 x 的导数是 0 的点：

$$\frac{\mathrm{d}A}{\mathrm{d}x} = \frac{\mathrm{d}}{\mathrm{d}x}\left(x^2 + \frac{4V}{x}\right) = 2x - \frac{4V}{x^2} = 0$$

$$\begin{cases} x = \sqrt[3]{2V} = 2^{\frac{1}{3}}V^{\frac{1}{3}} \\ y = \frac{V}{x^2} = 2^{-\frac{2}{3}}V^{\frac{1}{3}} \end{cases} \Rightarrow \quad \frac{x}{y} = 2$$

这就是最终答案，当底边与高的比值是 2 时，表面积最小。

表面积的问题还有其他马甲，比如下面这个。

示例 15-2 最省料的长方体木箱

做一个 2 体积单位的长方体有盖木箱，长、宽、高怎样取值才能最省料？

相比上文，只不过是把正方体换成了长方体，无盖换成了有盖。设木箱的长和宽分别为 x 和 y，则高是 $z = 2/xy$，则它的用料面积：

$$A = 2(xy + xz + yz) = 2\left(xy + \frac{2}{y} + \frac{2}{x}\right), \ x > 0, \ y > 0$$

寻找临界点：

$$\begin{cases} A_x = 2\left(y - \frac{2}{x^2}\right) = 0 \\ A_y = 2\left(x - \frac{2}{y^2}\right) = 0 \end{cases} \Rightarrow \begin{cases} x = \sqrt[3]{2} \\ y = \sqrt[3]{2} \end{cases}$$

先不要急于判断临界点就是极值点，极值点可能是局部最小或最大点，我们要寻找的是全局最小点。最值可能出现在几个点上，临界点、函数边界、不可导的点或无穷远处。对于用料面积 A 来说：

$$\text{if} \quad x \to \infty \ \text{ or } \ y \to \infty, \ \text{then} \quad xy \to \infty, \ A \to \infty$$

$$\text{if} \quad x \to 0, \ \text{then} \quad \frac{2}{x} \to \infty, \ A \to \infty$$

$$\text{if} \quad y \to 0, \ \text{then} \quad \frac{2}{y} \to \infty, \ A \to \infty$$

由此可见，临界点一定不是最大值，因为在体积固定的情况下一定存在最小用料，所以临界点是极小点，同时也是全局极小点。在体积一定的长方体中，以正方体的表面积最小。

15.5.3　最快入口

如图 15.12 所示，一辆汽车从小路上的某一点开往高速公路尽头的工厂。汽车在小路上和高速的速度分别是 30 和 60。假设小路上处处可走，且能够随意进入高速，如果汽车要在最短的时间内到达工厂，应该从哪里进入高速？

首先转换成数学模型，如图 15.13 所示。

图 15.12　如何最快到达工厂

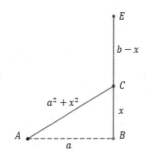

图 15.13　数学模型

高速路段 BE 的长度是 b，汽车的起点距高速的垂直距离是 $AB = a$，假设 C 点是最佳点，汽车从 C 点进入高速，则问题转换为求极值点时 x 的值。

已知汽车到工厂的总时间是汽车在高速上行驶的时间加上小路上行驶的时间：

$$t(x) = \frac{b-x}{60} + \frac{\sqrt{a^2 + x^2}}{30}$$

隐含的条件是 $0 \leqslant x \leqslant b$，在寻求边界值时会发现：

$$\text{if} \quad x \to 0^+, \text{ then } \quad t \to \frac{b}{60} + \frac{a}{30}$$

$$\text{if} \quad x \to b^-, \text{ then } \quad t \to \frac{\sqrt{a^2 + b^2}}{30}$$

这对答案并没有任何帮助，并不能说明 x 的值是多少，所以还是要借助临界点：

$$\frac{\mathrm{d}t}{\mathrm{d}x} = \frac{\mathrm{d}}{\mathrm{d}x}\left(\frac{b-x}{60} + \frac{\sqrt{a^2 + x^2}}{30}\right) = -\frac{1}{60} + \frac{\mathrm{d}}{\mathrm{d}x}\frac{\sqrt{a^2 + x^2}}{30}$$

$$\text{let} \quad u = a^2 + x^2$$

$$\frac{\mathrm{d}}{\mathrm{d}x}\frac{\sqrt{a^2+x^2}}{30} = \frac{\mathrm{d}}{\mathrm{d}u}\frac{\sqrt{u}}{30}\frac{\mathrm{d}}{\mathrm{d}x}(a^2+x^2) = \frac{x}{30\sqrt{u}} = \frac{x}{30\sqrt{a^2+x^2}}$$

$$\frac{\mathrm{d}t}{\mathrm{d}x} = -\frac{1}{60} + \frac{x}{30\sqrt{a^2+x^2}} = 0$$

$$x = \frac{\sqrt{3}}{3}a$$

这就是最短耗时的入口。

15.6　总结

1. 当函数在其定义域某一点的值大于该点周围任何点的值时，称函数在该点有极大值；当函数在其定义域的某一点的值小于该点周围任何点的值时，称函数在该点有极小值。

2. 极值是一个局部概念，是函数在某个区间内的最值。

3. 临界点是导数为 0 的点，极值点只能在函数边界、不可导的点或导数为 0 的点上取得。

4. 临界点未必是极值点，不是极值点的临界点称为鞍点。

5. 通过作图法和二阶导数判断极值是极大值还是极小值。

第16章 寻找最好

邻居家的小兄弟去年刚从某院校的软件工程专业毕业，在经历了几次求职碰壁后发出了"生活不易"的感叹。后来他向我求助，希望我能帮他找个好一点的工作，这个"好一点"还挺简单——只要能积累经验就行。

一周后，我通知他到某家软件公司面试一个 Android 测试工程师的职位。面试很顺利，结果这孩子两个月后就嫌工资太低而辞职了。

我又让他去试了一个 Java 软件工程师的职位。他入职后加入了一个正在开发 SRM 系统的项目组，该项目正处于最后的上线验收阶段，需要面对不断的出差和加班。于是，在经过连续一个月的加班后，他又辞职了，理由是太累。

此后，我推荐他去做软件实施。这次稍微长一点，大概三个月，原因是经常出差，天天面对客户……

后来我又给他介绍过两次，可惜他都干不长远。

最后我终于明白他的真正需求了，他的"好一点"是有附加条件的——钱多、轻松、不出差。唉，真有这么好的工作我就自己去了。

16.1 受制于人

我们经常在寻找"最好"，但正像"钱多、轻松、不出差的工作"一样，很多时候都是在一定的限制条件下寻找"最好"。

在一定范围内的"最好"是极值，如果加上限制条件，就成立约束条件下的极值。我们已经知道极值点只能在函数不可导的点或导数为 0 的点上取得，但是仅仅能取得单个函数的极值点是不够的，如果加上其他函数的约束，问题就不那么明朗了，是否有数学方法帮助我们寻找约束条件下的极值呢？当然有，这就是拉格朗日乘子法。

16.2　拉格朗日乘子法

拉格朗日乘子法又称拉格朗日乘数法，简单地说，拉格朗日乘子法是用来最小化或最大化多元函数的。如果有一个函数 $f(x,y)$，这个函数的变量之间不是独立的，而是有联系的，这个联系可能是某个方程 $g(x,y)=C$，也就是说 $g(x,y)=C$ 定义了 x,y 之间的关系，对变量做出了一定的限制，我们需要在这个限制下来最小化或最大化 $f(x,y)$。

假设 (x,y) 表示经纬度，$f(x,y)$ 是江浙两省所有大山的海拔高度，在此基础上加入约束条件 $g(x,y)=C$，将范围缩小到江浙边界。现在需要找出所有跨越江浙两省的大山中，位于江浙边界线上的最高点。

我们的约束条件是两省边界线，需要找到 $f(x,y)$ 在边界线 $g(x,y)$ 上的极值。这是典型的求约束条件下的极值问题，可以用数学符号表示：

$$\max_{x,y} f(x,y)$$

$$\text{s.t.} \quad g(x,y)=C$$

注：s.t.是 subject to 的缩写，意思是在最大化 f 的同时，满足 s.t.中的约束的条件。

由于约束条件是等式，所以这种优化也称为等式约束优化。我们以位于两省边界附近的大山为例，画出它们的等高线和两省的边界线，如图 16.1 所示。

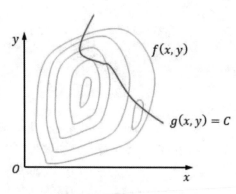

图 16.1　两省的边界线附近的山峰等高线

如果 $f(x,y)$ 中有满足 $g(x,y)=C$ 的点，那么一定处于二者相切点，如图 16.2 所示。

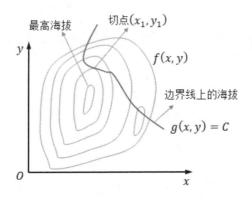

图 16.2 边界线上的最高海拔

切点就是极值，该极值的判定条件是，两条相切的等高线的梯度方向相同。这里切点是必要条件，如果有极值，极值点一定在切点处，但切点未必是极值点。这类似于普通条件下的极值判定，导数为 0 的点也可能是鞍点。

16.2.1 求解过程

我们用一个例子说明拉格朗日乘子法的求解过程。

示例 16-1 找出双曲线, $xy = 3$ 上离原点最近的点

如果把双曲线看作原函数，求双曲线在约束条件下的极值，这种方法似乎不妥。换个思路看，双曲线上的点到原点的距离是什么？如果 (x, y) 是双曲线上的点，原点到该点的距离是：

$$f(x, y) = \sqrt{x^2 + y^2}$$

所有到原点的距离是 $\sqrt{x^2 + y^2}$ 的点组成了无数个圆，求离原点最近的点实际上是求 $f(x, y)$ 的最小值：

$$\min_{x,y} \sqrt{x^2 + y^2}$$

求 f 最小值的时候又需要满足一个限制条件——点必须在双曲线上，这样一来就有了约束条件：

$$g(x, y) = xy = 3$$

所以说，很多时候问题中没有明确指明约束条件和原函数。

再回到 $f(x, y)$ 中，发现根号不好处理，好在 $f(x, y)$ 是非负的，这就给了我们启发，如果 f 达到最小，f^2 也将达到最小，反过来也一样。所以求 f 的最小值等同于求 f^2 的最小值。于是我们可以定制一个新的 f：

$$f(x,y) = x^2 + y^2$$

$$\min_{x,y} x^2 + y^2$$

把这个 f 和 g 用等高线图表示，如图 16.3 所示。

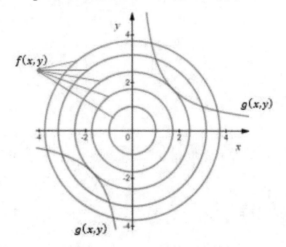

图 16.3　f 和 g 的等高线图

如果把双曲线看作自身的等高线，那么当 f 的等高线和 g 的等高线相切时，f 值最小，实际上这也是找到最值的一般情况。

当两个等高线相切时，二者在切点处的切线也相同，这意味着它们的梯度平行，如图 16.4 所示。

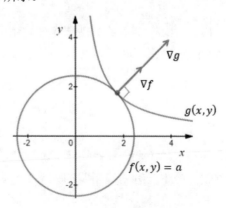

图 16.4　两个梯度平行

如果两个向量平行，则其中一个向量是另一个向量的倍数，由此得到：

$$\nabla f = \lambda \nabla g$$

这个等式是拉格朗日乘子法的能够生效的关键，其中 λ 是一个常数，是传说中的拉格朗日乘子。我们需要做的是找到这个 λ 和特定的 (x, y) 使得上式成立。这实际上是把两个变量加一个关系限制的最值问题转换为一个含有 3 个变量的方程组。

原问题：

$$\min_{x,y} f(x, y) = x^2 + y^2$$

$$\text{s.t.} \quad g(x, y) = xy = 3$$

转换后：

$$\begin{cases} \nabla f = \lambda \nabla g \\ g(x, y) = C \end{cases} \Rightarrow \begin{cases} f_x = \lambda g_x \\ f_y = \lambda g_y \\ g(x, y) = C \end{cases} \Rightarrow \begin{cases} 2x = \lambda y \\ 2y = \lambda x \\ xy = 3 \end{cases}$$

这个方程组被称为拉格朗日方程组，它的解就是符合条件的最值点。

接下来就是解方程组，可以将前两个方程看作关于 x 和 y 的矩阵方程：

$$\begin{cases} 2x = \lambda y \\ 2y = \lambda x \end{cases} \Rightarrow \begin{cases} 2x - \lambda y = 0 \\ \lambda x - 2y = 0 \end{cases} \Rightarrow \begin{bmatrix} 2 & -\lambda \\ \lambda & -2 \end{bmatrix} \begin{bmatrix} x \\ y \end{bmatrix} = \begin{bmatrix} 0 \\ 0 \end{bmatrix}$$

一个满足方程组的解是 $x = 0, y = 0$，但这个解不满约束条件 $g(x, y) = 3$；此外，只有当系数行列式的值是 0 时，方程才有解（此时有多个解）：

$$\begin{vmatrix} 2 & -\lambda \\ \lambda & -2 \end{vmatrix} = -4 + \lambda^2 = 0 \Rightarrow \lambda = \pm 2$$

把两个值分别代入方程组：

$$\lambda = 2, \quad \begin{cases} 2x = 2y \\ 2y = 2x \\ xy = 3 \end{cases} \Rightarrow \begin{cases} x = \sqrt{3} \\ y = \sqrt{3} \end{cases} \quad \text{或} \quad \begin{cases} x = -\sqrt{3} \\ y = -\sqrt{3} \end{cases}$$

$$\lambda = -2, \quad \begin{cases} 2x = -2y \\ 2y = -2x \Rightarrow 无解 \\ xy = 3 \end{cases}$$

现在可以回答原问题，在双曲线 $xy = 3$ 上距离原点最近的点有两个：$(\sqrt{3}, \sqrt{3})$ 和 $(-\sqrt{3}, -\sqrt{3})$。

16.2.2 最大还是最小

拉格朗日乘子法并不会告诉我们最值的类型，结果可能是最大值、最小值或鞍点。由于存在约束条件，也不能使用二阶导数判断。那么如何判断是最大值还是最小值呢？一个方法是通过将拉格朗日方程组的解代入问题方程 f 来判断。举例来说，如果有 3 组解，代入 f 后分别是 4、5、6，在不存在边界值时，4 就是最小值，6 就是最大值；如果存在边界，还需要比较边界值。在示例 16-1 中，能够确定边界在无穷远处，f 在无穷远处的值是无穷大，所以其结果就是最小值。

16.2.3 最省料的木箱

拉格朗日乘子法可以帮我们用简单的方法找到最值，其中就包括 15.5.2 小节中出现的那个最省料的木箱。

有一个固定容积的无顶盖的盒子，盒子底部是正方形，怎样分配底面积和高度才能使盒子的表面积最小？

首先是定义数学模型，设盒子的底边为 x，高为 y，如图 16.5 所示。

图 16.5 固定容积的盒子

可以像 15.5.2 小节一样，用 x 表示 y，然后使用单变量极值法求解，虽然这个过程多少有些复杂，但现在可以用拉格朗日乘子法直接求解。

先将问题转换为约束条件下的极值。问题的约束条件是盒子的容积，在此基础上让表面积最小：

$$\min_{x,y} A = x^2 + 4xy$$

$$\text{s.t.} \quad V = x^2 y$$

这就变成了求固定体积下使表面积最小的 x 和 y，根据拉格朗日乘子法：

$$\nabla A = \left\langle \frac{\partial A}{\partial x}, \frac{\partial A}{\partial y} \right\rangle = \langle 2x + 4y, 4x \rangle, \ \nabla V = \left\langle \frac{\partial V}{\partial x}, \frac{\partial V}{\partial y} \right\rangle = \langle 2y, x^2 \rangle$$

$$\nabla A = \lambda \nabla V$$

$$\begin{cases} 2x + 4y = 2\lambda xy \\ 4x = \lambda x^2 \end{cases} \Rightarrow \begin{cases} x + 2y = \lambda xy \\ 4 = \lambda x \end{cases} \Rightarrow x = 2y$$

当 $x = 2y$ 时，表面积最小。

16.2.4　周长最长的内接矩形

在椭圆 $x^2 + 4y^2 = 4$ 中有很多内接的矩形，这些矩形的边平行于 x 轴和 y 轴，找出这些矩形中周长最长的一个。

先作图，椭圆的中心在原点，其内接矩形的中心也在原点，设矩形的其中一点内接椭圆于 $P(x, y)$，如图 16.6 所示。

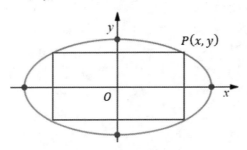

图 16.6　椭圆中的内接矩形

设矩形的周长函数是 $f(x, y) = 4x + 4y$，需要寻找最大的 f，对 f 的约束是矩形的四边要在椭圆上，这就可以转换为约束条件下的极值：

$$\max_{x,y} f(x, y) = 4x + 4y$$

$$\text{s.t.} \quad g(x, y) = x^2 + 4y^2 = 4$$

由于点 P 在第一象限，所以一个隐含的条件是 x 和 y 都大于等于 0。对于求 f 的最大值来说，求 $4x + 4y$ 的最大值和求 $x + y$ 的最大值没什么区别，所以上式可以化简为：

$$\max_{x,y} f(x, y) = x + y$$

$$\text{s.t.} \quad g(x, y) = x^2 + 4y^2 = 4$$

$$y \geqslant 0, \ x \geqslant 0$$

可以使用拉格朗日乘子法了：

$$\nabla f = \left\langle \frac{\partial f}{\partial x}, \frac{\partial f}{\partial y} \right\rangle = \langle 1, 1 \rangle, \ \nabla g = \left\langle \frac{\partial g}{\partial x}, \frac{\partial g}{\partial y} \right\rangle = \langle 2x, 8y \rangle$$

$$\nabla f = \lambda \nabla g \Rightarrow \begin{cases} 1 = 2\lambda x \\ 1 = 8\lambda y \end{cases} \Rightarrow x = 4y$$

现在得到了一个等式，如何求出具体的数值呢？别忘了还有约束方程，将这个结果代入约束方程：

$$g(x, y) = x^2 + 4y^2 - 4 = (4y)^2 + 4y^2 - 4 = 0 \Rightarrow \begin{cases} x = \dfrac{4\sqrt{5}}{5} \\ y = \dfrac{\sqrt{5}}{5} \end{cases}$$

当 $(x, y) = (4\sqrt{5}/5, \sqrt{5}/5)$ 时，长方形的半周长是 $4\sqrt{5}$。

由于拉格朗日乘子法无法确定最值的类型，所以还要对函数边界进行计算。当 P 在椭圆上移动时，如果正好落在 x 轴上，则长方形退化成直线，此时 $4x + 4y = 8 < 4\sqrt{5}$；另一个极值是 P 落在 y 轴上，此时 $4x + 4y = 4 < 4\sqrt{5}$。所以判定 $4\sqrt{5}$ 是最大值，长方形的顶点 P 的坐标是 $(4\sqrt{5}/5, \sqrt{5}/5)$。

通过对边界值的判断，还得到了一个附带的结果——长方形的最小周长是 4，此时长方形被压缩为一条趴在 y 轴上的直线。

16.2.5　表面积最小的金字塔

给定金字塔的体积和底面的三边 a_1、a_2、a_3，如何建造一个表面积最小的金字塔？

先将金字塔模型放入三维坐标系中，塔底位于 x-y 平面，金字塔的高度是 h，如图 16.7 所示。

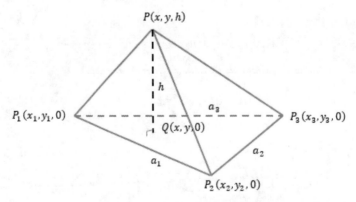

图 16.7　寻找表面积最小的金字塔

塔底三角形的三边固定，这意味着三角形也是固定的，其面积是定值。

因为金字塔的体积固定，所以可以推得金字塔的高 h 也是定值。在图 16.7 中，塔顶 P 沿着水平面来回移动，它在塔底的投影是 Q。由于塔的底面积和高都是定值，所以实际要回答的问题是，Q 在什么位置时三角体的侧面积最小？

一种思路是利用叉积计算面积，$\triangle PP_1P_2$ 的面积可以写成：

$$A_{PP_1P_2} = \frac{1}{2}\left|\overrightarrow{PP_1} \times \overrightarrow{PP_2}\right|$$

展开后将得到一个很长的式子，这样看起来并不是什么好方法。

现在换一种思路，利用三角形面积的几何公式直接计算面积，如图 16.8 所示。

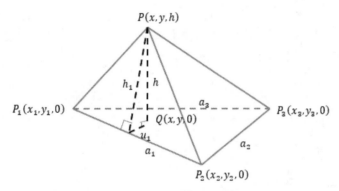

图 16.8　计算 $\triangle PP_1P_2$ 的面积

h_1 是 $\triangle PP_1P_2$ 的高，设点 Q 是 $(x, y, 0)$，则 $\triangle PP_1P_2$ 的面积可以表示为：

$$A_{PP_1P_2} = \frac{1}{2}a_1h_1 = \frac{1}{2}a_1\sqrt{h^2 + u_1^2}$$

同理，另外两个侧面的面积和总面积可以表示为：

$$A_{PP_2P_3} = \frac{1}{2}a_2\sqrt{h^2 + u_2^2},\ A_{PP_1P_3} = \frac{1}{2}a_3\sqrt{h^2 + u_3^2}$$

$$A = \frac{1}{2}\left(a_1\sqrt{h^2 + u_1^2} + a_2\sqrt{h^2 + u_2^2} + a_3\sqrt{h^2 + u_3^2}\right)$$

这就转换成了有 3 个变量 u_1、u_2、u_3 的函数（a_1、a_2、a_3 和 h 是定值），而目标是求 A 的最小值。这里 1/2 起不了什么作用，可以直接舍去：

$$\min_{u_1,u_2,u_3} A = a_1\sqrt{h^2 + {u_1}^2} + a_2\sqrt{h^2 + {u_2}^2} + a_3\sqrt{h^2 + {u_3}^2}$$

接下来需要寻找约束条件 g，固定的高度已经没有什么用处，剩下的约束条件是金字塔的底面积。

已知 h 垂直于底面，所以 $h \perp a_1$；由于 $h \perp a_1, h_1 \perp a_1$，所以 a_1 垂直于 $h-h_1$ 平面；u_1 在 $h-h_1$ 平面上，所以 $a_1 \perp u_1$；同理，$a_2 \perp u_2$，$a_3 \perp u_3$。如此一来，底面三角形可以切割成 3 个小三角形，Q 是它们共同的顶点，如图 16.9 所示。

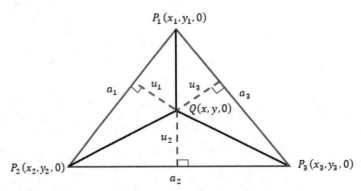

图 16.9　u_1, u_2, u_3 相交于点 Q

现在我们可以写出底面积的表达式：

$$A_{P_1P_2P_3} = \frac{1}{2}a_1u_1 + \frac{1}{2}a_2u_2 + \frac{1}{2}a_3u_3 = \frac{1}{2}(a_1u_1 + a_2u_2 + a_3u_3)$$

这就是约束条件 g，1/2 同样起不了什么作用，把它舍去：

$$g(u_1,u_2,u_3) = a_1u_1 + a_2u_2 + a_3u_3 = C$$

现在终于转换成标准的求约束条件下的极值问题，可以使用拉格朗日乘子法求解：

$$\min_{u_1,u_2,u_3} A(u_1,u_2,u_3) = a_1\sqrt{h^2 + {u_1}^2} + a_2\sqrt{h^2 + {u_2}^2} + a_3\sqrt{h^2 + {u_3}^2}$$

$$\text{s.t.} \quad g(u_1,u_2,u_3) = a_1u_1 + a_2u_2 + a_3u_3 = C$$

计算 A 的梯度时，先对 u_1 求偏导，这相当于把 u_2 和 u_3 看作常数：

$$A = a_1\sqrt{h^2 + u_1^2} + C_1 + C_2$$

$$\text{let} \quad t = h^2 + u_1^2$$

$$\frac{\mathrm{d}A}{\mathrm{d}u} = \frac{\mathrm{d}A}{\mathrm{d}t}\frac{\mathrm{d}t}{\mathrm{d}u_1} = \left(\frac{a_1}{\sqrt{t}}\right)(2u_1) = \frac{a_1u_1}{\sqrt{t}} = \frac{a_1u_1}{\sqrt{h^2 + u_1{}^2}}$$

导数问题已经解决，现在可以建立拉格朗日方程了：

$$\nabla f = \left\langle \frac{\partial A}{\partial u_1}, \frac{\partial A}{\partial u_2}, \frac{\partial A}{\partial u_3} \right\rangle = \left\langle \frac{a_1u_1}{\sqrt{h^2 + u_1{}^2}}, \frac{a_2u_2}{\sqrt{h^2 + u_2{}^2}}, \frac{a_3u_3}{\sqrt{h^2 + u_3{}^2}} \right\rangle$$

$$\nabla g = \left\langle \frac{\partial g}{\partial u_1}, \frac{\partial g}{\partial u_2}, \frac{\partial g}{\partial u_3} \right\rangle = \langle a_1, a_2, a_3 \rangle$$

$$\nabla f = \lambda \nabla g \Rightarrow \begin{cases} \dfrac{a_1u_1}{\sqrt{h^2 + u_1{}^2}} = \lambda a_1 \\[2mm] \dfrac{a_2u_2}{\sqrt{h^2 + u_2{}^2}} = \lambda a_2 \\[2mm] \dfrac{a_3u_3}{\sqrt{h^2 + u_3{}^2}} = \lambda a_3 \end{cases} \Rightarrow \begin{cases} \dfrac{u_1}{\sqrt{h^2 + u_1{}^2}} = \lambda \\[2mm] \dfrac{u_2}{\sqrt{h^2 + u_2{}^2}} = \lambda \\[2mm] \dfrac{u_3}{\sqrt{h^2 + u_3{}^2}} = \lambda \end{cases}$$

$$\Rightarrow \frac{u_1}{\sqrt{h^2 + u_1{}^2}} = \frac{u_2}{\sqrt{h^2 + u_2{}^2}} = \frac{u_3}{\sqrt{h^2 + u_3{}^2}}$$

$$\Rightarrow u_1 = u_2 = u_3$$

还要判断一下边界值。图 16.8 中，当 P 位于右侧的无限远端时，h_1 将趋近于无穷，金字塔的表面积也趋近于无穷，所以拉格朗日乘子法的解是最小值。结论是，当 Q 点的位置距离三边距离相等时，金字塔的表面积最小。

16.3　多个约束条件

我们通过拉格朗日乘子法搭上了"寻找最好"的小船，然而人生不如意十有八九，苦难似乎总是多于快乐，当碰到多个约束时怎么办呢？实际上多个约束比单独的约束更为常见，找一份"钱多、轻松、不出差"的工作，相当于设置了 3 个约束，当然，这 3 个约束往往互相制约，所以工作才不好找。"拉格朗日号"小船难道说翻就翻？

16.3.1 一般过程

设目标函数为 $f(x_1, x_2, x_3)$，共有 N 个约束条件，第 k 个约束条件为 $g_k(x_1, x_2, x_3) = 0$，寻找在所有约束下 f 的最小值可以表达为：

$$\min_{x_1, x_2, x_3} f(x_1, x_2, x_3)$$

$$\text{s.t.} \quad g_k(x_1, x_2, x_3) = 0$$

其中，$k = 1, 2, 3, \cdots$。

如何使用拉格朗日乘子法呢？

首先将原函数 f 和所有的约束条件 g 通过拉格朗日乘子结合到一起，形成新的拉格朗日函数 F：

$$F(x_1, x_2, x_3, \lambda_1, \lambda_2, \cdots, \lambda_N) = f(x_1, x_2, x_3) + \sum_{k=1}^{N} \lambda_k g_k(x_1, x_2, x_3)$$

如果用向量表示，还可以更加简洁地写成：

$$x = \begin{bmatrix} x_1 \\ x_2 \\ x_3 \end{bmatrix}, \quad \lambda = \begin{bmatrix} \lambda_1 \\ \lambda_2 \\ \vdots \\ \lambda_N \end{bmatrix}, \quad g(x) = \begin{bmatrix} g_1(x) \\ g_2(x) \\ \vdots \\ g_N(x) \end{bmatrix}$$

$$F(x, \lambda) = f(x) + \lambda^{\mathrm{T}} g(x)$$

然后对 F 中的所有未知量（x 和 λ）求偏导，令其等于 0，这将形成一个方程组，通过解方程组求得所有未知量：

$$\begin{cases} \dfrac{\partial F}{\partial x_1} = 0 \\[2mm] \dfrac{\partial F}{\partial x_2} = 0 \\[2mm] \dfrac{\partial F}{\partial x_3} = 0 \\[2mm] \dfrac{\partial F}{\partial \lambda_1} = 0 \\[2mm] \vdots \\[2mm] \dfrac{\partial F}{\partial \lambda_N} = 0 \end{cases}$$

由于 F 对 λ_k 求偏导将得到 g_k 本身：

$$\frac{\partial F}{\partial \lambda_1} = \frac{\partial}{\partial \lambda_1}\left(\underbrace{f(x_1, x_2, x_3) + \lambda_1 g_1 + \lambda_2 g_2}_{\text{看作常量}} + \cdots + \lambda_k g_k + \cdots + \underbrace{\lambda_N g_N}_{\text{看作常量}}\right) = g_k$$

所以上面的方程组可以简化为：

$$\begin{cases} \dfrac{\partial F}{\partial x_1} = 0 \\ \dfrac{\partial F}{\partial x_2} = 0 \\ \dfrac{\partial F}{\partial x_3} = 0 \\ g_1(x_1, x_2, x_3) = 0 \\ \quad\vdots \\ g_N(x_1, x_2, x_3) = 0 \end{cases} \Rightarrow \begin{cases} \dfrac{\partial F}{\partial x_1} = 0 \\ \dfrac{\partial F}{\partial x_2} = 0 \\ \dfrac{\partial F}{\partial x_3} = 0 \\ g(x) = 0 \end{cases}$$

可以将这个结论作为多约束条件下拉格朗日乘子法的公式。

16.3.2 曲面的极值

求函数 $2x^2 + 3y^2 + 4z^2$ 在约束 $2x + y = 1$ 和 $2y + 3z = 2$ 下的最小值。

这是典型的求多个约束条件下的极值，先将其转换为数学表示：

$$\min_{x,y,z} f(x, y, z) = 2x^2 + 3y^2 + 4z^2$$

$$\text{s.t.} \quad g_1(x, y, z) = 2x + y - 1 = 0$$

$$g_2(x, y, z) = 2y + 3z - 2 = 0$$

现在需要把问题转换成新的拉格朗日函数：

$$x = \begin{bmatrix} x \\ y \\ z \end{bmatrix}, \quad \lambda = \begin{bmatrix} \lambda_1 \\ \lambda_2 \end{bmatrix}, \quad g(x, y, z) = \begin{bmatrix} g_1(x, y, z) \\ g_2(x, y, z) \end{bmatrix}$$

$$F(x, y, z, \lambda) = f(x) + \lambda^{\mathrm{T}} g(x)$$

$$= 2x^2 + 3y^2 + 4z^2 + \lambda_1(2x + y - 1) + \lambda_2(2y + 3z - 2)$$

注：g_1 有 3 个自变量，但实际上只使用了 2 个而并没有用到 z，但这并不妨碍我们将 z 传递给 g_1。

根据 16.3.1 小节的结论，使用多约束条件下拉格朗日乘子法的公式：

$$\begin{cases} \dfrac{\partial F}{\partial x} = 4x + 2\lambda_1 = 0 \\[2mm] \dfrac{\partial F}{\partial y} = 6y + \lambda_1 + 2\lambda_2 = 0 \\[2mm] \dfrac{\partial F}{\partial z} = 8z + 3\lambda_2 = 0 \\[2mm] g_1 = 2x + y - 1 = 0 \\[1mm] g_2 = 2y + 3z - 2 = 0 \end{cases}$$

可以将方程组写成直观的矩阵形式，然后交给计算机处理：

$$\begin{bmatrix} 4 & 0 & 0 & 2 & 0 \\ 0 & 6 & 0 & 1 & 2 \\ 0 & 0 & 8 & 0 & 3 \\ 2 & 1 & 0 & 0 & 0 \\ 0 & 2 & 3 & 0 & 0 \end{bmatrix} \begin{bmatrix} x \\ y \\ z \\ \lambda_1 \\ \lambda_2 \end{bmatrix} = \begin{bmatrix} 0 \\ 0 \\ 0 \\ 1 \\ 2 \end{bmatrix}$$

求解矩阵方程的代码：

```
01    import numpy as np
02
03    A = np.mat('4 0 0 2 0; 0 6 0 1 2; 0 0 8 0 3; 2 1 0 0 0; 0 2 3 0 0')
04    b = np.mat('0; 0 ; 0; 1; 2')
05
06    x = np.dot(A ** -1, b)
07    print(x)
```

16.4 不等约束

我们已经知道了等式约束下使用拉格朗日乘子法，然而真实的世界哪有那么多等式约束？我们碰到的大多数问题都是不等约束。对于不等约束的优化问题，可以这样描述：

$$\min_x f(x)$$

$$\text{s.t.} \quad h_i(x) = 0, \quad i = 1,2,3,\cdots,m$$

$$g_j(x) \leqslant 0, \quad j = 1,2,3,\cdots,n$$

其中，x 是一个有多个分量的向量，$f(x)$ 是目标函数，$h(x)$ 为等式约束，$g(x)$ 为不等式约束。

对于不等约束来说，无非是大于（包括大于等于）和小于（包括小于等于），常见的不等约束是这样：

$$\begin{cases} x_1 + 10x_2 \geqslant 10 \\ x_1 - x_2 \leqslant 1 \end{cases}$$

就像等式约束总是被转换成 $g(x) = 0$ 一样，我们也希望所有的不等约束都用小于号表达，所以首先将两个不等约束转换为小于等于 0 的形式：

$$\begin{cases} g_1(x_1, x_2) = 10 - x_1 - 10x_2 \leqslant 0 \\ g_2(x_1, x_2) = x_1 - x_2 - 1 \leqslant 0 \end{cases}$$

16.4.1　优化问题的几何解释

先来看等式约束下的极小值：

$$\min_x f(x) = x_1^2 + x_2^2$$

$$\text{s.t.} \quad g(x) = (x_1 + 1)^2 + (x_2 - 1)^2 - 1 = 0$$

等式约束 $g(x) = 0$ 可以在平面上画出一条等高线，它与 $f(x)$ 相切的地方就是最小值，如图 16.10 所示。

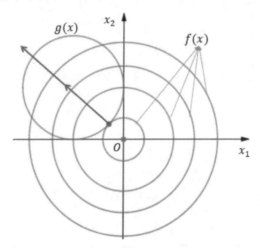

图 16.10　极值点的位置

在切点处 $f(x)$ 和 $g(x)$ 的梯度平行，因此可以引入拉格朗日乘子法形成新的方程组求解。

对于不等约束来说，$g(x) \leqslant 0$ 不是一条线，而是一个区域，更准确地说，是很多条等高线堆叠而成的区域，我们把这块区域称为可行域，如图 16.11 所示。

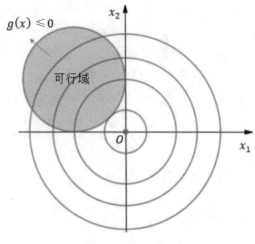

图 16.11　可行域

　　如果不考虑边界，不等约束有两种情况：第一种情况是极小值点落在可行域内；第 2 种情况是极小值点落在可行域外。

　　第 1 种情况相当于约束是多余的，直接求 $f(x)$ 的极值即可，例如：

$$\min_x f(x) = x_1^2 + x_2^2$$

$$\text{s.t.}\quad g(x) = x_1^2 + x_2^2 - 1 \leqslant 0$$

　　$f(x)$ 极小值 $(0,0)$ 一定是符合约束的，它落在 $g(x)$ 内，如图 16.12 所示。

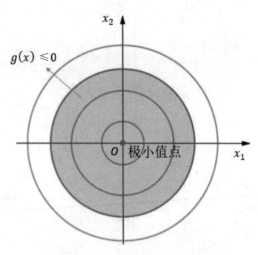

图 16.12　极小值点落在可行域内

此时极小值点满足：

$$\begin{cases} \nabla f = 0 \\ g(x) \leqslant 0 \end{cases}$$

其中，$\nabla f = 0$ 是求临界点，$g(x) \leqslant 0$ 是约束条件本身，只不过这个条件没有起到任何作用。拉格朗日乘子法当然少不了拉格朗日乘子，所以上式可以改写成：

$$\begin{cases} \nabla f = 0 \\ \lambda = 0 \\ \lambda g(x) = 0 \end{cases} \tag{16.1}$$

$\lambda g(x) = 0$ 意味着 $g(x)$ 是多余的，$g(x)$ 无论取什么值，最终结果都是 0。

第 2 种情况才是真正需要考虑的，例如：

$$\min_{x} f(x) = x_1^2 + x_2^2$$

$$\text{s.t.} \quad g(x) = (x_1 + 1)^2 + (x_2 - 1)^2 - 1 \leqslant 0$$

$f(x)$ 极小值 $(0,0)$ 落在 $g(x)$ 外，这时候 $g(x)$ 起了作用，需要考虑 $f(x)$ 在 $g(x)$ 区域内的极小值点，如图 16.13 所示。

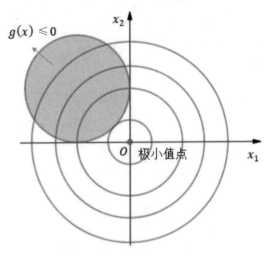

图 16.13　极小值点落在可行域外

同等式约束一样，在达到极小值点时，$f(x)$ 和 $g(x)$ 的梯度平行，只不过这次是 $g(x)$ 的梯度和 $f(x)$ 的负梯度方向相同，如图 16.14 所示。

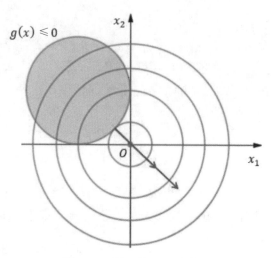

图 16.14 ∇g 与 $-\nabla f$ 平行

此时，在极小值处满足：

$$\begin{cases} -\nabla f = \lambda \nabla g \\ \lambda > 0 \\ g(x) = 0 \end{cases} \qquad (16.2)$$

约束条件是 $g(x) \leqslant 0$ ，公式 16.2 中的 $g(x) = 0$ 表示极小值位于可行域边界。根据新的方程组可以求得极小值点。

联合公式 16.1 和公式 16.2，同时考虑极值点落在可行域内和可行域外两种情况，可以将方程组写成：

$$\begin{cases} -\nabla f = \lambda \nabla g \\ \lambda g(x) = 0 \\ \lambda \geqslant 0 \end{cases}$$

在此之上加上约束条件：

$$\begin{cases} -\nabla f = \lambda \nabla g \\ \lambda g(x) = 0 \\ g(x) \leqslant 0 \\ \lambda \geqslant 0 \end{cases}$$

更进一步，第 1 个约束条件 $-\nabla f = \lambda \nabla g$ 可以看作函数的梯度：

$$F(x, \lambda) = f(x) + \lambda g(x)$$

$$\nabla_x F = \nabla f + \lambda \nabla g = 0$$

$$\begin{cases} \nabla_x F = 0 \\ \lambda g(x) = 0 \\ g(x) \leqslant 0 \\ \lambda \geqslant 0 \end{cases} \qquad (16.3)$$

方程组的解就是 $f(x)$ 的极小值点，准确地说是候选极小值点。

如果约束是 $g(x) < 0$，方程组中同样需要用 $g(x) \leqslant 0$，否则根据 $\lambda g(x) = 0$，将得出 $\lambda = 0$，引入拉格朗日乘子将没有任何意义。从几何意义上看，如果极值刚好满足 $g(x) < 0$，意味着极值点无限靠近边界，那么此时边界的极限就是 $g(x) = 0$。

16.4.2　KKT 条件

KKT 来源于人名，Karush-Kuhn-Tucker，其实是 3 个人，Karush、Kuhn 和 Tucker，这哥仨研究了不等约束下的最优化条件，所以叫 KKT 条件。

带约束的优化可能同时包含等式优化约束和不等约束：

$$\min_x f(x)$$
$$\text{s.t.} \quad h(x) = 0$$
$$g(x) \leqslant 0$$

求解问题的第 1 步是将所有约束和目标函数联立，其中 λ 和 μ 是拉格朗日乘子：

$$F(x, \lambda, \mu) = f(x) + \lambda h(x) + \mu g(x)$$

再使用 16.4.1 小节的结论公式 16.3：

$$\begin{cases} \nabla_x F = 0 & ① \\ \mu g(x) = 0 & ② \\ h(x) = 0 & ③ \\ g(x) \leqslant 0 & ④ \\ \lambda \neq 0 & ⑤ \\ \mu \geqslant 0 & ⑥ \end{cases}$$

这些求解条件就是 KKT 条件——带约束最优化问题的必要条件。KKT 条件看起来很多，其实很好理解：

① 目标函数和所有约束函数组成的拉格朗日函数。

② 学名叫松弛互补条件，它的来历在 16.4.1 小节介绍过，实际上是不等约束的拉格朗日系数，在 16.4.1 小节用 λ 表示。

③、④：约束条件。

⑤、⑥：拉格朗日系数，符号与约束条件的相反（等号约束的拉格朗日系数 λ 用不等号，小于等于约束的拉格朗日系数 μ 用大于等于）。

KKT 条件可推广到更多的条件约束：

$$\min_x f(x)$$
$$\text{s.t.} \quad h_i(x) = 0, \ i = 1,2,3,\cdots,m$$
$$g_j(x) \leqslant 0, \ j = 1,2,3,\cdots,n$$

将所有约束和目标函数联立：

$$F(x,\lambda,\mu) = f(x) + \sum_{i=1}^{m} \lambda_i h_i(x) + \sum_{j=1}^{n} \mu_j g_j(x)$$

KKT 条件：

$$\begin{cases} \nabla_x F = 0 \\ \mu_j g_j(x) = 0 \\ h_i(x) = 0 \\ g_j(x) \leqslant 0 \\ \lambda_i \neq 0 \\ \mu_j \geqslant 0 \end{cases}$$

16.4.3　regularity 条件

如果不等约束的一组解不满足 KKT 条件，它一定不是最优解，然而满足 KKT 条件的解也未必是最优解，这就如同鞍点一样。KKT 是否是最优解的必要条件是通过 regularity 条件（Regularity Conditions）判断的。regularity 条件要求所有起作用的 $g(x)$ 和 $h(x)$ 在极值点的梯度是线性无关的。在使用求解方程组时应当首先验证是否满足 regularity 条件。

注：关于线性无关，可参考 2.6.6 小节的相关内容。

16.4.4　不等约束下的极值

求 $(x_1 - 1)^2 + (x_2 + 2)^2$ 在满足约束条件 $x_1 - x_2 = 1$ 和 $x_1 + 10x_2 > 10$ 下的极小值。

将问题转换成数学语言：

$$\min_x f(x) = (x_1 - 1)^2 + (x_2 + 2)^2$$

$$\text{s.t.} \quad x_1 - x_2 = 1$$

$$x_1 + 10x_2 > 10$$

作图法可以直观地描述，如图 16.15 所示。

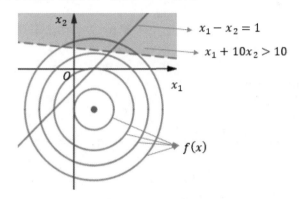

图 16.15　曲线在约束条件下的极小值

通过图像可以看出存在唯一的极小值点，并且该点就是约束条件和可行域的交点，由此可以得到方程组：

$$\begin{cases} h(x) = x_1 - x_2 - 1 = 0 \\ g(x) = 10 - x_1 - 10x_2 \leqslant 0 \end{cases}$$

由于极值点在 $g(x)$ 的边界，所以第 2 个条件可以改成等于，这样就可以求得最终解：

$$\begin{cases} x_1 = \dfrac{20}{11} \\ x_2 = \dfrac{9}{11} \end{cases}$$

作图虽然直观，但并不总是能够作图，这时就需要拉格朗日乘子法了。首先校验是否满足 regularity 条件：

$$\nabla h(x) = \begin{bmatrix} \dfrac{\partial h}{\partial x_1} \\ \dfrac{\partial h}{\partial x_2} \end{bmatrix} = \begin{bmatrix} 1 \\ -1 \end{bmatrix}, \ \nabla g(x) = \begin{bmatrix} \dfrac{\partial g}{\partial x_1} \\ \dfrac{\partial g}{\partial x_2} \end{bmatrix} = \begin{bmatrix} -1 \\ -10 \end{bmatrix}$$

二者线性无关，满足 regularity 条件。接下来将目标函数和约束条件转换成拉格朗日函数：

$$F(x, \lambda, \mu) = f(x) + \lambda h(x) + \mu g(x)$$
$$= (x_1 - 1)^2 + (x_2 + 2)^2 + \lambda(x_1 - x_2 - 1) + \mu(10 - x_1 - 10x_2)$$

再通过 KKT 条件建立方程组:

$$\nabla F_x = \left\langle \frac{\partial L}{\partial x_1}, \frac{\partial L}{\partial x_2} \right\rangle = \langle 2x_1 - 2 + \lambda + \mu, 2x_2 + 4 - \lambda - 10\mu \rangle$$

$$\begin{cases} \nabla_x F = \langle 2x_1 - 2 + \lambda + \mu, 2x_2 + 4 - \lambda - 10\mu \rangle = \langle 0,0 \rangle \\ \mu g(x) = \mu(10 - x_1 - 10x_2) = 0 \\ h(x) = x_1 - x_2 - 1 = 0 \\ g(x) = 10 - x_1 - 10x_2 \leqslant 0 \\ \lambda \neq 0 \\ \mu \geqslant 0 \end{cases}$$

通过 $\nabla_x F = 0$ 可以将 x_1 和 x_2 用 λ 和 μ 表示:

$$\begin{cases} x_1 = 1 - \dfrac{\lambda}{2} - \dfrac{\mu}{2} \\ x_2 = -2 + \dfrac{\lambda}{2} + 5\mu \end{cases}$$

将 x_1 和 x_2 代入 $h(x)$:

$$h(x) = \left(1 - \frac{\lambda}{2} - \frac{\mu}{2}\right) - \left(-2 + \frac{\lambda}{2} + 5\mu\right) - 1 = 2 - \lambda - \frac{11}{2}\mu = 0$$

$$\Rightarrow \lambda = 2 - \frac{11}{2}\mu$$

$$\Rightarrow \begin{cases} x_1 = 1 - \dfrac{\lambda}{2} - \dfrac{\mu}{2} = 1 - \dfrac{\left(2 - \dfrac{11}{2}\mu\right)}{2} - \dfrac{\mu}{2} = \dfrac{9}{4}\mu \\ x_2 = -2 + \dfrac{\lambda}{2} + 5\mu = -2 + \dfrac{\left(2 - \dfrac{11}{2}\mu\right)}{2} + 5\mu = -1 + \dfrac{9}{4}\mu \end{cases}$$

将 x_1 和 x_2 代入 $\mu g(x)$:

$$\mu g(x) = \mu\left(10 - \frac{9}{4}\mu - 10\left(-1 + \frac{9}{4}\mu\right)\right) = \mu\left(20 - \frac{99\mu}{4}\right) = 0$$

$$\Rightarrow \mu = 0 \quad \text{或} \quad \mu = \frac{80}{99}$$

当 $\mu = 0$ 时,

$$\begin{cases} x_1 = \dfrac{9}{4}\mu = 0 \\ x_2 = -1 + \dfrac{9}{4}\mu = -1 \end{cases}$$

$$g(x) = 10 - x_1 - 10x_2 = 20 > 0$$

这不满足约束条件 $g(x) \leqslant 0$。再来看 $\mu = 80/99$：

$$\text{when} \quad \mu = \frac{80}{99}, \quad \text{then} \quad \begin{cases} x_1 = \dfrac{9}{4}\mu = \dfrac{20}{11} \approx 1.818 \\ x_2 = -1 + \dfrac{9}{4}\mu = \dfrac{9}{11} \approx 0.818 \end{cases}$$

$$g(x) = 10 - x_1 - 10x_2 = 10 - \frac{20}{11} - \frac{90}{11} = 0 \leqslant 0$$

所以当 $\mu = 80/99$ 能够得到极值点 $(20/11, 9/11)$，此时 $f(x)$ 的极小值是：

$$f(x) = \left(\frac{20}{11} - 1\right)^2 + \left(\frac{9}{11} + 2\right)^2 = \frac{1042}{121} \approx 8.61$$

16.5 相关代码

手动计算拉格朗日方程组太过麻烦，尤其是带有不等式的方程组，好在 Python 的 cvxpy 模块可以帮助我们解决优化问题。

下面的代码是计算 16.4.4 小节中的问题：

$$\min_x f(x) = (x_1 - 1)^2 + (x_2 + 2)^2$$

$$\text{s.t.} \quad x_1 - x_2 = 1$$

$$x_1 + 10x_2 > 10$$

```
01    import cvxpy as cp
02
03    # 定义变量 x1,x2
04    x1, x2 = cp.Variable(), cp.Variable()
05    # 定义目标函数
06    obj = cp.Minimize(cp.square(x1 - 1) + cp.square(x2 + 2))
07    # 定义约束条件
08    constraints = [x1 - x2 == 1, x1 + 10*x2 >= 10]
09
10    # 求解
11    prob = cp.Problem(obj, constraints)
12    prob.solve()
13
14    # status 的值：
```

```
15    # OPTIMAL: 问题被成功解决
16    # INFEASIBLE：问题无解
17    # UNBOUNDED：无边界
18    # OPTIMAL_INACCURATE：解不精确
19    print('status: ', prob.status)
20    print('Min value = ', prob.value)
21    print('(x1, x2) = (', (x1.value, x2.value), ')')
```

运行结果如图 16.16 所示。

```
status: optimal
Min value =  8.611570247933885
(x1, x2) = ( 1.8181818181818181 0.8181818181818182 )
```

图 16.16   程序运行结果

16.6   总结

1. 拉格朗日乘子法又称为拉格朗日乘数法，是用来最小化或最大化多元函数的。

2. 单约束条件下的极值用数学符号表示：

$$\max_{x,y} f(x,y)$$

$$\text{s.t.} \quad g(x,y) = C$$

3. 通过引入拉格朗日乘子求解：

$$\begin{cases} \nabla f = \lambda \nabla g \\ g(x,y) = C \end{cases} \Rightarrow \begin{cases} f_x = \lambda g_x \\ f_y = \lambda g_y \\ g(x,y) = C \end{cases}$$

4. 多约束条件下的极值用数学符号表示：

$$\min_{x_1,x_2,x_3} f(x_1,x_2,x_3)$$

$$\text{s.t.} \quad g_k(x_1,x_2,x_3) = 0$$

5. 通过引入多个拉格朗日乘子求解：

$$x = \begin{bmatrix} x_1 \\ x_2 \\ x_3 \end{bmatrix}, \quad \lambda = \begin{bmatrix} \lambda_1 \\ \lambda_2 \\ \vdots \\ \lambda_N \end{bmatrix}, \quad g(x) = \begin{bmatrix} g_1(x) \\ g_2(x) \\ \vdots \\ g_N(x) \end{bmatrix}$$

$$F(x, \lambda) = f(x) + \lambda^T g(x)$$

$$\begin{cases} \nabla F_x = 0 \\ g(x) = 0 \end{cases}$$

6. 使用 KKT 条件解决不等约束下的极值：

$$F(x, \lambda, \mu) = f(x) + \lambda h(x) + \mu g(x)$$

$$\begin{cases} \nabla_x F = 0 \\ \mu g(x) = 0 \\ h(x) = 0 \\ g(x) \leqslant 0 \\ \lambda \neq 0 \\ \mu \geqslant 0 \end{cases}$$

7. KKT 条件是否是最优解的必要条件是通过 regularity 条件（Regularity Conditions）判断的。

第17章 最佳形态

　　滑板是一种在都市青年中非常流行的时尚运动。在极限运动中，滑板选手在场地中完成滑降、加速、腾空等一连串高难度动作，超越身心极限，极具观赏性。

　　无论是滑雪竞技、花样自行车还是极限滑板运动，都会有一种特殊的竞技赛道——U型池，如图17.1所示。

图 17.1　滑板比赛中的 U 型池

　　为了使运动员得到最快的加速度，场地设计成 U 型。我们都知道两点之间直线最短，但两点之间并不是直线最快。两点间的直线只有一条，曲线却可以有无数条，哪一条才是最快的呢？

17.1　函数和泛函

　　在寻找使运动员能得到最快加速度的 U 型池之前，先来重新审视一下函数和泛函的定义。

函数是一个集合与另一个集合的映射关系，它将一个自变量放到一个黑盒里，经过暗箱操作，最终得到一个因变量。比如 $f(x) = x^2$ 就是一个典型的函数，它将 x 放进黑暗的绞肉机中，然后碾碎并揉捏，最终变成了 x^2，如图 17.2 所示。

平常接触的函数是实值函数，它返回一个标量。有一些函数也会返回向量，称为向量函数，比如：

$$h(x_1, x_2) = \begin{bmatrix} x_1 + x_2 \\ x_1 - x_2 \\ x_1 x_2 \end{bmatrix}$$

总之，一个集合中的元素可以通过函数为媒介，在另一个集合中找到唯一的对应。

还有一类比较有个性的函数称为泛函，它的自变量是其他函数，因变量是另一种新的函数，如图 17.3 所示。

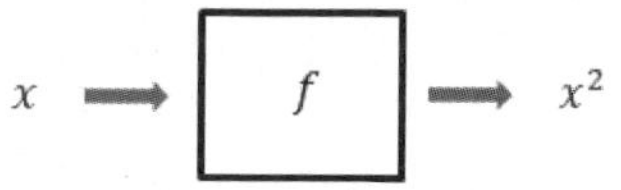

图 17.2 函数 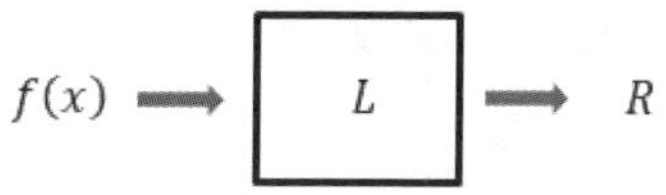　　　　　　　　　图 17.3 泛函

其中，L 是映射关系，R 是一个新函数。与函数不同，这次是把绞肉机直接放进暗箱中，然后经过重新组装，变成了机器袋鼠。

有一种泛函称为简单泛函，它的"长相"是这样：

$$A[f] = \int_{x_1}^{x_2} L\big(x, f(x), f'(x)\big)\, \mathrm{d}x$$

其中，L 是一个明确的函数，之所以叫简单泛函，是因为只传递了 3 个参数，复杂一点的话还可以继续传递 f 的高阶导数。

可以说，泛函就是函数的函数，是更广泛意义上的函数。

注：泛函和复合函数有一些微妙的区别：对于 $L\big(f(x)\big)$ 来说，如果 f 是确定的，$L\big(f(x)\big)$ 就是复合函数；如果 f 是不确定的，$L\big(f(x)\big)$ 就是泛函。

17.2　U 型池的模型

在滑板比赛中，可以把 U 型池的横截面看作曲线，把运动员看作一个质点，从而建立数学模型，如图 17.4 所示。

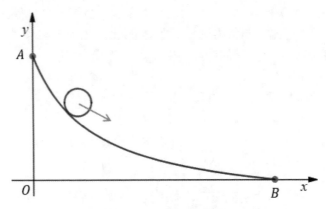

图 17.4　U 型池的模型

A 点是 U 型池的顶端，B 点是 U 型池的谷底，我们的目标是从所有连接 A 点、B 点的曲线中找出一条，使它的初始速度为 0 的质点受重力作用，由 A 点沿着曲线滑下时以最短的时间到达 B 点，这实际上是著名的"最速降线"问题。

这里，我们将曲线看作路径 f 关于时间 t 的函数，如图 17.5 所示。

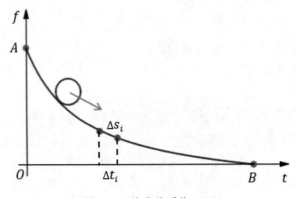

图 17.5　将曲线看作 $f(t)$

Δs_i 是在极短时间 Δt_i 内沿着曲线移动的微小弧长，此时的瞬时速度是 Δv_i，距离等于速度乘时间：

$$\Delta s_i = \Delta v_i \Delta t_i \ \Rightarrow \ \Delta t_i = \frac{\Delta s_i}{\Delta v_i}$$

根据重力加速的推论，质点在 t 时间处的速度 $v^2 = 2gh$，则

$$\Delta t_i = \frac{\Delta s_i}{\Delta v_i} = \frac{\Delta s_i}{\sqrt{2gh}} = \frac{\Delta s_i}{\sqrt{2gf(t_i)}}$$

注：重力加速的推论是一个物理学推论，这里不必深究它是什么意思，只要知道结论就可以。

累加所有 Δt_i，就是质点从 A 点到 B 点的总时间：

$$T \approx \sum_{i=1}^{n} \frac{\Delta s_i}{\sqrt{2gf(t_i)}}$$

累积正好是积分的思想，Δs_i 趋近于 0 时，总时间 T 可以用积分表示：

$$T = \int_{t_A}^{t_B} \frac{\mathrm{d}s}{\sqrt{2gf(t)}}$$

积分域是时间，积元 $\mathrm{d}s$ 是弧长，和积分域并不对等，所以需要想办法把 $\mathrm{d}s$ 用 $\mathrm{d}t$ 代替。$\mathrm{d}s$ 的化简需要借助弧长公式，将曲线分为无数个小段，用直线连接相邻的两点，当 $\Delta x \to 0$ 时，两点间的线段长度趋近于弧长，如图 17.6 所示。

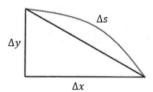

图 17.6　弧长的微分

$$\mathrm{d}s^2 = \mathrm{d}x^2 + \mathrm{d}y^2$$

$$\mathrm{d}s = \sqrt{\mathrm{d}x^2 + \mathrm{d}y^2} = \sqrt{1 + \left(\frac{\mathrm{d}y}{\mathrm{d}x}\right)^2}\,\mathrm{d}x = \sqrt{1 + (y')^2}\,\mathrm{d}x = \sqrt{1 + f'(x)^2}\,\mathrm{d}x$$

注：关于弧长和弧长公式，可参考第 6 章的相关内容。

把 $\mathrm{d}s$ 累加就是弧长，a、b 两点间的弧长：

$$s_{ab} = \int_a^b \mathrm{d}s = \int_a^b \sqrt{1 + f'(x)^2}\,\mathrm{d}x$$

终于可以去掉 $\mathrm{d}s$ 了，别忘了把 s_{ab} 中的 x 改成 t：

$$T[f] = \int_{t_A}^{t_B} \frac{\mathrm{d}s}{\sqrt{2gf(t)}} = \int_{t_A}^{t_B} \frac{\sqrt{1+f'(t)^2}}{\sqrt{2gf(t)}} \mathrm{d}t = \int_{t_A}^{t_B} \sqrt{\frac{1+f'(t)^2}{2gf(t)}} \mathrm{d}t$$

把 $T[f]$ 和简单泛函做一个对比，可以看到二者的形式吻合：

$$T[f] = \int_{t_A}^{t_B} \frac{\sqrt{1+f'(t)^2}}{\sqrt{2gf(t)}} \mathrm{d}t \Leftrightarrow A[f] = \int_{x_1}^{x_2} L\big(x, f(x), f'(x)\big) \mathrm{d}x$$

$$T[f] \to A[f], \ t \to x, \ L_T\big(f(t), f'(t)\big) = \frac{\sqrt{1+f'(t)^2}}{\sqrt{2gf(t)}} \to L\big(x, f(x), f'(x)\big)$$

L_T 并没有严格映射到 $L\big(x, f(x), f'(x)\big)$，因为在函数中并没有直接使用参数 t，这可以理解成虽然传递了参数 t，但实际上 t 并没有起任何作用，就像 $y(x) = 1$ 一样，无论传递任何 x，最终结果都是 1，但它仍然是一个 y 关于 x 的函数。

现在回到最初的问题，A、B 间有无数条曲线，每条曲线都可以求得时间 $T[f]$，但是在众多的曲线中，只有一条曲线能够使得 $T[f]$ 取得最小值，这个 $f(t)$ 应该长成什么样呢？

17.3 欧拉—拉格朗日方程

暂且抛开具体的 U 型池，只看 $A[f]$，并且假设 $f_0(x)$ 就是符合条件的最优函数（依然用较为熟悉的 x 代替 t）。现在，将 $f_0(x) + k(x)$ 定义为是有别于最优函数的其他函数，其中 $k(x)$ 可以是任意函数，则可以这样定义 $f(x)$：

$$f(x) = f_0(x) + k(x), \ f'(x) = f_0'(x) + k'(x)$$

$f_0(x)$ 是最优函数，意味着最速降线的耗时最短，此时 $A[f_0]$ 有最小值，一定有：

$$A[f_0] \leqslant A[f]$$
$$\int_{x_1}^{x_2} L\big(x, f_0(x), f_0'(x)\big) \mathrm{d}x \leqslant \int_{x_1}^{x_2} L\big(x, f(x), f'(x)\big) \mathrm{d}x$$

注：这里用泛函的定义形态 $A[f_0]$ 代替最速降线的 $T[f_0]$，其目的和用 x 代替 t 一样，仅仅是为了看起来比较顺眼。

由于任意函数 $k(x)$ 不好定义，为了能够使 $k(x)$ 任意小，令：

$$k(x) = \varepsilon\eta(x), \ \varepsilon \in \mathbf{R}$$

将任意函数 k 变成一个任意实数和另一个任意函数 η 的乘积。这个奇怪的变换正是解决问题的关键——通过控制 ε，可以让 $\varepsilon\eta(x)$ 取得极小值。无论 $\eta(x)$ 是什么，只要令 ε 接近 0，就能使 $\varepsilon\eta(x)$ 接近 0。还需要额外定义的是，最速降线模型的两个端点 A、B 是不能被扰动的，即 $\varepsilon\eta(A) = \varepsilon\eta(B) = 0$，这对于任意 ε 都适用，所以 $\eta(A) = \eta(B) = 0$。

现在，当 ε 取极小值时，可以看作是对 $f_0(x)$ 的轻微扰动，其中 ε 是对 $f_0(x)$ 的扰动程度，$\varepsilon\eta(x)$ 是扰动后的增量，$f_0(x) + \varepsilon\eta(x)$ 是扰动后的函数。$\varepsilon\eta(x) = 0$ 说明扰动为 0，也就是无扰动，此时 $f_0(x) + \varepsilon\eta(x) = f_0(x)$。图 17.7 所示的直线和复杂曲线都可以看作是对最速降线 $f_0(x)$ 的扰动。

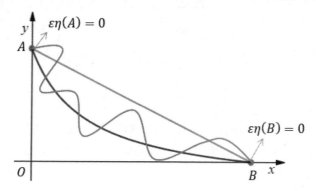

图 17.7　对 $f_0(x)$ 的扰动

我们已经假设 $f_0(x)$ 是已经确定的最优函数，即已经假设它的形态是已知的，如果再继续假设，将 $f(x)$ 看作众多曲线中的特定一条，那么任意函数 $\eta(x)$ 也将是一个确定的函数。$f(x) = f_0(x) + k(x) = f_0(x) + \varepsilon\eta(x)$，其中只有 ε 是未知的，此时 $A[f]$ 可以看作关于 ε 的函数 $A[\varepsilon]$，函数的极值点就是 A 关于 ε 的导数等于 0 的点——这已经变成了单变量函数的极值问题：

$$f(x) = f_0(x) + \varepsilon\eta(x), \ f'(x) = f_0'(x) + \varepsilon\eta'(x)$$

$$A[\varepsilon] = \int_{x_A}^{x_B} L\big(x, f(x, \varepsilon), f'(x, \varepsilon)\big)\, \mathrm{d}x$$

对于定积分来说，先积分再微分和先微分再积分是一样的，因此：

$$\frac{\mathrm{d}A}{\mathrm{d}\varepsilon} = \frac{\int_{x_A}^{x_B} \mathrm{d}L}{\mathrm{d}\varepsilon} = \int_{x_A}^{x_B} \frac{\mathrm{d}L}{\mathrm{d}\varepsilon} \mathrm{d}x = \underbrace{\int_{x_A}^{x_B} \frac{\partial L}{\partial x}\frac{\partial x}{\partial \varepsilon} + \frac{\partial L}{\partial f}\frac{\partial f}{\partial \varepsilon} + \frac{\partial L}{\partial f'}\frac{\partial f'}{\partial \varepsilon} \mathrm{d}x}_{①}$$

①还使用了全微分的链式法则，其原型是：

$$\text{if} \quad f = f(x, y, z), \quad x = x(t), \quad y = y(t), \quad z = z(t)$$

$$\text{then} \quad \frac{\mathrm{d}f}{\mathrm{d}t} = \frac{\partial f}{\partial x}\frac{\partial x}{\partial t} + \frac{\partial f}{\partial y}\frac{\partial y}{\partial t} + \frac{\partial f}{\partial z}\frac{\partial z}{\partial t}$$

由于 x 和 ε 是各自独立的，它们并没有什么关系，所以在①中：

$$\frac{\partial x}{\partial \varepsilon} = 0$$

$$\frac{\mathrm{d}A}{\mathrm{d}\varepsilon} = \underbrace{\int_{x_A}^{x_B} \frac{\partial L}{\partial f}\frac{\partial f}{\partial \varepsilon} + \frac{\partial L}{\partial f'}\frac{\partial f'}{\partial \varepsilon} \mathrm{d}x}_{②}$$

其中：

$$\frac{\partial f}{\partial \varepsilon} = \frac{\partial}{\partial \varepsilon}\big(f_0(x) + \varepsilon\eta(x)\big) = \eta(x)$$

$$\frac{\partial f'}{\partial \varepsilon} = \frac{\partial}{\partial \varepsilon}\big(f_0'(x) + \varepsilon\eta'(x)\big) = \eta'(x)$$

这是由于 $f_0(x)$ 和 $\eta(x)$ 都与 ε 没有任何关系，因此 $\partial f_0/\partial \varepsilon = 0$，$\partial \varepsilon\eta(x)/\partial \varepsilon = \eta(x)$；同理，$\partial f_0'/\partial \varepsilon = 0$，$\partial \varepsilon\eta'(x)/\partial \varepsilon = \eta'(x)$。

现在，②可化简为：

$$\frac{\mathrm{d}A}{\mathrm{d}\varepsilon} = \int_{x_A}^{x_B} \frac{\partial L}{\partial f}\eta(x) + \frac{\partial L}{\partial f'}\eta'(x)\mathrm{d}x = \int_{x_A}^{x_B} \frac{\partial L}{\partial f}\eta(x)\,\mathrm{d}x + \underbrace{\int_{x_A}^{x_B} \frac{\partial L}{\partial f'}\eta'(x)\mathrm{d}x}_{③}$$

③可以根据分部积分更进一步计算：

$$\int_a^b uv'\mathrm{d}x = uv\Big|_a^b - \int_a^b u'v\mathrm{d}x$$

$$\text{let} \quad u = \frac{\partial L}{\partial f'} \quad v' = \eta'(x), \text{ then} \quad u' = \left(\frac{\partial L}{\partial f'}\right)', \quad v = \eta(x)$$

$$\int_{x_A}^{x_B} \frac{\partial L}{\partial f'}\eta'(x)\mathrm{d}x = \frac{\partial L}{\partial f'}\eta(x)\Big|_{x_A}^{x_B} - \int_{x_A}^{x_B} \left(\frac{\partial L}{\partial f'}\right)'\eta(x)\mathrm{d}x$$

$$\frac{\mathrm{d}A}{\mathrm{d}\varepsilon} = \int_{x_A}^{x_B} \frac{\partial L}{\partial f}\eta(x)\,\mathrm{d}x + \underbrace{\frac{\partial L}{\partial f'}\eta(x)\Big|_{x_A}^{x_B}}_{④} - \int_{x_A}^{x_B} \left(\frac{\partial L}{\partial f'}\right)'\eta(x)\mathrm{d}x$$

最速降线模型的两个端点 A、B 是不能扰动的，$\eta(A) = \eta(B) = 0$，所以④可以进一步化简：

$$\frac{\partial L}{\partial f'}\eta(x)\bigg|_{x_A}^{x_B} = \frac{\partial L}{\partial f'}\eta(x_B) - \frac{\partial L}{\partial f'}\eta(x_A) = 0$$

$$\frac{\mathrm{d}A}{\mathrm{d}\varepsilon} = \int_{x_A}^{x_B}\frac{\partial L}{\partial f}\eta(x)\,\mathrm{d}x - \int_{x_A}^{x_B}\left(\frac{\partial L}{\partial f'}\right)'\eta(x)\mathrm{d}x = \int_{x_A}^{x_B}\left[\frac{\partial L}{\partial f} - \left(\frac{\partial L}{\partial f'}\right)'\right]\eta(x)\mathrm{d}x$$

这就是最终化简的结果，通常它还有另一种写法：

$$\frac{\mathrm{d}A}{\mathrm{d}\varepsilon} = \int_{x_A}^{x_B}\left[\frac{\partial L}{\partial f} - \frac{\mathrm{d}}{\mathrm{d}x}\left(\frac{\partial L}{\partial f'}\right)\right]\eta(x)\mathrm{d}x$$

注：这种写法只不过是把 $\partial L/\partial f'$ 对 x 的导数写成了莱布尼茨的表达方式。

如果 $A[\varepsilon]$ 有最小值，则最小值在临界点，$\mathrm{d}A/\mathrm{d}\varepsilon = 0$，也就是说：

$$\frac{\partial L}{\partial f} - \frac{\mathrm{d}}{\mathrm{d}x}\left(\frac{\partial L}{\partial f'}\right) = 0 \quad \text{或} \quad \eta(x) = 0$$

$\eta(x) = 0$ 说明对 $f_0(x)$ 无扰动时，虽然此时 A 能取得极值，但它对 f_0 的具体形式没有任何帮助，因此最优函数 $f_0(x)$ 的具体形式由第一个解确定：

$$\frac{\partial L}{\partial f} - \frac{\mathrm{d}}{\mathrm{d}x}\left(\frac{\partial L}{\partial f'}\right) = 0$$

这就是欧拉—拉格朗日方程（Euler-Lagrange equation）简称 EL 方程，其中 L 是已知的，它可以帮助我们求解泛函 $A[f]$ 中 f 的形态。欧拉—拉格朗日方程的最初思想来源于微积分中"可导的极值点一定是临界点"。

欧拉—拉格朗日方程的核心思想是假定当前泛函的解已知（假定 f_0 已知），那么这个解必然能使泛函取得最小值。换句话说，只要在泛函中加入任何扰动，都会使泛函的值变大，所以扰动为 0 的时候，泛函的值最小。扰动用一个很小的数 ε 乘上一个连续函数 $\eta(x)$。当 ε 趋近于 0，意味着扰动也趋近于 0。所以当扰动为 0 时，泛函对扰动程度 ε 的导数也为 0。这就非常巧妙地把对函数求导的问题转化成了一个单变量求导问题。欧拉—拉格朗日方程的前提条件是端点不会被扰动，也就是说需要固定两个端点。

17.4　U 型池的解

有了欧拉—拉格朗日方程，终于可以计算 U 型池的最佳形态：

$$T[f] = \int_{t_A}^{t_B} \frac{\sqrt{1 + f'(t)^2}}{\sqrt{2gf(t)}} \, dt$$

$$L\big(f(t), f'(t)\big) = \frac{\sqrt{1 + f'^2}}{\sqrt{2gf}}$$

$$\text{EL - Equation}: \frac{\partial L}{\partial f} - \frac{d}{dt}\left(\frac{\partial L}{\partial f'}\right) = 0 \ ①$$

直接计算有点困难，似乎没有什么办法对 dt 求导。这里的变换策略是将欧拉—拉格朗日方程的两侧同时乘以 f 的导数，仍然得到 0：

$$\frac{\partial L}{\partial f}f' - \frac{d}{dt}\left(\frac{\partial L}{\partial f'}\right)f' = \underbrace{\left(\frac{\partial L}{\partial f}f' + \frac{\partial L}{\partial f'}f''\right)}_{③} - \underbrace{\left(\frac{\partial L}{\partial f'}f'' + \frac{d}{dt}\left(\frac{\partial L}{\partial f'}\right)f'\right)}_{④} = 0 \ ②$$

加上一个 $\dfrac{\partial L}{\partial f'}f''$，再减去一个 $\dfrac{\partial L}{\partial f'}f''$，结果不变。

对于③：

$$\frac{\partial L}{\partial f}f' + \frac{\partial L}{\partial f'}f'' = \frac{\partial L}{\partial f}\frac{\partial f}{\partial t} + \frac{\partial L}{\partial f'}\frac{\partial f'}{\partial t} = \frac{d}{dt}L(f, f')$$

这实际上是全微分链式法则的反写，从右向左看就清晰多了：

$$f = f(t), \quad \frac{d}{dt}L(f, f') = \frac{\partial L}{\partial f}\frac{\partial f}{\partial t} + \frac{\partial L}{\partial f'}\frac{\partial f'}{\partial t}$$

对于④，根据导数的乘法法则：

$$\frac{\partial L}{\partial f'}f'' + f'\frac{d}{dt}\left(\frac{\partial L}{\partial f'}\right) = \frac{d}{dt}\left(f'\frac{\partial L}{\partial f'}\right)$$

同样是从右向左看更加清晰。

将两个结果代入②：

$$\frac{\partial L}{\partial f}f' - \frac{d}{dt}\left(\frac{\partial L}{\partial f'}\right)f' = \frac{d}{dt}L(f, f') - \frac{d}{dt}\left(f'\frac{\partial L}{\partial f'}\right) = \frac{d}{dt}\left(L - f'\frac{\partial L}{\partial f'}\right) = 0$$

常数的导数是 0，所以最终可以确定：

$$L - f'\frac{\partial L}{\partial f'} = C \ ⑤$$

其中，L 对 f' 的偏导是确定的：

$$\frac{\partial L}{\partial f'} = \frac{\partial}{\partial f'}\left(\frac{\sqrt{1+f'^2}}{\sqrt{2gf}}\right)$$

因为是对 f' 求偏导，所以无须关心 f，这里需要使用链式法则求导：

$$\text{let} \quad u = 1 + f'^2$$

$$\frac{\partial}{\partial f'}\left(\frac{\sqrt{1+f'^2}}{\sqrt{2gf}}\right) = \frac{\partial}{\partial u}\left(\frac{\sqrt{u}}{\sqrt{2gf}}\right)\frac{\partial}{\partial f'}u = \left(\frac{u^{-\frac{1}{2}}}{2\sqrt{2gf}}\right)2f' = \frac{f'}{\sqrt{2gf}\sqrt{1+f'^2}}$$

代入⑤：

$$L - f'\frac{\partial L}{\partial f'} = \frac{\sqrt{1+f'^2}}{\sqrt{2gf}} - \frac{f'f'}{\sqrt{2gf}\sqrt{1+f'^2}} = \frac{1+f'^2-f'^2}{\sqrt{2gf}\sqrt{1+f'^2}}$$

$$= \frac{1}{\sqrt{2gf}\sqrt{1+f'^2}} = C$$

两侧同时平方：

$$\frac{1}{2gf(1+f'^2)} = C^2$$

$$\Rightarrow \frac{1}{(1+f'^2)f} = 2gC^2$$

取倒数：

$$(1+f'^2)f = \frac{1}{2gC^2} \ ⑥$$

这个式子中没有积分，没有根号，终于可以隐约见到 f 的雏形。接下来需要使用参数方程的知识：

$$f = f(t)$$

$$\text{let} \quad t = t(\theta), \quad f' = \cot\frac{\theta}{2} = \frac{\cos\left(\frac{\theta}{2}\right)}{\sin\left(\frac{\theta}{2}\right)}, \ 0 \leqslant \theta \leqslant 2\pi$$

注：关于参数方程，可参考第 9 章的相关内容。

之所以令 $f' = \cot(\theta/2)$，是因为在 $0 \leqslant \theta \leqslant 2\pi$ 上，$\cot(\theta/2)$ 可以取任意值，如图 17.8 所示。

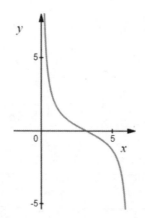

图 17.8　$\cot(\theta/2),\ 0 \leqslant \theta \leqslant 2\pi$

将参数方程代入⑥中：

$$(1 + f'^2)f = \left(1 + \cot^2\frac{\theta}{2}\right)f = \left(\frac{\sin^2\frac{\theta}{2}}{\sin^2\frac{\theta}{2}} + \frac{\cos^2\frac{\theta}{2}}{\sin^2\frac{\theta}{2}}\right)f = \frac{1}{\sin^2\frac{\theta}{2}}f = \frac{1}{2gC^2}$$

$$\Rightarrow f = \frac{1}{2gC^2}\sin^2\frac{\theta}{2} = \frac{1}{2gC^2} \times \frac{1 - \cos\theta}{2}$$

注：sin 和 cos 的相关公式可参考 5.6.1 小节的相关内容。

$1/2gC^2$ 看起来有点麻烦，仔细观察不难发现，g 是已知量，C 是任意常数，所以$1/2gC^2$实际上也是一个常数，因此：

$$\text{let} \quad \frac{1}{2gC^2} = 2r$$

$$\text{then} \quad f = \frac{1}{2gC^2} \times \frac{1 - \cos\theta}{2} = r(1 - \cos\theta)$$

现在，$f(t)$ 已经转换为关于 θ 的函数，只要求出 t 和 θ 的关系就好了，但是找出 $t(\theta)$ 仍然需要费一番工夫。由于已经知道了 f 的参数方程表示，所以可以直接对 f 求 θ 的导数：

$$\frac{\mathrm{d}f}{\mathrm{d}\theta} = \frac{\mathrm{d}}{\mathrm{d}\theta} r(1 - \cos\theta) = r\sin\theta$$

最初设置的参数方程是 $f = f(t), t = t(\theta)$，所以根据链式法则：

$$\frac{\mathrm{d}f}{\mathrm{d}\theta} = \frac{\mathrm{d}f}{\mathrm{d}t}\frac{\mathrm{d}t}{\mathrm{d}\theta} = f'\frac{\mathrm{d}t}{\mathrm{d}\theta} = \cot\frac{\theta}{2}\frac{\mathrm{d}t}{\mathrm{d}\theta}$$

注：上式中的 $f' = \cot(\theta/2)$ 是已经在前面定义好的。

现在可以将 t、r、θ 联系到一起了：

$$\frac{\mathrm{d}f}{\mathrm{d}\theta} = r\sin\theta = \cot\frac{\theta}{2}\frac{\mathrm{d}t}{\mathrm{d}\theta}$$

$$\Rightarrow \frac{\mathrm{d}t}{\mathrm{d}\theta} = \frac{r\sin\theta}{\cot\dfrac{\theta}{2}} = \left(r2\sin\frac{\theta}{2}\cos\frac{\theta}{2}\right)\left(\frac{\sin\dfrac{\theta}{2}}{\cos\dfrac{\theta}{2}}\right) = 2r\sin^2\frac{\theta}{2} = r(1 - \cos\theta)$$

通过 $\mathrm{d}t/\mathrm{d}\theta$ 已经可以猜出 $t(\theta)$，中规中矩的做法是等式两侧同时积分，对微分的积分等于原函数：

$$\int \frac{\mathrm{d}t}{\mathrm{d}\theta}\,\mathrm{d}\theta = \int r(1 - \cos\theta)\,\mathrm{d}\theta$$

$$\Rightarrow \int \mathrm{d}t = r\theta - r\sin\theta$$

$$\Rightarrow \ t = r(\theta - \sin\theta)$$

到此为止，经过漫长的推导，终于求得 U 型池的曲线，它用参数方程表示：

$$\begin{cases} t = r(\theta - \sin\theta) \\ f = r(1 - \cos\theta) \end{cases}$$

这就是最速降线的参数方程，也是摆线的方程，其中 r 是任意常数。实际上摆线（最速降线）就在我们身边，随着车轮的滚滚前进，无数条摆线在空间中生成。车轮上的某一点旋转一周后形成的摆线如图 17.9 所示。

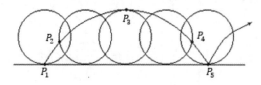

图 17.9　摆线上点的运动轨迹

大概古人就理解了最速降线，中国古典建筑的屋顶与 U 型池的轨迹相似，这样设计屋顶可以加快雨水的流动，如图 17.10 所示。

图 17.10　古典建筑的屋顶

17.5　两点间的最短距离

初中几何中给出了这样一个公理：两点间直线距离最短。记得当时老师对公理的解释是，公理是大家公认的，不需要证明。现在看来，这句话并不准确，在掌握了足够的知识后就会发现，公理是可以证明的。

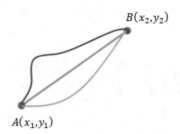

图 17.11　两点间的曲线

A、B 两点间的曲线有无数条，需要取其中最短的一条，如图 17.11 所示。

令两点间任意曲线的函数是 $y = y(x)$，根据弧长公式，曲线的长度可以表示为：

$$s = \int_{x_1}^{x_2} \sqrt{1 + y'^2} \, \mathrm{d}x = \int_{x_1}^{x_2} L(y') \, \mathrm{d}x$$

这有点像欧拉—拉格朗日方程中的泛函：

$$A[f] = \int_{x_1}^{x_2} L(x, f, f') \, \mathrm{d}x$$

现在将弧长和欧拉—拉格朗日方程对应：

$$\frac{\partial L}{\partial y} = \frac{\mathrm{d}}{\mathrm{d}x}\left(\frac{\partial L}{\partial y'}\right)$$

由于 L 中仅用到了 y'，并没有用到 y，所以 L 关于 y 的偏导等于 0：

$$\frac{\partial L}{\partial y} = 0 = \frac{\mathrm{d}}{\mathrm{d}x}\left(\frac{\partial L}{\partial y'}\right)$$

$$\frac{\partial L}{\partial y'} = \frac{\partial}{\partial y'}\sqrt{1 + y'^2} = \frac{\partial}{\partial(1 + y'^2)}\sqrt{1 + y'^2}\frac{\partial}{\partial y'}(1 + y'^2) = \frac{y'}{\sqrt{1 + y'^2}}$$

$$\frac{\mathrm{d}}{\mathrm{d}x}\left(\frac{\partial L}{\partial y'}\right) = \frac{\mathrm{d}}{\mathrm{d}x}\left(\frac{y'}{\sqrt{1 + y'^2}}\right) = 0$$

常数的导数是 0，因此：

$$\frac{y'}{\sqrt{1 + y'^2}} = C \Rightarrow \frac{y'^2}{1 + y'^2} = C^2$$

当 $y' \neq 0$ 时，等式两边同时取倒数：

$$\frac{1 + y'^2}{y'^2} = \frac{1}{y'^2} + 1 = \frac{1}{C^2}$$

$$\Rightarrow \frac{1}{y'^2} = \frac{1}{C^2} - 1$$

这里 $1/C^2 - 1$ 同样是一个常数，因此 y' 也是一个常数：

$$\text{let} \quad y' = \frac{\mathrm{d}y}{\mathrm{d}x} = a, \quad a \text{ 是任意常数}$$

$$\text{then} \quad y = ax + b, \quad b \text{ 是任意常数}$$

$y = ax + b$ 正是直线方程，所以 A、B 间最短的距离是直线。可以看出，初等数学为高等数学的推导提供了基石，高等数学反过来又能证明初等数学。

17.6　泛函的拉格朗日乘子法

我们已经知道拉格朗日乘子法是用来寻找约束条件下函数的极值，对于泛函来说，也会遇到约束条件，这就需要在欧拉—拉格朗日方程中引入拉格朗日乘子，从而构建新的欧拉—拉格朗日方程。

拉格朗日乘子法在泛函中使用的一般形式是：

$$\min A[f] = \int_{x_1}^{x_2} F(x, f(x), f'(x)) \mathrm{d}x$$

$$\text{s.t.} \quad \int_{x_1}^{x_2} G(x, f(x), f'(x)) \mathrm{d}x = C$$

这里 C 是一个常数，F 和 G 的形态是已知的，所以求 A 的极值等同于求 $A - \lambda C$ 的极值，这就将问题和约束条件联合到一起，构成新的泛函问题：

$$A - \lambda C = \int_{x_1}^{x_2} F(x, f, f') \mathrm{d}x - \lambda C$$

$$= \int_{x_1}^{x_2} F(x, f, f') \mathrm{d}x - \lambda \int_{x_1}^{x_2} G(x, f, f') \mathrm{d}x$$

$$= \int_{x_1}^{x_2} F(x, f, f') - \lambda G(x, f, f') \mathrm{d}x$$

$$\text{let} \quad L(x, f, f') = F(x, f, f') - \lambda G(x, f, f'), \ \text{then} \quad A - \lambda C$$

$$= \int_{x_1}^{x_2} L(x, f, f') \mathrm{d}x$$

$A - \lambda C$ 存在极值且 f 的形态未知，可以使用欧拉—拉格朗日方程来找到 f 的最佳形态：

$$\frac{\partial L}{\partial f} - \frac{\mathrm{d}}{\mathrm{d}x}\left(\frac{\partial L}{\partial f'}\right) = 0$$

知道了 f 后自然就可以求得 $A[f]$ 的极值。

17.7 狄多公主的土地

在希腊传说中，推罗国王穆顿有个聪明漂亮的公主，她的名字叫狄多。

狄多公主在她的王国里过着幸福快乐的生活。可是好景不长，不幸的事情发生了，她的丈夫被她的兄弟塞浦路斯王杀死了。狄多赶紧逃亡到了非洲西海岸，她想在这儿生活下来，于是她拿出随身携带的珠宝、玉器、金币，打算从当地酋长雅尔巴斯那里买些土地盖房子。

狄多对酋长说："我只要用一张牛皮圈起来的地方。"

一张牛皮圈起的地方能有多大啊？酋长以为自己捡了个大便宜，于是爽快地答应下来。

狄多公主要了一头牛，把它杀死后剥下皮，把牛皮剪成长长的细条，用牛皮条圈出了一块相当大的面积。她究竟是怎么围的呢？

为了有效地利用牛皮条，狄多公主紧贴着海岸线围了一条曲线 $y = y(x)$，如图 17.12 所示。

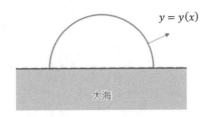

图 17.12　紧贴海岸线圈地

把海岸线看作 x 轴，曲线与 x 轴围成的图形的面积正是定积分的几何意义，所以圈地的面积是：

$$A = \int_{x_1}^{x_2} y \mathrm{d}x$$

牛皮条的长度是定值 C，圈地的问题实际上转化为求约束条件下（牛皮条长度固定）泛函的极值，需要找到 y 的具体形态，用数学描述就是：

$$\max\left(A = \int_{x_1}^{x_2} y \mathrm{d}x\right)$$

$$\mathrm{s.t.} \quad \int_{x_1}^{x_2} \sqrt{1 + y'^2} \mathrm{d}x = C$$

注：在约束条件中使用了弧长公式。

C 是常数，求 A 的极值相当于求 $A - \lambda C$ 的极值：

$$A - \lambda C = \int_{x_1}^{x_2} y \mathrm{d}x - \lambda \int_{x_1}^{x_2} \sqrt{1 + y'^2} \mathrm{d}x = \int_{x_1}^{x_2} y - \lambda \sqrt{1 + y'^2} \mathrm{d}x$$

构造成新的泛函：

$$L = L(y, y') = y - \lambda \sqrt{1 + y'^2}$$

$$A[y] = \int_{x_1}^{x_2} L \mathrm{d}x$$

由于 $A - \lambda C$ 存在极值且 y 的形态未知,所以可以使用欧拉—拉格朗日方程:

$$\frac{\partial L}{\partial y} = \frac{\partial}{\partial x}\left(\frac{\partial L}{\partial y'}\right)$$

其中:

$$\frac{\partial L}{\partial y} = \frac{\partial}{\partial y}\left(y - \lambda\sqrt{1 + y'^2}\right) = \frac{\partial y}{\partial y} - \frac{\partial}{\partial y}\lambda\sqrt{1 + y'^2} = 1 - 0 = 1,$$

$$\frac{\partial}{\partial x}\left(\frac{\partial L}{\partial y'}\right) = \frac{\partial}{\partial x}\left(\frac{\partial}{\partial y'}\left(y - \lambda\sqrt{1 + y'^2}\right)\right)$$

$$= \frac{\partial}{\partial x}\left(\frac{\partial y}{\partial y'} - \frac{\partial}{\partial y'}\lambda\sqrt{1 + y'^2}\right)$$

$$= \frac{\partial}{\partial x}\left(0 - \frac{\lambda y'}{\sqrt{1 + y'^2}}\right)$$

$$= \frac{\partial}{\partial x}\left(\frac{-\lambda y'}{\sqrt{1 + y'^2}}\right)$$

将二者代入欧拉—拉格朗日方程:

$$\frac{\partial L}{\partial y} = \frac{\partial}{\partial x}\left(\frac{\partial L}{\partial y'}\right) \Rightarrow \frac{\partial}{\partial x}\left(\frac{-\lambda y'}{\sqrt{1 + y'^2}}\right) = 1$$

这相当于某个函数的导数是 1,符合这个条件的函数是 $f(x) = x - a$,a 是任意常数,由此可以判断:

$$\frac{-\lambda y'}{\sqrt{1 + y'^2}} = x - a$$

$$\frac{\lambda^2 y'^2}{1 + y'^2} = (x - a)^2$$

$$\Rightarrow y' = \frac{dy}{dx} = \frac{x - a}{\sqrt{\lambda^2 - (x - a)^2}}$$

对微分的积分等于原函数:

$$y = \int \frac{x - a}{\sqrt{\lambda^2 - (x - a)^2}}dx$$

$$\text{let}\quad u = \lambda^2 - (x-a)^2, \quad \text{then}\quad \mathrm{d}u = -2(x-a)\mathrm{d}x$$

$$y = \int -\frac{1}{2\sqrt{u}}\mathrm{d}u = -\sqrt{u} + C = -\sqrt{\lambda^2 - (x-a)^2} + C$$

C 是任意实数，不妨设 $C = 0$，此时：

$$y = -\sqrt{\lambda^2 - (x-a)^2}$$

我们得到了 y 的具体形态，看上去不那么直接，但是把等号两边同时取平方后就清晰多了：

$$y^2 = \lambda^2 - (x-a)^2$$

$$(x-a)^2 + y^2 = \lambda^2$$

这正是圆的公式，并且这个圆的圆心在 x 轴上，也就是在海平面上，狄多公主的曲线是圆的方程，她所围得的面积是沿着海岸线的半圆。

后来，狄多公主在半圆上建立了迦太基城。直到今天，还保存着迦太基的古迹，它位于突尼斯首都突尼斯城东北 17 公里处，如图 17.13 所示。如果有一天你到了那里，在感慨文明变迁的同时，也许还会想起美丽的狄多公主，想起欧拉—拉格朗日方程……

图 17.13　迦太基遗址

17.8　总结

1. 泛函是函数的函数。
2. 欧拉—拉格朗日方程用于寻找函数的最佳形态，其公式：

$$\frac{\partial L}{\partial f} = \frac{\mathrm{d}}{\mathrm{d}x}\left(\frac{\partial L}{\partial f'}\right)$$

第18章 硬币与骰子

一个硬币有正反两面，投掷一次硬币，正面朝上的概率是 50%；一个骰子有 6 个数字，投掷一次骰子，每个数字出现的概率均等，都是 1/6。

袋子里装有 8 个弹珠，其中 3 个黄色，2 个红色，2 个绿色，1 个蓝色。从袋子里拿出 1 个弹珠，弹珠是黄色的概率是 3/8。

上述几个例子都是典型的概率问题，于是经常会有人会得出结论——概率很简单。

在一个有 50 人的班级里，两个同学同一天过生日的概率是多少？这回就没那么容易回答了，看起来概率也不是那么简单。

在这一章里，我们一起来探讨硬币与骰子的故事，争取对概率有一个初步的认识。

18.1 概率能做什么

赌博是一个概率事件。概率总是与骰子和扑克牌联系在一起，学好了概率有助于在赌博中胜出。当然，由于胜率太低，更可能让人戒赌。

概率还能用于计算面积。假设平面上有一个不规则图形，怎样计算它的面积呢？多重积分是一个合适的选择，但是你知道吗？概率也可以计算面。方法很简单，在图形的外围嵌套一层规则图形，然后将很多的随机点抛洒在规则图形内，如图 18.1 所示。

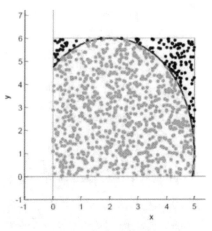

图 18.1 概率计算面积

所有不规则区域的点数和总点数的比值近似地等于不规则图形的面积，使用的随机点越多，越接近于真实值。

翻译软件越来越强，几乎可以把一段英文近乎完美地翻译成中文，而且神奇的是，软件还能知道"Rose"什么时候应该翻译为"玫瑰花"，什么时候应当翻译成"露丝"。有时候我们会把它归功于语言学家，认为语言学家创造了一个完美的语法分析规则。其实仔细想想就会知道，自然语言中的多义性很难用类似"主、谓、宾"的规则来描述，而是依赖上下文。此外还有省略句、倒装句很难分析出主、谓、宾，只能借助上下文意会。后来，理科生们发现，想提高机器翻译的成功率，首先要开除语言学家，转而采用概率统计的方法。时至今日，概率统计已经在自然语言处理领域占有重要位置，而语言学家早已淡出了人们的视野。

18.2 基本概念

概率研究的是随机现象背后的客观规律——我们对"随机"没有兴趣，感兴趣的是通过大量随机试验总结出的数学模型。想弄清楚数学模型，就必须先了解和概率相关的一些基本概念。

18.2.1 随机试验

提起试验，首先让人联想到的是在实验室中手持试管身穿白大褂的工作人员。其实"试验"一词没那么严肃，把一个棒棒糖从小朋友的手中抢走看看他会不会哭也是一种试验。随机试验就更随意了，然而随意并不等于随便，随机试验有着严格的定义。

假设 n 个试验 $E = \{E_1, E_2, E_3, \cdots, E_n\}$ 是随机试验，那么对于每个实验来说，应当满足以下条件：

（1）同条件下可重复。

（2）结果可知但并不唯一。

（3）实验前不知道那个结果会发生。

以掷骰子为例，每个骰子有 6 个面，共投掷了 n 次（n 个试验）；可以反复投掷，骰子并不会只投掷了一次就坏掉（同条件下可重复）；每次的结果都是 1~6（结果可知但并不唯一）；在骰子落地前不知道结果（实验前不知道那个结果会发生）。

18.2.2　事件

我们经常听到："一个随机事件是一次随机试验的结果。"这句话没错，但有时候这句话会让我们误以为事件是一次试验或一次试验的结果。

实际上事件是一个集合，具体来说，是试验的可能结果的集合，通常用大写字母 A、B 等表示。对于"一个随机事件"来说，虽然是一次试验的结果，但它仍是集合。

不可能产生的结果称为不可能事件，通常用 ∅ 表示。

就掷骰子来说，每次掷骰子有 6 种可能结果，所以它的事件是：

$$A = \{1,2,3,4,5,6\}$$

把骰子掷出零点是不可能的（赌神掷出的 0 点不算在内），所以 {0} 就是一个不可能事件。

18.2.3　样本空间

所有可能结果的全集叫作样本空间，也叫必然事件，通常用 Ω 表示。掷骰子的样本空间是 $\Omega = \{1,2,3,4,5,6\}$。

由此看来，事件是样本空间的子集，因为事件是一批随机试验的可能结果，而样本空间是所有可能结果。

18.3　古典概型

概型就是概率模型；古典是说某些概率模型在概率成为一门学科前就被总结出来了。所以古典概型从字面上理解就是古代人总结出来的概率模型，也就是最简单的概率模型，它说的是：随机事件 A 的样本空间中包含了有限个等可能样本点，求这些样本点出现的概率 $P(A)$。由此得到公式：

$$P(A) = \frac{A\text{中包含的样本点数}}{\Omega\text{中包含的所有样本点数}}$$

上面强调了"有限"和"等可能"，"有限"很容易理解，"等可能"是什么呢？哪有那么多恰好的"等可能"？

概率中的"等可能"是指客观上当你无法确定哪个事件更易发生的时候，只好认为是等可能。当掷骰子时，并不知道那个点数更容易出现，所以认为所有点数出现的概率相等。一个乘客坐上公交车，在随后的 10 站中下车的可能性相等，正因为你不知道他想要从哪里下，所以才只好认为他在哪个车站下车的可能性都相等。

18.3.1　典型问题

概率的经典示例就是掷骰子和放球，来看一个典型的古典概型。

将 n 个球随意放入 N 个盒子中($n \le N$)，每个盒子可以放任意多个球，求恰好 n 个盒子中各有一个球的概率。

回顾公式，首先需要计算样本空间。把一个球放入 N 个盒子，共有 N 种放法；由于每个盒子可以放任意多个球，所以第 2 个球同样有 N 种放法，根据乘法定律，样本空间的样本点个数：

$$\Omega\text{中包含的所有样本点数} = \underbrace{N \times N \times \cdots \times N}_{n\text{个}} = N^n$$

然后考虑什么是"恰好 n 个盒子中各有一个球"。先使问题简单化，假设取前 n 个盒子，那么当第一个球放入盒子时共有 n 中放法；由于第 1 个球已经占据了一个盒子，所以第 2 个球共有 $n-1$ 种放法；第 3 个球有 $n-2$ 种放法……前 n 个盒子中各有一个球实际上是 n 的全排列：

$$n \times (n-1) \times (n-2) \times \cdots \times 1 = P_n^n = n!$$

现在从 N 个盒子中取任意 n 个，其取法是组合：

$$C_N^n$$

将上面两个结果结合，任意 n 个盒子各有一球的放法数是：

$$n!\,C_N^n$$

现在可以回答问题了，恰好 n 个盒子中各有一个球的概率是：

$$P(A) = \frac{n!\,C_N^n}{N^n}$$

这个的结论可以看作是类似问题的公式。

18.3.2　古典概型的马甲

只是往盒子里面放小球的话未免太过无趣，实际上这类问题有很多不同的马甲，下面就是一个类似的问题。

10 个人去参加某公司的面试，他们恰好生日都不相同的概率是多少？假设 10 人都是非闰年出生。

现在来和小球问题比一下：

将这个问题和 18.3.1 的放小球问题加以对比——把人看作小球，生日看成盒子——就会发现，二者完全一致，如图 18.2 所示。

> 10 个人 → n 个球
> 一年有 365 天 → N 个盒子
> 生日可能相同 → 每个盒子可以放任意多个球
> 10 个人恰好生日都不相同 → 恰好 n 个盒子中各有一个球

图 18.2　古典概型的马甲

答案与放小球的类似：

$$P(\{10 \text{ 个人恰好生日都不相同}\}) = \frac{10! \, C_{365}^{10}}{365^{10}}$$

18.4　几何概型

天上掉钱了！同学们拿着盆跑到操场上接钱，当然谁的盆越大谁接到钱的可能性就越大。

钱落下的位置是操场上的随机位置（每个位置等可能），接到钱的概率只与盆的大小相关（与几何度量相关），与盆的形状无关，每个同学接到钱的概率是盆的面积除以操场的面积，这就是一个几何概型。

18.4.1　定义与公式

几何概型是另一种概率模型。在几何概型中，随机试验的样本空间是一个可度量的几何区域（操场），且每个样本点的发生具有等可能性（每个位置接到钱的概率相等）。

古典概型与几何概型的主要区别在于试验的结果是有限个还是无限个。骰子只有 6 个面，所以骰子的点数是有限个，是古典概型；骰子的落点可以是房间地面的任意位置，落点有无限个，所以是几何概型。

关于几何概型的定义，还有一种教科书的说法，样本点落入样本空间 Ω 中的某一可度量区域 A 的可能性大小与 A 的几何度量成正比，而与

A 的位置、形状无关。由此得到公式：

$$P(A) = \frac{A的度量(长度、面积……)}{\Omega的度量(长度、面积……)}$$

注：教科书上的概念通常很严谨，但不易理解。是否需要记住严谨的定义没那么重要，知道天上掉钱是几何概型就可以了。

18.4.2 相遇的概率

A、B 二人在上午 $9{:}00-10{:}00$ 间分别从两地出发，两人速度相等，都能够在 10 分钟内走完全程，那么二人相遇的概率是多少？

看起来时间与几何无关，但实际上很多看似无关问题都可以转换为几何度量。$9{:}00-10{:}00$ 间有无限多个时间点，二人出发的时间点具有等可能性，以分钟为单位，A 出发的时间段可以转换为线段，如图 18.3 所示。

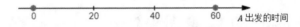

图 18.3　将时间段转换为线段

把 B 出发的时间段也加进来，将形成平面直角坐标，如图 18.4 所示。

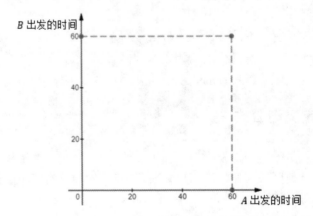

图 18.4　将 A、B 出发的时间段转换为平面坐标

正方形就是样本空间 Ω，其中的每一个点（也就是一个样本点）都代表 A 和 B 出发的时间，样本点有无数个。

A 和 B 都能够 10 分钟内走完全程，假设 A 先出发，如果想要相遇，

那么 B 出发的时间一定在 A 出发后的 10 分钟内。设 A 和 B 出发时间分别为 T_A 和 T_B，则 $T_B - T_A < 10$。当然，B 也可能在 A 之前出发，所以 $|T_B - T_A| < 10$，将其转换为几何度量，如图 18.5 所示。

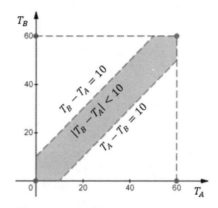

图 18.5　将二人相遇的时间转换为几何度量

符合条件的点全部落在阴影区域内，阴影部分的面积就是二人相遇的概率：

$$P(\{二人相遇\}) = \frac{阴影部分的面积}{正方形的面积} = \frac{11}{36}$$

18.4.3　几何概型的马甲

关于 18.4.2 小节二人相遇的示例还有另一个马甲，一对年轻人约定 $9{:}00 - 10{:}00$ 在某地相亲见面，其中一方空等 10 分钟就会离开，他们成功见面的概率是多少？

成功牵手的概率没那么容易计算，成功见面还是比较容易的。和 18.4.2 小节的二人相遇做个对比，如图 18.6 所示。

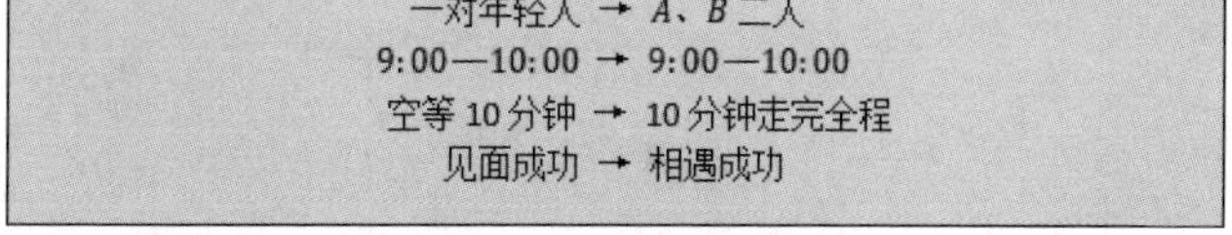

> 一对年轻人 → A、B 二人
> $9{:}00 - 10{:}00$ → $9{:}00 - 10{:}00$
> 空等 10 分钟 → 10 分钟走完全程
> 见面成功 → 相遇成功

图 18.6　几何概型的马甲

求解过程和结果完全一致。类似的马甲还有轮船相遇、汽车相遇等。

18.4.4　路灯的间隔

　　A、B 两盏路灯之间间隔 30 米，有关部门想在 A、B 间新添两盏相同的路灯 C 和 D，A、C 与 B、D 间隔都不小于 10 米的概率是多少？

　　A、B 间的任意位置都可以放置路灯，所以样本空间 Ω 的度量是 30。只有当 C 和 D 同时落入 10～20 的区间内才能符合要求，C 和 D 落入区间的概率都是 1/3，如图 18.7 和图 18.8 所示。

图 18.7　符合要求的 C　　　　　　　图 18.8　符合要求的 D

　　将两幅图拼接在一起，相当于 A、B 间的所有点都累加一次，如图 18.9 所示。

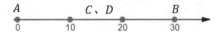

图 18.9　将图 18.7 和图 18.8 合并到一起

　　从图 18.9 中可以看出最终结果是 1/3，这甚至不需要计算。

　　注：几何概型本质上是关于几何度量的问题，如果能直接通过作图看出答案就无须计算。

18.5　概率的基本公式

　　数学问题总是离不开公式，作为数学分支的概率问题也是一样的。概率的相关公式很多，它们都是由一些简单的公式推导而来的。

　　对于任意事件 A 和 B，有以下 3 个基本公式：

$$P(A) = 1 - P(\bar{A}) \tag{18.1}$$

$$P(A - B) = P(A) - P(AB) \tag{18.2}$$

$$P(A + B) = P(A) + P(B) - P(AB) \tag{18.3}$$

　　公式 18.1：A 发生的概率等于 1 减去 A 不发生的概率（对立事件的概率）。换种说法可能更好理解，A 发生的概率加上 A 不发生的概率等于 1，也就是 A 事件要么发生要么不发生。因为很多时候直接计算 A 发生的概率很困难，但计算 A 不发生的概率却很简单。这种思路也经常在商务上使用。当我们试图说服客户选择我们而不是竞争对手时，通常是论述自己的方案有多好，如果说不出来明显的优点，那就转而论述竞争对手的方案不好，用对方的不好反衬自己的好。

公式 18.2：当 A 发生且 B 不发生的概率等于 A 发生的概率减去 A、B 同时发生的概率。

公式 18.3：当且仅当 A、B 中至少有一个发生的概率，等于 A 发生的概率加上 B 发生的概率再减去 A、B 同时发生的概率。公式 3 还有两种等同的表达方式：

$$P(A + B) = P(A \text{ or } B) = P(A \cup B)$$

看起来概率可以写成集合的形式，这不完全对。虽然事件的概率可以用集合表达，但概率的计算不等同于集合的计算，不能像下面这样写：

$$\underbrace{P(A) + P(B) = P(A) \cup P(B)}_{\text{这是错误的，二者并不相等}}$$

A 和 B 是事件，事件是集合，所以可以使用集合符号，但 $P(A)$ 和 $P(B)$ 是概率，是具体的数值，所以不能使用集合符号。

如果再来一个事件 C：

$$P(A - B - C) = P(A) - P(AB) - P(AC) + P(ABC)$$

$$P(A + B + C) = P(A) + P(B) + P(C) - P(AB) - P(AC) - P(BC) + P(ABC)$$

来看看公式是如何解决问题的。

示例 18-1　抽取扑克牌

将一副扑克牌去掉大小王，剩余的 52 张牌中有四种花色，每种花色 13 张，抽到 J 或 ♠ 的概率是多少？

可以直接利用概率公式得到问题的答案：

$$P(\{J \text{ or } ♠\}) = P(J) + P(♠) - P(♠J)$$

抽到 J 的概率是 $P(J) = 1/13$；抽到 ♠ 的概率 $P(♠) = 1/4$；♠J 只有一张，抽到 ♠J 的概率 $P(♠J) = 1/52$，因此：

$$P(\{J \text{ or } ♠\}) = P(J) + P(♠) - P(♠J) = \frac{1}{13} + \frac{1}{4} - \frac{1}{52} = \frac{4}{13}$$

这可以用集合的观点解释，如图 18.10 所示。

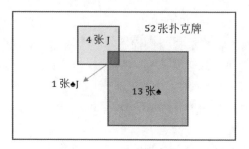

图 18.10　从集合看概率

18.6　互斥事件

互斥事件也叫互不相容事件。如果有两个事件 A 和 B，发生了 A 就不会发生 B，发生了 B 就不会发生 A，那么它们两个是互斥的，如果用集合表示，则 $A \cap B = \emptyset$。

18.6.1　互斥事件公式

对于互斥事件 A 和 B：

$$P(A + B) = P(A) + P(B)$$

这实际上来自基本公式：

$$P(A + B) = P(A) + P(B) - \underbrace{P(AB)}_{\emptyset} = P(A) + P(B)$$

由于 A 和 B 互斥，因此 $P(AB) = \emptyset$。

对于更多的互斥事件，如果 A_1，A_2，A_3，$\cdots$，A_n 两两互斥，则当 $A_1 \sim A_n$ 中至少有一个发生的概率：

$$P(A_1 + A_2 + \cdots + A_n) = P(A_1) + P(A_2) + \cdots + P(A_n)$$

上式中有一种更专业的写法：

$$P\left(\bigcup_{i=1}^{n} A_i\right) = \sum_{i=1}^{n} P(A_i)$$

18.6.2　正面朝上的硬币

投掷 3 枚硬币，至少有 1 枚正面朝上的概率是多少？

设正面朝上是 H，反面是 T，可以列出所有 8 种可能的结果：HHH、HHT、HTT、HTH、THH、THT、TTH、TTT，共有 7 种情况正面朝上，答案是 7/8。

如果投掷更多的硬币，这种做法就不靠谱了，必须找到数学方法。一个简单的计算方法是将问题转换一下，"至少有一次正面朝上"的对立面是"所有硬币都是反面朝上"，二者是互斥事件，所以只需要计算出"所有硬币都是反面朝上"的概率就行：

$$P(\text{TTT}) = \frac{1}{8}$$

根据 18.5 节中的公式 18.1，至少有一次正面朝上的概率是 $1 - 1/8 = 7/8$。

18.7 独立事件

"两个事件是独立的"是指在一次实验中，一个事件的发生不会影响到另一事件，二者没有任何关系。比如骰子掷出 6 点的事件和骰子掷出 1 点的事件是相互独立的，二者没有什么关系。如果 n 个事件互相独立，那么如果它们中的任意一部分换成各自的对立事件后，所得的新 n 个事件互相独立。

18.7.1 独立事件公式

对于独立事件 A 和 B，二者同时发生的概率等于二者概率的乘积：

$$P(AB) = P(A)P(B)$$

注意，只有在 A 和 B 是独立事件时上式才成立。推广到更多独立事件，如果A_1，A_2，A_3，$\cdots$，A_n 相互独立，则 $A_1 \sim A_n$ 同时发生的概率：

$$P(A_1 A_2 \cdots A_n) = P(A_1)P(A_2) \cdots P(A_n)$$

更专业的写法：

$$P\left(\bigcap_{i=1}^{n} A_i\right) = \prod_{i=1}^{n} P(A_i)$$

如果 $A_1, A_2, A_3, \cdots, A_n$ 相互独立，则相当于 $A_1 \sim A_n$ 中至少有一个发生

的概率：

$$P\left(\bigcup_{i=1}^{n} A_i\right) = \underbrace{P(A_1 \cup A_2 \cup \cdots \cup A_n)}_{\text{左式的另一种写法}}$$

$$= \underbrace{1 - P\left(\overline{A_1 \cup A_2 \cup \cdots \cup A_n}\right)}_{\text{基本公式 1}}$$

$$= 1 - P\underbrace{\left(\overline{A_1} \cap \overline{A_2} \cap \cdots \cap \overline{A_n}\right)}_{\text{集合的公式}}$$

$$= 1 - \underbrace{P\left(\overline{A_1}\right) P\left(\overline{A_2}\right) \cdots P\left(\overline{A_n}\right)}_{\text{独立事件公式}}$$

$$= 1 - \prod_{i=1}^{n} P\left(\overline{A_i}\right)$$

关于独立事件的最后一个问题是，独立事件不等同于等概率事件，它们是两个概念。假设硬币是不均匀的，每次投掷硬币都是独立事件，但每次投掷硬币后正面朝上的概率可能更大，所以并不是等概率事件。

18.7.2 领导来访的规律

某个接待站在一周内曾经接待过 12 次领导来访，这些来访都是在周一或周二，能否推断来访是有规律的？

似乎可以推断领导的来访是有规律的，但是真的如此吗？不妨换个角度去想，下一周领导仍然是周一或周二来访的概率是多少？很容易得出答案 2/7，因为对于接待站来说，第 13 次来访和前 12 次并没有任何联系，哪天来访的主动权在领导，与接待站无关，这是问题的关键——每一次来访都是独立事件。

既然知道是独立事件，就可以根据独立事件的公式计算，第 13 次和第 14 次来访的都是在周一或周二的概率：

$$P(A_{13}A_{14}) = P(A_{13})P(A_{14}) = \frac{2}{7} \times \frac{2}{7} = \frac{4}{49}$$

从第 13～20 次都是在周一或周二来访的概率：

$$P(A_{13}A_{14} \cdots A_{20}) = P(A_{13})P(A_{14}) \cdots P(A_{20}) = \left(\frac{2}{7}\right)^{8}$$

结果是个很低的概率，所以不能简单地判断来访是有规律的，这也说明概率问题往往和我们的直觉相悖。

18.7.3　关于抽奖

有关部门举行了一次抽奖活动，一共有 3 个奖品，当第 1 个奖券被抽到后，先把奖券贴到奖品上，再抽第 2 个奖券决定获奖者。前两次的抽奖事件是相互独立的事件吗？

独立事件的含义是一个事件的结果不影响其他事件的结果。本例中两个事件是有关联的，因为奖券的数目是固定的，第 1 张奖券贴好后，奖券总数将减少一张。可以想象一下有 3 张分别标有 A、B、C 的奖券，第 1 次 A 被抽到，第 2 次抽到的只可能是 B 或 C，所以第 2 次抽奖和第 1 次抽奖是相关的，不相互独立。使它们互相独立的方法是：每次抽到奖券后写上获奖者的名字，再将奖券放入抽奖箱，而不是贴到奖品上。当然，同一个人如果运气好的话可以获奖多次。

18.7.4　蒙对答案的概率

有两道选择题，第 1 题有 4 个答案，第 2 题有 3 个答案，每道题只有 1 个答案是正确的。如果使用随机法瞎蒙，同时蒙对两个问题的概率是多少？

可以用独立事件概率公式直接求解：

$$P(\text{Test1} \cap \text{Test2}) = P(\text{Test1})P(\text{Test2}) = \frac{1}{4} \times \frac{1}{3} = \frac{1}{12}$$

这个问题也可以转换成几何概型。假设两题的正确选项分别是 D 和 B，可以用图 18.11 表示。

Test1 \\ Test2	A	B	C	D
A				
B				▓
C				

图 18.11　同时蒙对两个问题的概率

共有 12 个方格，用颜色标注的方格是两个问题都蒙对的概率。

18.7.5 十赌九输

掷 3 次骰子，均投得偶数的概率是多少？

3 个事件是相互独立的，互不影响，每次掷出偶数的概率是 1/2，均投出偶数的概率：

$$P = \frac{1}{2} \times \frac{1}{2} \times \frac{1}{2} = \frac{1}{8}$$

概率很小，并不是赌徒们认为的 1/2，所以十赌九输啊！

18.8 垂帘听政

我们经常在概率问题中看到这样的符号：

$$P(B|A)$$

它表达的意思是：在 A 事件发生的条件下，B 事件发生的概率，这是个条件概率。把中间的竖线看成帘子，条件概率就像"垂帘听政"一样——A 是太后，B 是幼主，A 对 B 垂帘听政。

18.8.1 垂帘听政的公式

垂帘听政涉及两个公式：

$$P(B|A) = \frac{P(AB)}{P(A)} \qquad (18.4)$$

$$P(AB) = P(A)P(B|A) \qquad (18.5)$$

公式 18.5 也叫乘法定理。实际上两个公式是一样的，将公式 18.4 左右两侧同时乘以 $P(A)$ 就得到了公式 18.5。这里并没有指明 A 和 B 是独立事件。如果 A 和 B 是独立事件，根据独立事件公式：

$$P(B|A) = \frac{P(AB)}{P(A)} = \frac{P(A)P(B)}{P(A)} = P(B)$$

仅当 A 和 B 是独立事件时才能这么做，意思是 B 的发生与 A 无关（二者相互独立）——太后想要垂帘听政，但是幼主长大了，不听她的。

值得注意的是，虽然 $P(AB) = P(BA)$，但 $P(A|B) \neq P(B|A)$。这很容易理解，比如在战争条件下士兵伤亡的概率是 $P(A|B)$，这并不等于士兵伤亡

条件下发生战争的概率 $P(B|A)$——抢险救灾也可能发生伤亡，但此时并未发生战争。如果从公式上推导：

$$\left.\begin{array}{l} P(B|A) = \dfrac{P(AB)}{P(A)} = \dfrac{P(BA)}{P(A)} \\[3mm] P(A|B) = \dfrac{P(BA)}{P(B)} \end{array}\right\} \xRightarrow[\text{when}\quad P(A) \neq P(B)]{} \; P(B|A) \neq P(A|B)$$

如果 B_1，B_2，B_3，$\cdots$，B_n 中所有人都想把其他人干掉而自己当老大，意味着他们是两两互不相容事件，这些不团结的人们联合起来也不是太后的对手，太后会对所有人分而击之：

$$P(B_1 \cup B_2 \cup \cdots \cup B_n|A) = P(B_1|A) + P(B_2|A) + \cdots + P(B_n|A)$$

18.8.2　行政部的预测

公司行政部收到通知，说客户将在下周的某一天来参观考察，具体时间将会在考察当天上午 9：00 告知，公司希望行政部预测一下客户具体会在哪天前来，并做好相应准备。

这实际上是在问客户每一天前来的概率是多少？

行政部的工作人员迅速给出了答案：去掉双休日，客户下周每天来参观的概率都是 1/5。工作人员将"1/5 概率"的邮件群发给了公司的有关部门。

IT 部收到邮件后都快笑死了，概率不是这么计算的，但是 IT 部的工作人员并不准备纠正错误，反而把行政部的算法发布到网上大肆嘲笑。

正确的预测应该是这样的：如果下周一并未收到客户前来的通知，那么客户第 2 天来参观的概率就不是 1/5 了，因为此时已经确定客户周一不会前来，而是在已知条件下求第 2 天的概率。周二到周五还有 4 天，客户在周二来的概率是 1/4……以此类推。在每一天可以回答客户第 2 天参观的概率，如表 18.1 所示。

表 18.1　客户每天前来参观的概率

回答时间	第二天来参观的概率	前提条件
上周日	1/5	
本周一	1/4	周一没有来参观
本周二	1/3	周一、周二没有来参观
本周三	1/2	周一、周二、周三没有来参观
本周四	1	周一、周二、周三、周四没有来参观

18.9　先下手为强

在比武中，如果两个对手实力相当，那么先下手的人将占得先机，这就是人们常说的"先下手为强"。这句俗语的背后蕴含着哪些道理呢？能否用数学去解释为什么先下手为强？

这需要用一个具体的例子去解释。实力相当的甲、乙二人轮流独立地对同一目标射箭，谁先命中谁获胜。现在由甲先射箭，二人获胜的概率分别是多少？

实际上只需要计算甲的获胜率，乙的胜率用 1 减去甲的获胜率就可以得到了。甲获胜的全集是：$\Omega = \{$甲第 1 次射箭时获胜∪甲第 3 次射箭时获胜∪…∪甲第 $2n - 1$ 次射箭时获胜$\}$，n 是大于等于 1 的自然数。

再来看集合的每一项。甲第 1 次射箭时获胜，这个没什么好说的，他运气比较好，实力强劲到能够一箭中的，是高手中的高手。甲第 3 次射箭时获胜就需要有前提条件了，那就是甲第 1 次射箭失败且乙第 2 次射箭失败。甲第 5 次射箭获胜的前提条件是，甲第 1、3 次射箭失败且乙第 2、4 次射箭失败……以此类推，得到甲获胜的全集事件：$\Omega = \{$甲第 1 次射箭获胜 ∪ (甲第 1 次射箭失败 ∩ 乙第 2 次射箭失败 ∩ 甲第 3 次射箭获胜) ∪… ∪(甲第 $2n - 1$ 次射箭时获胜 ∩ (甲之前都失败 ∩ 乙之前都失败))$\}$。

现在用 A、B 分别表示甲、乙二人的获胜事件，下标表示二人的出场顺序，可以用下面的式子表示甲的获胜率：

$$P\{\text{甲获胜}\} = P\left\{A_1 \cup \underbrace{(\overline{A_1} \cap \overline{B_2} \cap A_3)}_{\text{第 3 次射击时获胜}} \cup \underbrace{(\overline{A_1} \cap \overline{B_2} \cap \overline{A_3} \cap \overline{B_4} \cap A_5)}_{\text{第 5 次射击时获胜}} \cup \cdots\right\}$$

谁先命中谁获胜，说明获胜事件之间互斥，根据互斥事件公式：

$$P\{\text{甲获胜}\} = P(A_1) + P(\overline{A_1} \cap \overline{B_2} \cap A_3) + P(\overline{A_1} \cap \overline{B_2} \cap \overline{A_3} \cap \overline{B_4} \cap A_5) + \cdots$$

二人轮流独立射箭，表示各事件之间相互独立，根据独立事件公式：

$$\overline{A_1} \cap \overline{B_2} \cap A_3 = P(\overline{A_1})P(\overline{B_2})P(A_3)$$

$$P\{\text{甲获胜}\} = P(A_1) + P(\overline{A_1})P(\overline{B_2})P(A_3)$$

$$+ P(\overline{A_1})P(\overline{B_2})P(\overline{A_3})P(\overline{B_4})P(A_5) + \cdots$$

已知二人实力相当，意味着他们每次登场射箭时命中率都是等可能的，反之，他们失败的概率也是等可能的，设二人的命中率都是 a：

$$P(A_i) = P(B_i) = a$$

$$P(\overline{A_i}) = P(\overline{B_i}) = 1 - a$$

虽然每次登场射箭二人都有数值为 a 的可能性获胜，但是对于整场比赛而言，每次获胜的可能性都是不同的。可以这样理解，如果甲是在第 3 次获胜的，需要甲经历第 1 次射箭失败，同时祈祷乙的失误，最后还要保证自己在第 3 次上场时顶住压力，条件越多当然概率就越小，所以甲第 3 次射箭时获胜的概率是：

$$P\{甲第 3 次获胜\} = P(\overline{A_1})P(\overline{B_2})P(A_3) = (1-a)(1-a)a = a(1-a)^2$$

以此类推，甲在第 5 次射箭时获胜的概率是：

$$P\{甲第 5 次获胜\} = P(\overline{A_1})P(\overline{B_2})P(\overline{A_3})P(\overline{B_4})P(A_5) = a(1-a)^4$$

甲的总胜率：

$$P\{甲获胜\} = a + a(1-a)^2 + a(1-a)^4 + \cdots = a\sum_{n=0}^{\infty}(1-a)^{2n}$$

结果是一个几何级数，可以根据几何级数的公式计算出一个简单的数值：

$$\sum_{n=0}^{\infty} x^n = \frac{1}{1-x}, \quad (|x| < 1)$$

$$P\{甲获胜\} = a\sum_{n=0}^{\infty}(1-a)^{2n} = a\left(\frac{1}{1-(1-a)^2}\right) = \frac{a}{2a-a^2} = \frac{1}{2-a}$$

这就是甲获胜的概率。

乙的胜率就很容易计算：

$$P\{乙获胜\} = 1 - \frac{1}{2-a} = \frac{1-a}{2-a}$$

最后可以比较一下二人的胜率：

$$P\{甲获胜\} - P\{乙获胜\} = \frac{1}{2-a} - \frac{1-a}{2-a} = \frac{a}{2-a} > 0$$

由此可见，甲的胜率要高于乙，这就是"先下手为强"的道理。该结论也出现在其他运动中，比如围棋，为了公平起见，先手需要多贴出几个棋子才算获胜。

18.10 总结

1. 概率研究的是随机现象背后的客观规律。

2. 事件是试验的可能结果的集合，所有可能结果的全集叫作样本空间，也叫必然事件。

3. 古典概型的计算公式：

$$P(A) = \frac{A\text{中包含的样本点数}}{\Omega\text{中包含的所有样本点数}}$$

4. 几何概型的计算公式：

$$P(A) = \frac{A\text{的度量}(\text{长度、面积}\cdots\cdots)}{\Omega\text{的度量}(\text{长度、面积}\cdots\cdots)}$$

5. 基本公式：

$$P(A) = 1 - P(\bar{A})$$

$$P(A - B) = P(A) - P(AB)$$

$$P(A + B) = P(A) + P(B) - P(AB)$$

6. 互斥事件公式：

$$P(A + B) = P(A) + P(B)$$

7. 独立事件公式：

$$P(AB) = P(A)P(B)$$

8. 条件概率公式：

$$P(B|A) = \frac{P(AB)}{P(A)}$$

9. 先下手为强。

第19章 概率分布

《侏罗纪公园》中，数学家马尔科姆博士调出了始秀颚龙的身高数据，并根据这些数据形成的曲线判断始秀颚龙的种群正在繁衍。数据曲线如图 19.1 所示。

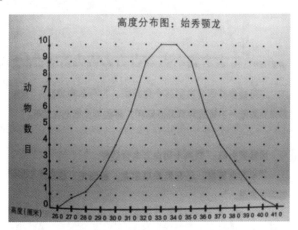

图 19.1　始秀颚龙的身高分布曲线

这个曲线就是"正态分布"（也叫"常态分布"或"高斯分布"）的密度函数曲线，它是个倒钟形的曲线。一个光滑的正态分布的密度函数曲线如图 19.2 所示。

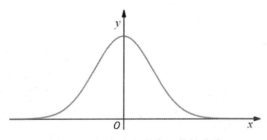

图 19.2　正态分布密度函数的曲线

能够绘制这条曲线的丧心病狂的函数到底想表达什么意思？分布又是怎么回事？为什么"分布"总是和"概率"联系在一起？这就是本章将要讲述的故事。

19.1　从事件到函数

我们已经很清楚函数的概念，$y = f(x)$ 是一个函数，小猪 x 进入黑盒 f 后变成了香肠。在概率中，也存在与函数类似的黑盒，例如一个样本空间有一系列随机事件 $\Omega = \{\omega_1, \omega_1, \cdots, \omega_n\}$，那么将存在一个函数，该函数能把某个事件映射为一个实数：

$$X = X(\omega_i)$$

这样做是为了用数字去表达事件，函数最终将事件转换为数——简单地说就是把每个事件都打上数字标签——这样就能利用很多已知的工具去处理概率问题。比如 Ω 表示球队的比赛结果：$\Omega = \{胜，负，平\}$，一个典型的转换是用 1 代表胜，-1 代表负，0 代表平。如此一来就得到了新的样本空间：$\Omega' = \{1, -1, 0\}$。当然，也可以用任何你喜欢的数表示比赛结果。二进制的 0 和 1 也能表达很多诸如开/关、升/降等事件。

19.2　分布函数

将事件映射为数后，就可以进一步将事件的概率转换为普通的函数，于是有了分布函数的定义：

$$F(x) = P\{X \leqslant x\}$$

$F(x)$ 就是分布函数，简称概率分布，它表示 $X \leqslant x$的概率，其中 x 是一个任意实数。举例来说，如果一个人的身高是 1.75m，这个人的身高在全国的分布就是所有小于等于 1.75m 的人在全国的比例。

注：看起来概率分布的英文 Cumulative Distribution Function 更容易理解，$F(x)$ 就是概率的积累。

此处的 X 和 x 都是一个具体的实数。在分布函数的定义中，x 的取值范围是$-\infty \leqslant x \leqslant \infty$。这是一个什么梗？

要从坐标系中的函数说起了，如图 19.3 所示。

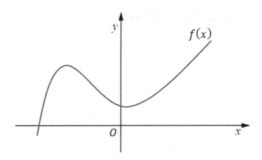

图 19.3　坐标系中的函数曲线

$y = f(x)$ 的定义域是 $-\infty \leqslant x \leqslant \infty$，对于任意的 x 都有唯一的 y 能够对应。同样，对于概率分布函数 $F(x)$ 来说，我们也希望对于任意的 x 都能找到唯一对应的 y，也就是 $y = P\{X \leqslant x\}$。别忘了，我们的目的是将事件转换为数，从而将概率转换为函数，从概率的角度讲，$-\infty \leqslant x \leqslant \infty$ 表示了概率的全部事件。

根据事件的类型，分布函数可分为离散型分布和连续型分布。

19.3　离散型分布

离散型事件指事件可能的取值是有限个或可列无穷个。

"有限个"好理解，比如掷骰子的结果只有 6 种。"可列无穷个"就有意思了，它指值能够列举出来，但是永远无法全部列举，自然数和整数就是这样的例子，你可以列举出 1、2、3…，这些数字有极强的规律，所以是"可列"的，同时它们又没有尽头，有"无穷个"。

19.3.1　整数和自然数哪个更多

这里有个好玩的事，整数是无穷的，自然数也是无穷的，那么整数和自然数的个数哪个更多呢？

第一感觉是整数更多，多了一倍，它比自然数多了负值部分。但真相是，二者的数量一样多。这就要了解数学中是怎样定义"一样多"的概论了。在数学中，如果两个集合能够产生一一对应的关系，并且这个对应关系

可以用一个函数表示，就可以说这两个
集合的元素一样多。比如整数和自然数
的对应关系是如图 19.4 所示。

这个对应关系还可以是：

$$f(x) = \begin{cases} 2x + 1, & x \geqslant 0 \\ -2x, & x < 0 \end{cases}$$

x 是整数，$f(x)$ 是自然数，对于每
一个整数 x，都有唯一的自然数 $f(x)$

图 19.4　整数与自然数的对应关系

与之对应。$f(x)$ 没有尽头，所以不用担心会对应不上。

自然数和实数是否也有这样的对应关系呢？答案是没有。它们无法产生
一一对应，因为每两个实数间都有无穷多个数，无法有效写出一个对应关系。

这就又引出一个问题，实数的个数与 $[-1,1]$ 区间内的实数个数哪个多
呢？第一感觉又是实数多，但实际上二者一样多。

这个匪夷所思的问题可以用一个数轴表示，说明二者一一对应：数轴上
的每一个点都代表一个实数，把−1～1 之间的线段向上弯折，得到一个与 0
点相切，弧长是 2 的圆弧，如图 19.5 所示。

图 19.5　用圆弧表示 $[-1,1]$ 区间内的实数

现在，把数轴上的任意点与弧连线，都可以在弧上找到唯一一点，如
图 19.6 所示。

图 19.6　数轴上的每一点都能与弧上的点对应

弧上的点和数轴上的点都有无数个，最终的密集连线将会变成一个平面，
无限远端的连线也将近似地平行于数轴，如图 19.7 所示。

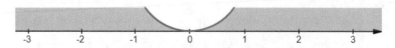

图 19.7　弧上的点和数轴上的点之间的密集连线将会变成一个平面

由此可见，二者的数量相等，准确地说是"势"相等。

19.3.2　离散型分布函数

离散事件的每个取值都对应一个概率，它的分布率是个对应关系：

$$x_1 \to P\{X \leqslant x_1\}$$
$$x_2 \to P\{X \leqslant x_2\}$$
$$\vdots \qquad \vdots$$
$$x_n \to P\{X \leqslant x_n\}$$

将这个对应关系写成分布函数：

$$F(x) = P\{X \leqslant x\} = \sum_{x_i \leqslant x} P\{X = x_i\}, \quad -\infty < x < +\infty$$

在分布函数中，x 的取值范围强调了"事件"到"函数"的转换。虽然 x 可以任意取值，但是在离散分布中，X 并不是这样，它对应了样本空间内某一个具体的事件，样本空间之外的事件就不归它管了。比如掷骰子的分布函数，x 可以取任意数值，但 X 只能是 1～6 之间的数字。

19.3.3　射箭比赛

在射箭比赛中，有大、中、小 3 类目标供选择，运动员对 3 种目标的命中率分别是 1/2、1/3、1/6，射中大型目标得 1 分，射中中型目标得 2 分，射中小型目标得 5 分。得分关于命中率的分布曲线是什么样的？

首先来看样本空间：$\Omega = \{$射击大型目标,射击中型目标,射击小型目标$\}$。将 3 类目标的射箭事件映射为它们的得分，从而将事件转换为数，$\Omega' = \{1,2,5\}$。

接下来让 X 代表"得分"，$P(X)$ 表示射中 X 分值目标的命中率，分布函数是 $F(x) = P\{X \leqslant x\}$。

这里再一次强调分布函数 $F(x)$ 中 x 的取值是从 $-\infty \leqslant x \leqslant \infty$，而 X 是具体事件，它的取值只能是 $\{1,2,5\}$ 中的一个。当 $x < 1$ 时，表示没有射中任何目标（没有小于 1 分的目标供选择），命中率是 0；$x \leqslant 2$ 时，表示命中中型和中型以下目标的概率：

$$F(2) = P\{X \leqslant 2\} = P(2) + P(1) = \frac{1}{2} + \frac{1}{3} = \frac{5}{6}$$

$x \geqslant 5$ 时，表示所有命中得分等于 5 或 5 以下的目标在整个射击比赛中的比例：

$$F(5) = P\{X \leqslant 5\} = P(5) + P(2) + P(1) = \frac{1}{6} + \frac{1}{2} + \frac{1}{3} = 1$$

现在可以绘制分布函数了，如图 19.8 所示。

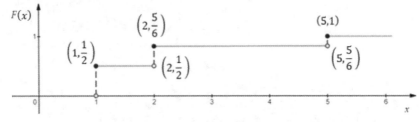

图 19.8 $F(x)$ 的分布曲线

这种阶梯式的函数是典型的离散型随机事件的分布函数，可以看到 $F(x)$ 的取值是$[0, 1]$，这也是概率的取值范围。

19.4   连续型分布

通常来说，离散数据就像散兵游勇一样，往往成不了气候，随时可以吊打他们，但是想要歼灭大规模集团军就没那么容易了。相对于离散型事件来说，连续型事件就好比大规模集团军。

19.4.1   关于时间的悖论

随机事件是连续形的事件叫作连续事件。这是通俗解释，看起来没有问题，但并不精确。

在精确定义之前先来看一个例子：一个人会在 9:00 — 10:00 到达某地，他恰巧在 9:30 抵达的概率是多少？

似乎很简单，但实际上不是，问题出在时间的度量上。前面说过，0~1 之间的实数有无数个，同样的，由于我们并没有明确指定时间的最小刻度，所以 9:00 — 10:00 之间的时间也有无数个，这相当于样本空间的事件有无数个。如果用几何概型思考——将时间转换为长度的度量，就会发现，9:30 是时间轴上的一点，点的长度是 0，所以 $P(9:30 抵达) = 0$。我们一直说 0 概率是不可能发生的事件，现在看来并不是，因为确实存在 9:30 抵达的可能。这有点像极限问题，极限是 0，说明无限接近 0，但始终不是 0。

　　似乎出现悖论了，无数个点加在一起变成了线，点的概率又是 0，那么连续事件的分布岂不是无数个 0 相加最终还是 0？当然不是，别忘了，我们还有微积分。

　　现在来看连续事件的精确定义：对于某个 X，如果存在非负可积函数 $f(x)$，使得：

$$F(x) = P\{X \leqslant x\} = \int_{-\infty}^{x} f(t)\mathrm{d}t, \quad -\infty < x < +\infty$$

　　则称 X 是连续型随机事件。任何微小的数值都可以用微积分表达，概率终于和微积分联系在一起了，前方的视野也更加广阔。

19.4.2　连续型分布函数

　　在连续事件的定义中已经写出了其分布函数：

$$F(x) = P\{X \leqslant x\} = \int_{-\infty}^{x} f(t)\mathrm{d}t, \quad -\infty < x < +\infty$$

　　在积分中，x 是积分的上限，并不是被积函数的某个变量。以正态分布为例：

$$f(t) = \frac{1}{\sqrt{2\pi}}\mathrm{e}^{-\frac{t^2}{2}}$$

$$F(x) = \int_{-\infty}^{x} f(t)\mathrm{d}t = \int_{-\infty}^{x} \frac{1}{\sqrt{2\pi}}\mathrm{e}^{-\frac{t^2}{2}}\mathrm{d}t$$

　　$f(t)$ 被称为概率密度或概率密度函数，它的曲线就是图 19.2 的那个倒钟形曲线。$F(x)$ 是积分，表示 $f(t)$ 曲线与 x 轴上 $-\infty \sim x$ 段围成的面积，如图 19.9 所示。

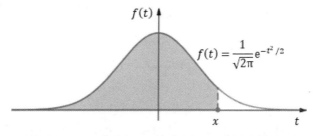

图 19.9　$f(t)$ 曲线与 x 轴上 $-\infty \sim x$ 段围成的面积

由此可以看出，连续型随机事件的分布函数也是连续的。

19.5 关于正态分布

正态分布的曲线随处可见，这会让我们忍不住多花点时间看看正态分布的故事。经验表明，一个随机变量如果是众多的、互不相干的、不分主次的偶然因素作用结果之和，它就会服从或近似服从正态分布（Normal Distribution）。

举例来说，一个孩子的学习成绩取决于他的努力程度，但也无法忽视天赋的影响。不管两个因素的统计是什么分布，它们的作用之和是符合正态分布的。当然，这是在统计样本足够多的前提下。

正态分布广泛存在于自然界、生产和科学技术领域：

在生产中，正常生产条件下各种产品的质量指标；

在测量中，正常仪器的多次测量结果；

在气象学中，上海市每年八月份的气温、降水量；

在生物学中，中国成年男性的身高、体重；

在学习中，苏州市高考的成绩；

······

正态分布曲线符合人们对美的追求，它真的每次都是倒钟形吗？真实的世界往往并不完美，实际上很多分布是扭曲的倒钟形，是一种偏态分布，如图 19.10 所示。

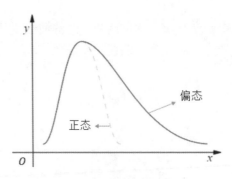

图 19.10 偏态分布

为什么会这样呢？服从正态分布的条件之一就是随机变量互不相干，比如努力程度和天赋是互不相关的两个随机变量，但是很多时候随机变量是相互关联的，典型的例子是"阶层固化"的论调，说贫困地区学子翻身的机会将越来越少，因为富人家的孩子会更容易获得优质的教育资源，从而更容易获得更高的学历，继而得到更好的工作，形成新的富人。家庭条件、教育资源、学历、工作机会，这些条件并不是彼此独立的，而是互相关联，彼此增强，最终达到了 $1+1>2$ 的效果。

19.6　总结

1. 分布函数 $F(x)$ 表示 $X \leqslant x$ 的概率：

$$F(x) = P\{X \leqslant x\}$$

2. 离散型事件的分布函数：

$$F(x) = P\{X \leqslant x\} = \sum_{x_i \leqslant x} P\{X = x_i\}, \quad -\infty < x < +\infty$$

3. 连续事件的分布函数：

$$F(x) = P\{X \leqslant x\} = \int_{-\infty}^{x} f(t)\mathrm{d}t, \quad -\infty < x < +\infty$$

4. 一个随机变量如果是众多的、互不相干的、不分主次的偶然因素作用结果之和，它就会服从或近似服从正态分布。